程　杰　曹辛华　王　强　主编

中国花卉审美文化研究丛书

20

岭南植物文学与文化研究

陈灿彬　赵军伟　著

北京燕山出版社

图书在版编目（CIP）数据

岭南植物文学与文化研究 / 陈灿彬，赵军伟著 . --
北京：北京燕山出版社，2018.3
ISBN 978-7-5402-5112-3

Ⅰ . ①岭… Ⅱ . ①陈… ②赵… Ⅲ . ①植物－审美文化－研究－广东②中国文学－古典文学研究－广东 Ⅳ .
① Q948.526.5 ② B83-092 ③ I206.2

中国版本图书馆 CIP 数据核字 (2018) 第 087795 号

岭南植物文学与文化研究

责任编辑： 李涛
封面设计： 王尧
出版发行： 北京燕山出版社
社　　址： 北京市丰台区东铁营苇子坑路 138 号
邮　　编： 100079
电话传真： 86-10-63587071（总编室）
印　　刷： 北京虎彩文化传播有限公司
开　　本： 787×1092 1/16
字　　数： 287 千字
印　　张： 25
版　　次： 2018 年 12 月第 1 版
印　　次： 2018 年 12 月第 1 次印刷
ISBN 978-7-5402-5112-3
定　　价： 800.00 元

内容简介

本论文集为《中国花卉审美文化研究丛书》第20种。由陈灿彬硕士学位论文《岭南植物的文学书写》和赵军伟硕士学位论文《荔枝题材与意象文学研究》组成。

《岭南植物的文学书写》从点、面两方面就岭南植物的文化发现和文学书写的历史进程和文化贡献进行了全面的梳理和阐发，并力求深入揭示其与岭南植物资源和地域文化之间的渊源关系。《荔枝题材与意象文学研究》以岭南植物荔枝作为个案研究，剖析了荔枝题材创作与意象书写自汉至宋的发展轨迹，深入阐发和揭示了荔枝的地域属性、政治属性、审美属性。

作者简介

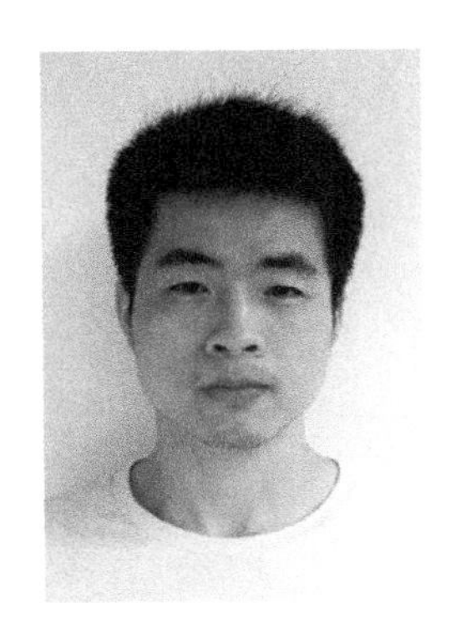

陈灿彬，男，1991年12月生，广东省潮州市人。文学硕士，现为南京大学文学院中国古典文献学专业博士研究生。研究方向为中国古典文学文献、植物审美文化。

赵军伟，男，1986年11月生，山东省费县人。文学博士，现为东华理工大学师范学院讲师。研究方向为唐宋文学、佛教与文学。在《江海学刊》《江西社会科学》《古代文学理论研究》《阅江学刊》等刊物发表论文多篇。

《中国花卉审美文化研究丛书》前言

所谓“花卉”，在园艺学界有广义、狭义之分。狭义只指具有观赏价值的草本植物；广义则是草本、木本兼而言之，指所有观赏植物。其实所谓狭义只在特殊情况下存在，通行的都应为广义概念。我国植物观赏资源以木本居多，这一广义概念古人多称“花木”，明清以来由于绘画中花卉册页流行，“花卉”一词出现渐多，逐步成为观赏植物的通称。

我们这里的“花卉”概念较之广义更有拓展。一般所谓广义的花卉实际仍属观赏园艺的范畴，主要指具有观赏价值，用于各类园林及室内室外各种生活场合配置和装饰，以改善或美化环境的植物。而更为广义的概念是指所有植物，无论自然生长或人类种植，低等或高等，有花或无花，陆生或海产，也无论人们实际喜爱与否，但凡引起人们观看，引发情感反应，即有史以来一切与人类精神活动有关的植物都在其列。从外延上说，包括人类社会感受到的所有植物，但又非指植物世界的全部内容。我们称其为“花卉”或“花卉植物”，意在对其内涵有所限定，表明我们所关注的主要是植物的形状、色彩、气味、姿态、习性等方面的形象资源或审美价值，而不是其经济资源或实用价值。当然，两者之间又不是截然无关的，植物的经济价值及其社会应用又经常对人们相应的形象感受产生影响。

“审美文化”是现代新兴的概念，相关的定义有着不同领域的偏倚和形形色色理论主张的不同价值定位。我们这里所说的“审美文化”不具有这些现代色彩，而是泛指人类精神现象中一切具有审美性的内容，或者是具有审美性的所有人类文化活动及其成果。文化是外延，至大无外，而审美是内涵，表明性质有限。美是人的本质力量的感性显现，性质上是感性的、体验的，相对于理性、科学的“真”而言；价值上则是理想的、超功利的，相对于各种物质利益和社会功利的“善”而言。正是这一内涵规定，使“审美文化”与一般的“文化”概念不同，对植物的经济价值和人类对植物的科学认识、技术作用及其相关的社会应用等“物质文明”方面的内容并不着意，主要关注的是植物形象引发的情绪感受、心灵体验和精神想象等“精神文明”内容。

将两者结合起来，所谓“花卉审美文化”的指称就比较明确。从“审美文化”的立场看“花卉”，花卉植物的食用、药用、材用以及其他经济资源价值都不必关注，而主要考虑的是以下三个层面的形象资源：

一是“植物”，即整个植物层面，包括所有植物的形象，无论是天然野生的还是人类栽培的。植物是地球重要的生命形态，是人类所依赖的最主要的生物资源。其再生性、多样性、独特的光能转换性与自养性，带给人类安全、亲切、轻松和美好的感受。不同品种的植物与人类的关系或直接或间接，或悠久或短暂，或亲切或疏远，或互益或相害，从而引起人们或重视或鄙视，或敬仰或畏惧，或喜爱或厌恶的情感反应。所谓花卉植物的审美文化关注的正是这些植物形象所引起的心理感受、精神体验和人文意义。

二是“花卉”，即前言园艺界所谓的观赏植物。由于人类与植物尤其是高等植物之间与生俱来的生态联系，人类对植物形象的审美意识可以说是自然的或本能的。随着人类社会生产力的不断提高和社会财富的不断积累，人类对植物有了更多优越的、超功利的感觉，对其物色形象的欣赏需求越来越明确，相应的感受、认识和想象越来越丰富。世界各民族对于植物尤其是花卉的欣赏爱好是普遍的、共同的，都有悠久、深厚的历史文化传统，并且逐步形成了各具特色、不断繁荣发展的观赏园艺体系和欣赏文化体系。这是花卉审美文化现象中最主要的部分。

三是“花”，即观花植物，包括可资观赏的各类植物花朵。这其实只是上述“花卉”世界中的一部分，但在整个生物和人类生活史上，却是最为生动、闪亮的环节。开花植物、种子植物的出现是生物进化史的一大盛事，使植物与动物间建立起一种全新的关系。花的一切都是以诱惑为目的的，花的气味、色彩和形状及其对果实的预示，都是为动物而设置的，包括人类在内的动物对于植物的花朵有着各种各样本能的喜爱。正如达尔文所说：“花是自然界最美丽的产物，它们与绿叶相映而惹起注目，同时也使它们显得美观，因此它们就可以容易地被昆虫看到。”可以说，花是人类关于美最原始、最简明、最强烈、最经典的感受和定义，几乎在世界所有语言中，花都代表着美丽、精华、春天、青春和快乐。相应的感受和情趣是人类精神文明发展中一个本能的精神元素、共同的文化基因；相应的社会现象和文化意义是极为普遍和永恒的，也是繁盛和深厚的。这是花卉审美文化中最典型、最神奇、最优美的天然资源和生活景观，值得特别重视。

再从“花卉”角度看“审美文化”，与“花卉”相关的“审美文化”则又可以分为三个形态或层面：

一是“自然物色”，指自然生长和人类种植形成的各类植物形象、风景及其人们的观赏认识。既包括植物生长的各类单株、丛群，也包括大面积的草原、森林和农田庄稼；既包括天然生长的奇花异草，也包括园艺培植的各类植物景观。它们都是由植物实体组成的自然和人工景观，无论是天然资源的发现和认识，还是人类相应的种植活动、观赏情趣，都体现着人类社会生活和人的本质力量不断进步、发展的步伐，是“花卉审美文化”中最为鲜明集中、直观生动的部分。因其侧重于植物实体，我们称作“花卉审美文化”中的“自然美”内容。

二是“社会生活”，指人类社会的园林环境、政治宗教、民俗习惯等各类生活中对花卉实物资源的实际应用，包含着对生物形象资源的环境利用、观赏装饰、仪式应用、符号象征、情感表达等多种生活需求、社会功能和文化情结，是“花卉”形象资源无处不在的审美渗透和社会反应，是“花卉审美文化”中最为实际、普遍和复杂的现象。它们可以说是“花卉审美文化”中的“社会美”或“生活美”内容。

三是“艺术创作”，指以花卉植物为题材和主题的各类文艺创作和所有话语活动，包括文学、音乐、绘画、摄影、雕塑等语言、图像和符号话语乃至于日常语言中对花卉植物及其相应人类情感的各类描写与诉说。这是脱离具体植物实体，指用虚拟的、想象的、象征的、符号化植物形象，包含着更多心理想象、艺术创造和话语符号的活动及成果，统称“花卉审美文化”中的“艺术美”内容。

我们所说的“花卉审美文化”是上述人类主体、生物客体六个层面的有机构成，是一种立体有机、丰富复杂的社会历史文化体系，包含着自然资源、生物机体与人类社会生活、精神活动等广泛方面有机交融的历史文化图景。因此，相关研究无疑是一个跨学科、综合性的工作，需要生物学、园艺学、地理学、历史学、社会学、经济学、美学、文学、艺术学、文化学等众多学科的积极参与。遗憾的是，近数十年相关的正面研究多只局限在园艺、园林等科技专业，着力的主要是园艺园林技术的研发，视角是较为单一和孤立的。相对而言，来自社会、人文学科的专业关注不多，虽然也有偶然的、零星的个案或专题涉及，但远没有足够的重视，更没有专门的、用心的投入，也就缺乏全面、系统、深入的研究成果，相关的认识不免零散和薄弱。这种多科技少人文的研究格局，海内海外大致相同。

我国幅员辽阔、气候多样、地貌复杂，花卉植物资源极为丰富，有“世界园林之母”的美誉，也有着悠久、深厚的观赏园艺传统。我国又是一个文明古国和世界人口、传统农业大国，有着辉煌的历史文化。这些都决定我国的花卉审美文化有着无比辉煌的历史和深厚博大的传统。植物资源较之其他生物资源有更强烈的地域性，我国花卉资源具有温带季风气候主导的东亚大陆鲜明的地域特色。我国传统农耕社会和宗法伦理为核心的历史文化形态引发人们对花卉植物有着独特的审美倾向和文化情趣，形成花卉审美文化鲜明的民族特色。我国花卉审美文化是我国历史文化的有机组成部分，是我国文化传统最为优美、生动的载体，是深入解读我国传统文化的独特视角。而花卉植物又是丰富、生动的生物资源，带给人们生生不息、与时俱新的感官体验和精神享受，相应的社会文化活动是永恒的“现在进行时”，其丰富的历史经验、人文情趣有着直接的现实借鉴和融入意义。正是基于这些历史信念、学术经验和现实感受，我们认为，对中国花卉审美文化的研究不仅是一项十分重要的文化任务，而且是一个前景广阔的学术课题，需要众多学科尤其是社会、人文学科的积极参与和大力投入。

我们团队从事这项工作是从 1998 年开始的。最初是我本人对宋代咏梅文学的探讨，后来发现这远不是一个咏物题材的问题，也不是一个时代文化符号的问题，而是一个关乎民族经典文化象征酝酿、发展历程的大课题。于是由文学而绘画、音乐等逐步展开，陆续完成了《宋代咏梅文学研究》《梅文化论丛》《中国梅花审美文化研究》《中国梅花名胜考》《梅谱》（校注）等论著，对我国深厚的梅文化进行了较为全面、系统的阐发。从1999年开始，我指导研究生从事类似的花卉审美文化专题研究，俞香顺、石志鸟、渠红岩、张荣东、王三毛、王颖等相继完成了荷、杨柳、桃、菊、竹、松柏等专题的博士学位论文，丁小兵、董丽娜、朱明明、张俊峰、雷铭等20多位学生相继完成了杏花、桂花、水仙、蘋、梨花、海棠、蓬蒿、山茶、芍药、牡丹、芭蕉、荔枝、石榴、芦苇、花朝、落花、蔬菜等专题的硕士学位论文。他们都以此获得相应的学位，在学位论文完成前后，也都发表了不少相关的单篇论文。与此同时，博士生纪永贵从民俗文化的角度，任群从宋代文学的角度参与和支持这项工作，也发表了一些花卉植物文学和文化方面的论文。俞香顺在博士论文之外，发表了不少梧桐和唐代文学、《红楼梦》花卉意象方面的论著。我与王三毛合作点校了古代大型花卉专题类书《全芳备祖》，并正继续从事该书的全面校正工作。目前在读的博士生张晓蕾及硕士生高尚杰、王珏等也都选择花卉植物作为学位论文选题。

以往我们所做的主要是花卉个案的专题研究，这方面的工作仍有许多空白等待填补。而如宗教用花、花事民俗、民间花市，不同品类植物景观的欣赏认识、各时期各地区花卉植物审美文化的不同历史情景，以及我国花卉审美文化的自然基础、历史背景、形态结构、发展规律、民族特色、人文意义、国际交流等中观、宏观问题的研究，花卉植物文献的调查整理等更是涉及无多，这些都有待今后逐步展开，不断深入。

“阴阴曲径人稀到，一一名花手自栽”（陆游诗），我们在这一领域寂寞耕耘已近20年了。也许我们每一个人的实际工作及所获都十分有限，但如此络绎走来，随心点检，也踏出一路足迹，种得半畦芬芳。2005年，四川巴蜀书社为我们专辟《中国花卉审美文化研究书系》，陆续出版了我们的荷花、梅花、杨柳、菊花和杏花审美文化研究五种，引起了一定的社会关注。此番由同事曹辛华教授热情倡议、积极联系，北京采薇阁文化公司王强先生鼎力相助，继续操作这一主题学术成果的出版工作。除已经出版的五种和另行单独出版的桃花专题外，我们将其余所有花卉植物主题的学位论文和散见的各类论著一并汇集整理，编为20种，统称《中国花卉审美文化研究丛书》，分别是：

1.《中国牡丹审美文化研究》（付梅）；

2.《梅文化论集》（程杰、程宇静、胥树婷）；

3.《梅文学论集》（程杰）；

4.《杏花文学与文化研究》（纪永贵、丁小兵）；

5.《桃文化论集》（渠红岩）；

6.《水仙、梨花、茉莉文学与文化研究》（朱明明、雷铭、程杰、程宇静、任群、王珏）；

7.《芍药、海棠、茶花文学与文化研究》（王功绢、赵云双、孙培华、付振华）；

8.《芭蕉、石榴文学与文化研究》（徐波、郭慧珍）；

9.《兰、桂、菊的文化研究》（张晓蕾、张荣东、董丽娜）；

10.《花朝节与落花意象的文学研究》（凌帆、周正悦）；

11.《花卉植物的实用情景与文学书写》（胥树婷、王存恒、钟晓璐）；

12.《〈红楼梦〉花卉文化及其他》（俞香顺）；

13.《古代竹文化研究》（王三毛）；

14.《古代文学竹意象研究》（王三毛）；

15.《蘋、蓬蒿、芦苇等草类文学意象研究》（张俊峰、张余、李倩、高尚杰、姚梅）；

16.《槐桑樟枫民俗与文化研究》（纪永贵）；

17.《松柏、杨柳文学与文化论丛》（石志鸟、王颖）；

18.《中国梧桐审美文化研究》（俞香顺）；

19.《唐宋植物文学与文化研究》（石润宏、陈星）；

20.《岭南植物文学与文化研究》（陈灿彬、赵军伟）。

我们如此刈禾聚把，集中摊晒，敛物自是快心，乱花或能迷眼，想必读者诸君总能从中发现自己喜欢的一枝一叶。希望我们的系列成果能为花卉植物文化的学术研究事业增薪助火，为全社会的花卉文化活动加油添彩。

程　杰

2018年5月10日

于南京师范大学随园

总　目

岭南植物的文学书写

陈灿彬 著

目　录

绪　论

一、研究缘起

先生游南镇，一友指岩中花树问曰："天下无心外之物；如此花树在深山中自开自落，于我心亦何相关？"先生曰："你未看此花时，此花与汝心同归于寂；你来看此花时，则此花颜色一时明白起来。便知此花不在你的心外。"[①]

王阳明这段话经常用来与贝克莱主教（George Berkeley）那句"存在就是被感知（To be is to be perceived）"相比附，并为它们在哲学上找到唯心主义的位置。然而，抛开哲学立场不论，我觉得王阳明这段话简直可以用来诠释花卉文学与文化研究的意义所在。正因人们对物的凝视，花卉文学才被创造出来；文学所带来的积淀又使它足以形成一种特色文化。既然"此花不在你的心外"，那么我们就有必要知道你心中的花到底是怎么样的。每个人的认识可以是千差万别，但文化惯性让我们很难逃离话语的控制——这也是我们所共享，现代人也不例外。所以身在当下，虽然眼光要投向未来，但我们有责任要了解过去发生了什么，尤其是这套话语是如何形成的。既不无视，也不拘泥，而是以备参照。

言归正传，岭南植物文学书写属于植物文学与文化研究，是对古

① ［明］王阳明撰，邓艾民注《传习录注疏》，上海古籍出版社 2012 年版，第 231 页。

代岭南植物意象和题材的专题研究。一般来讲，岭南是指中国五岭以南的地区。李权时在其《岭南文化》一书曾说：“由于地理位置和经济发展的原因，古代岭南的进化和发展相对独立，自成体系，呈现出一个比较单纯、自然的历史发展过程。”[①]正因发展的独立和自成体系，所以岭外人士对岭南文化的认识和接受必定是一个逐步深入的过程。另外，岭南独特的自然地理环境孕育出许多奇珍异宝，如清代潘耒所说：“山川之秀丽，物产之瑰奇。风俗之推迁，气候之参错，与中州绝异。”[②]这也使得岭外人士对于岭南这片“半异域”的土地存在许多好奇和想象。“南来人士为岭南奇特的山川地貌、丰富的工艺物产所吸引。广泛描写岭南各地的山川形势、名胜古迹、风土人情等，是入粤人士著述中最丰富的内容。”[③]中国古代文人向来有猎奇的心理和恋物癖，从类似博物学的汉赋到作为道听途说、街谈巷议的笔记小说，无不如此。从古至今保存着许多关于岭南异物的文献，这不但给未能踏入岭南的文人以想象的基础，而且也是被贬谪的士大夫参考的指南。所谓“人禀七情，应物斯感，感物吟志，莫非自然”（刘勰语），岭南山川风物开始被审美发掘，并见诸文学歌咏，可以说是自然而然的事情。岭南植物大多属于亚热带、热带植物，品种和景观都具有丰富的内容，其特点与长江以北的植物有较大的差异。本文即选取岭南植物作为切入点，在搜寻和查阅关于岭南植物的文学作品和分析岭南植物文学书写的历史文化背景的基础上，重点探讨人们对岭南植物的关注观赏、独特认知以及文学的描写吟咏、比较想象和情感寄托的特色，

---

① 李权时《岭南文化》，广东人民出版社 1993 年版，第 11 页。

② ［清］潘耒《广东新语序》，《遂初堂集》文集卷七，清康熙刻本。

③ 李权时《岭南文化》，第 34 页。

力图展现岭南植物的文学书写史。植物文学与文化本身就无法分开，而岭南植物文学书写与民俗、园林、绘画和宗教都有着密切的交叉关系，所以在强调文学性的同时，又时刻注意地域文化的色彩以及他者的特殊认知和变迁。如上所说，植物特色和植物景观蕴含着许多风土、民俗等文化内容，历代文人对它的认知、审美观照和文学书写，必定与岭南文化息息相关。事实上，一部岭南植物文学书写史，就是一部岭南文化的认识史。

二、研究现况

关于岭南文化的研究专著可谓伙颐。一套《岭南文化知识书系》丛书就包含上百种研究专著，学者的切入点各不相同，有宗教、戏剧、民歌、建筑，但关于古代岭南植物文化，当代学者做得较多的还是园艺性和实用性的研究，特别是在岭南园林研究中，如刘庭风《岭南园林·广东园林》（同济大学出版社，2003）、陆琦《岭南园林艺术》（建筑工业出版社，2004）等。但它们同《岭南建筑经典丛书·岭南园林系列》一样，都偏向于建筑艺术，以植物为主体的文化在其中只是余论所及，未加详释。此后，关于岭南园林的学位论文，如梁明捷《岭南古典园林风格研究》①、谢晓蓉《岭南园林植物景观研究》②、杨发《岭南古典园林的植物景观配置研究》③、宋程鹏《岭南四大名园植物配置对比研究》④，植物文化在园林中的应用开始得到重视。又有从开发史

① 梁明捷《岭南古典园林风格研究》，华南理工大学博士学位论文，2012年。
② 谢晓蓉《岭南园林植物景观研究》，北京林业大学硕士学位论文，2005年。
③ 杨发《岭南古典园林的植物景观配置研究》，华南理工大学硕士学位论文，2014年。
④ 宋程鹏《岭南四大名园植物配置对比研究》，华南理工大学硕士学位论文，2014年。

视角出发的，如吴慧珠《汉唐时期岭南的植物资源及其利用》[①]。这些论文虽然不是专门探讨岭南植物的文学色彩，但对岭南植物资源的研究和梳理将有助于本课题的开展。

本课题主要围绕岭南植物，所以展开论述必须对岭南植物进行梳理罗列。目前对于植物意象的研究大都是专注于对某个植物意象或某部作品的植物意象的发掘，而较少对某一区域的植物意象进行统观。较有开创性的是美国汉学家薛爱华(Edward Hetzel Schafer)的《朱雀：唐代的南方意象》[②]（*The Vermilion Bird: T' ang Images of the South*，1967），该书在2014年有中译本行世，其中第十章是专门探讨南方（包括岭南、安南等地）植物意象与题材的创作情况，可以说是本课题在现代学术视野下的开山之作。其中，植物一章分为热带森林、神奇之物与有毒植物、有用植物、食用植物、芳香植物和观赏植物六类来论述。作者以其跨文化的视野，在运用理论和文献进行分析时都有独特的观点。但由于本书是断代的意象研究专著，历时性解读有所欠缺，尤其是宋以来的缺席，而且植物一章的论述大部分还只是停留在胪列串讲上，进一步探讨的空间很大。另外，在陈永正的《岭南诗歌研究》[③]一书中，第七章第三节专门论述了岭南诗词中的花木、特产，但由于其选题在于岭南(此岭南指广东)诗词，所以对岭南的奇树、名花、佳果的探讨都仅止步于岭南本土文人的歌咏。在邹俊的学位论文《岭

---

① 吴惠珠《汉唐时期岭南的植物资源及其利用》，郑州大学硕士学位论文，2012年。

② [美]薛爱华著，程章灿、叶蕾蕾译《朱雀：唐代的南方意象》，生活·读书·新知三联书店2014年版。

③ 陈永正《岭南诗歌研究》，中山大学出版社2008年版。

南古典园林与岭南诗歌艺术共性特征初探》[①]中，作者则主要探讨岭南诗歌与岭南古典园林的艺术共生性。岭南植物受限于岭南古典园林中，文学方面则专对岭南诗歌而言。

国内的岭南植物意象研究多为某种植物，如董丽娜《中国文学中的桂花意象研究》[②]、徐波《中国古代芭蕉题材的文学与文化研究》[③]、黄宪梓《芭蕉的古典文化叙事》[④]、赵军伟《荔枝题材与意象文学研究》[⑤]等学位论文；国外也有 Reynolds, P. K. 和 C. Y. Fang《中国文学中的香蕉》[⑥]；这些论文都是全面梳理某个植物意象的文学和文化含义，力图呈现此题材在文学演变中的全貌以及相关的文化价值，但植物的岭南地域特性和文学书写只是占据某一部分，或者是在作者的叙述中逐渐淡化。其他岭南植物意象如木棉、榕树、槟榔、桄榔、椰子、菩提、龙眼、橄榄、柑橘、素馨、茉莉、扶桑、指甲花、豆蔻、蒲葵、甘蔗、沉香等，专门研究它的审美价值和文学功用的有杨化坤《中国古代诗词中豆蔻意象考释》[⑦]、宗靖华《岭南诗歌中的木棉形象》[⑧]、任群《论

---

① 邹俊《岭南古典园林与岭南诗歌艺术共性特征初探》，华南理工大学硕士学位论文，2014 年。

② 董丽娜《中国文学中的桂花意象研究》，南京师范大学硕士学位论文，2006 年。

③ 徐波《中国古代芭蕉题材的文学与文化研究》，南京师范大学硕士学位论文，2011 年。

④ 黄宪梓《芭蕉的古典文化叙事》，西北大学硕士学位论文，2009 年。

⑤ 赵军伟《荔枝题材与意象文学研究》，南京师范大学硕士学位论文，2012 年。

⑥ Reynolds, Philip K. “The Banana in Chinese Literature.” Harvard Journal of Asiatic Studies 5, no. 2 (1940).

⑦ 杨化坤《中国古代诗词中豆蔻意象考释》，《北京社会科学》2014 年第 4 期。

⑧ 宗靖华《岭南诗歌中的木棉形象》，《名作欣赏》2014 年第 6 期。

宋代的茉莉诗》[1]、吴春秋《试论古典文学中的槟榔》[2]，这几篇专题论文或对某植物进行历时性梳理，或将其放在某个年代看待，或就某个区域的诗歌来分析，各有特色。

从以上的研究现状可以看出，对岭南植物的文学书写进行总体观照的很少，除了汉学家薛爱华的开创之外，大部分是止步于单个意象的揭橥。薛爱华停留在断代研究上，陈永正则专注于岭南本土诗词，其他也未能充分展示岭南植物的地域特色。本课题将结合前辈学人的研究成果，对岭南植物意象群进行整合研究，从其地域性特征到被审美发现以及文学书写，乃至最终形成一个模式进行历时性的梳理和共时性的比较。在这之中，着重注意它与岭南植物文化、地域文化的关系。

① 任群《论宋代的茉莉诗》，《阅江学刊》2011 年第 4 期。

② 吴春秋《试论古典文学中的槟榔》，《海南大学学报（人文社会科学版）》2014 年第 3 期。

第一章　岭南植物资源

岭南植物资源丰富，本章拟解决的问题是：岭南的概念和界定、岭南的环境、岭南的植物资源。

第一节　岭南及其自然环境

历来学者使用“岭南”的概念，多有分歧。李权时说：“岭南这一概念在历史文献上，主要有三种不同含义：第一，地区名；第二，道名；第三，唐方镇名。”[①]但是，岭南作为修饰语，其本身就具有一定的地域范围，而分歧也多出现在这方面。“岭南”作为地域范围来讲，一般有广义和狭义之分。狭义的岭南专指广东[②]，广义的岭南则是“五岭之南”。而所谓的“五岭”，同样也是众说纷纭[③]。现在

---

① 李权时《岭南文化》，广东人民出版社 1993 年版，第 4 页。

② 如《岭南文库丛书》，其前言即云：“广东一隅，史称岭南。”丛书的编辑主旨也是选编有关岭南（广东）的书籍，如陈永正的《岭南文学史》《岭南历代诗选》《岭南历代词选》，“岭南”一词都是专指广东。丛书的其他书籍也大部分如此。屈大均在《广东新语》（卷一一，第 317 页）也力辩：“凡为书必明乎书法，生乎唐，则书‘岭南’；生乎宋，则书‘广南东路’；生乎昭代，则必书曰‘广东’，此著述之体也。”这就是狭义上的“岭南”。

③ “五岭”是五道山岭或是入岭之五途。五道山岭的名字和位置也有争议。最流行的是，五岭为越城岭、都庞岭（一说揭阳岭）、萌渚岭、骑田岭和大庾岭。详见金强《五岭考辩》，《宋代岭南谪宦》，广东人民出版社 2008 年版，第 13—23 页。

通行的定义则是："南岭，又称'五岭'，包括了越城岭、都庞岭、萌渚岭、骑田岭和大庾岭，东西绵延1000多千米，穿越湖南、江西南部和广西、广东北部，连接着云贵高原与武夷山脉，是一系列东北——西南走向的复杂山地，有着'五岭逶迤腾细浪'的盛誉，常被作为热带与亚热带的气候分界线。南岭以山地丘陵地貌为主，地形复杂，是中国南方各省主要河流的发源地，是长江和珠江两大水系的分水岭。"[①] 这是从自然地理的角度来看"岭南"的范围，但由于历代中央政府经略岭南的不同，所以其行政范围也变动不居。屈大均曾批评"岭南"一词使用不当，云：

且岭南之称亦未当，考唐分天下为十道，其曰"岭南道"者，合广东西、漳浦及安南国境而言也。宋则分广东曰"广南东路"，广西曰"广南西路"矣。今而徒曰"岭南"，则未知其为东乎，为西乎，且昭代亦分广东为岭南、东、西三道矣，专言"岭"而不及"海"焉。廉、雷二州则为海北道，琼州为海南道矣，专言"海"而不及"岭"焉。今而徒曰"岭南"，则一分巡使者所辖已耳。且广东之地，天下尝以"岭海"兼称之，今言"岭"则遗"海"矣，言"海"则遗"岭"矣，或舍"岭"与"海"而不言，将称陶唐之"南交"乎？周之"扬粤"乎？汉之"南越"乎？吴晋之"交广"乎？是皆非今日四封之所至。与本朝命名之实，其亦何以为征。凡为书必明乎书法，生乎唐，则书"岭南"。生乎宋，则书"广南东路"。生乎昭代，则必书曰"广东"，此著述之体也，以尊祖宗之制，以正一

① 王发国等主编《南岭国家级自然保护区植物区系与植被》，华中科技大学出版社2013年版，前言。

代之名，而合乎国史，其道端在乎是。[①]

屈氏大意是说，如果专指广东这个地方，用唐代作为行政设置的“岭南”一词来表示，就会发生指称不明的后果。每个时代都有自己的行政设置以及特定称呼。良是，“岭南”一词虽然可以上溯到《史记》[②]，但广泛运用则得助于唐代岭南道的设置。岭南道分属五个都督府（岭南五管），即广州、桂州、容州、邕州、安南。其所辖范围与我们今天广义的岭南范围相差不大。从行政区域的设置上，永州、郴州等地都应算五岭以北。日本学者户崎哲彦说：“严格来说，此地包括五岭北麓，因此应称为‘泛岭南’，但地理上以五岭为一线，而包括其南北麓一带，本文称为‘五岭线’。该地区自然、文化相近而又与北方大相径庭，因此本文一致用‘岭南’一词。”[③]可以看出，户崎哲彦在结合唐代岭南道的行政区划的基础上，同时更强调了文化趋同性。所以，“岭南”一词的使用就溢出普通的自然地理范围，而更趋向于文化地理层次。同样左鹏在对唐人岭南观做出分析后，得出：“唐人心目中的岭南，大体上包括了今两广和福建等地，甚至岭北近郊的江南西道的五州也因夷僚杂处而被认为是化外之地。这样区划认识，依据的并不仅仅是自然地理条件，更包含着文化观念的内涵，所以随着地方经济文化之发展，福建与两广即分道扬镳，后来广东、广西也各行其是，至有以‘岭南’专指广东之说。”[④]在地域景观和植物资源上，广东和福建确实存在很多相似性，所以在唐人的岭南观里面，有时难

---

① ［清］屈大均《广东新语》卷一一，中华书局1985年版，第317页。

② ［汉］司马迁《货殖列传》，《史记》卷一二九，中华书局1982年版，第3269页。

③ ［日］户崎哲彦《唐代岭南文学与石刻考》，中华书局2013年版，第5页。

④ 左鹏《唐代岭南社会经济与文学地理》，河南人民出版社2014年版，第12页。

免等视，但这也只是作为特别情况来处理。本课题的“岭南”概念取户崎哲彦说，即以五岭之南的广东、广西、海南为主，同时包括五岭北麓，以期兼顾自然地理和文化地理的特点。

“岭南”的概念明晰之后，我们需要进一步了解岭南的自然环境。泰纳喜欢以植物的生长与艺术的发生相比，他说：“每个地域有它特殊的作物和草木，两者跟着地域一同开始，一同告终；植物与地域相连。地域是某些作物与草木存在的条件，地域的存在与否，决定某些植物的出现与否。而所谓地域不过是某种温度、湿度，某些主要形势，相当于我们在另一方面所说的时代精神与风俗概况。自然界有它的气候，气候的变化决定这种那种植物的出现；精神方面也有它的气候，它的变化决定这种那种艺术的出现。”[①]虽然他的立说是为他的“精神气候”张本，但我们在这里援引此段只是想说明自然环境与植物的关系是很密切的，所以有必要对岭南的自然环境进行全方位的了解。对自然环境的描述一般有两个维度：一个是从现代生态学出发，描述的是现在的自然环境；另一个则是从环境史出发，描述的是历史变迁的自然环境。本节所讨论的岭南自然环境主要是当代的概况，目的是给人一个岭南自然环境的大体印象，而岭南一些气候、森林变迁等情况则会落实在后文具体的论述中。

首先，岭南的地形。

岭南位于我国最南部，北阻五岭，南隔大海，整体地势北高南低，地形以丘陵和山地为主，平原地区主要有珠江三角洲和韩江三角洲。南岭的阻隔使岭南地区在古代较为孤立，也因此形成自己独特的文化。

---

① 孟庆枢、杨守森主编《西方文论选》，高等教育出版社2007年版，第174页。

加之海岸线绵长，随着地区的开发，岭南也逐渐成为中国对外交流的重镇。这两方面均与岭南植物文学书写息息相关。

其次，岭南的气候及其变迁。

岭南纬度低，太阳辐射强，加上南岭阻隔北来的冷气流，如上所说南岭是“热带与亚热带的气候分界线”，而又受热带海洋的影响，其气候多为热带、亚热带季风气候，特点为温度高，湿度大，雨水多。岭南地区的年平均气温为20℃上下，冬季温暖，夏季酷热。降水量也在全国首屈一指，大部分地区降水量在1500毫米以上，而且岭南地区年平均相对湿度在75%以上，属于高湿地区[①]。

气候在历史的长河中是会变迁的，而研究变迁的关键，如竺可桢所说：“气候之要素，厥推雨量与温度。”[②]岭南地区气温的整体变化是与中国近5000年的气温变化差不多一致的（参见图01）。

最后，岭南的水文土壤。

岭南的珠江流域由四大水系组成，包括西江、北江、东江及珠江三角洲诸河。珠江的流量是中国第二，泥沙却是七大江河中最小的。泥沙与森林植被、冲积平原和流域景观均有密切的关系。马立博说：“珠江三角洲的产生和它后来成为岭南人口稠密、农业富庶的中心区是一个历史的偶然结果，而非自然决定。”[③]他认为早期汉人害怕瘴气等疾病而定居珠江流域上流，人类的开发导致水土流失，但泥土只是沉积在洪泛区，而没有到达海湾口。等到宋代开始营造防洪堤坝设施后，

① 参见鹿世瑾等著《华南气候》，气象出版社1990年版，第50—91页。

② 竺可桢《中国历史上气候之变迁》，《竺可桢文集》，科学出版社1979年版，第58页。

③ ［美］马立博《虎、米、丝、泥：帝制晚期华南的环境与经济》，第80页。

河水才携泥沙俱下。因此，宋元之后对珠江三角洲农田开始大力开发，并奠定了岭南文化繁荣的基础。

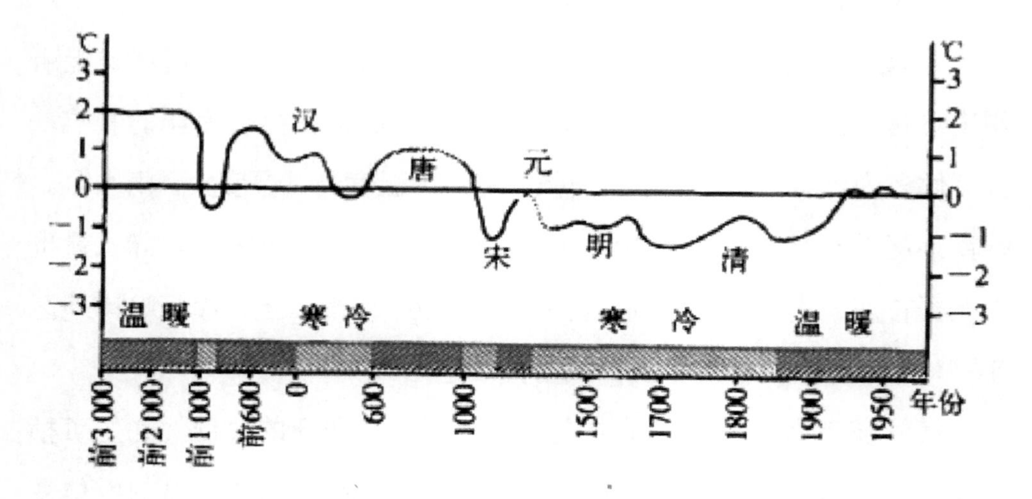

图 01　公元前 3000 年—公元 1950 年中国的气温变化，此图是根据竺可桢在《中国近五千年来气候变迁的初步研究》的研究成果制作（图引自［美］马立博《虎、米、丝、泥：帝制晚期华南的环境与经济》，江苏人民出版社 2011 年版，第 48 页。笔者按：本书图片来源有三：一为网络；二为书籍；三为笔者及兄弟朋友所拍。图片引用时均注明所有者，在这里一并向素未谋面的古人和网友以及笔者的兄弟朋友们致以最崇高的敬意和衷心的感谢）。

岭南地区广泛分布着红壤、砖红壤、砖红壤性红壤、黄壤、石灰土等，以此为基础创造了独具特色的农业文明。“以上这四种自然土壤组成红壤系列，适宜发展热带、亚热带经济作物、果树和林木。作物一年可以二熟、三熟乃至四熟，土地生产潜力很大，为流域农业文明提供强大的自然基础。”[①]

① 司徒尚纪编著《中国珠江文化简史》，中山大学出版社 2015 年版，第 28 页。

第二节　关于岭南植物的主要文献著录

中国古代植物学史源远流长，辽阔的疆域蕴含着丰富的植物资源，关于植物的文献记载更是汗牛充栋。岭南虽然偏居一隅，但历代对于岭南方物的兴趣有增无减，奇花异木即是其中一个关注点。缪启愉先生认为，古代有关植物的重点著作，大致可分为三类：一是农书类；二是本草书类；三是专志类[①]。虽然农书类多强调植物的耕作栽培，本草书类多着眼于药用价值，专志类多对形态、性状作描述，但三者往往互有因袭。

下面按照时间线索，对著录岭南植物的主要文献进行提要。

一、先秦两汉魏晋南北朝

（一）东汉杨孚《异物志》

《隋书·经籍志》中题为杨孚著作有两本，一为《异物志》，一为《交州异物志》，两书誊写的位置相隔甚远，史官似不以两书为同一人所撰。但无论如何《异物志》一书是明确题为“后汉议郎杨孚撰”。另外，题为杨孚的书在历代引文中又有《南裔异物志》（《水经注》）、《临海水土记》（《初学记》）等名字。这也给辑佚工作带来了较多的困难。屈大均称杨孚《南裔异物志》“辞旨古奥，散见他书，搜辑之亦可以为广东文之权舆”[②]，随后的曾钊筚路蓝缕，有《异物志》的辑本，辑佚的范围包括署名和未署名杨孚的《异物志》。今人骆伟和骆廷亦

① 缪启愉、邱泽奇辑释《汉魏六朝岭南植物“志录”辑释》，农业出版社1990年版，《序》。

② ［清］屈大均《广东新语》卷一一，中华书局1985年版，第318页。

沿用此体例辑佚，所辑条目更多[①]。然而，无论是曾钊还是现代学者的辑佚，因为体例不一，难以做到准确还原；有时又贪多务得，往往失实。比如屈大均说："汉和帝时，南海杨孚字孝先，其为《南裔异物赞》，亦诗之流也。然则广东之诗，其始于孚乎？"[②]今人追溯岭南文学史时经常沿用这个说法，并从曾钊辑本找出符合诗体特征的异物赞，最主要的一条是"榕树栖栖，长与少殊。高出林表，广荫原丘。孰知初生，葛藟之俦"，并称"杨孚《异物志》中的'赞'均为四言韵语，优美生动，富有诗味，是我们今天见到的广东最早的诗歌"[③]。但是如果知道曾钊和今人辑佚这条的来源，那么这首赞诗是否是杨孚所撰就大可存疑。这首所谓《榕赞》来源于《太平御览》[④]，并无题撰者名。另外今存题为陈祈畅的《异物志》所录多是四字韵语，这首体例与其相似[⑤]，极有可能是陈本《异物志》的。而且，根据榕树文化的发展，东汉尚不可能存在这种作品（详见榕树一章）。所以，对待辑佚得来的文字要考其源头，姑信其无，不妨如《汉魏六朝岭南植物"志录"辑释》那样，缺名的《异物志》都放在一边，只取用最明确的佚文。

按照严格的筛选，其实杨孚著作中关于植物的著录并不多。但它

---

① 刘纬毅也有杨孚《交州异物志》《临海水土记》的辑佚本，但所收条目较少。见《汉唐方志辑佚》，北京图书馆出版社 1997 年版，第 14—17 页。

② [清] 屈大均《广东新语》卷一二，第 345 页。

③ 陈永正《岭南文学史》，广东高等教育出版社 1993 年版，第 34 页；类似的说法和引用又见氏著《岭南诗歌研究》，中山大学出版社 2008 年版，第 256 页。

④ [宋] 李昉等撰《太平御览》卷九六〇木部九，《四部丛刊三编》景宋本。

⑤ 缪启愉、邱泽奇辑释《汉魏六朝岭南植物"志录"辑释》，农业出版社 1990 年版，第 64 页。

确实如学者所称“是我国第一部地区性的物产志书，也是岭南首部科学著作，具有较高的学术价值”[①]。它的影响极大，是开地方风物著述之先。历代学者，多有效仿，且多以《异物志》为名。如三国时吴国万震《南州异物志》、沈莹《临海异物志》、薛珝《异物志》、薛莹《荆州以南异物志》、谯周《异物志》、朱应《扶南异物志》、唐代房千里《南方异物志》、孟琯《岭南异物志》，可见杨孚一书，于著述之体，影响甚远。这一类著作都集中著录动植物资源，是了解早期岭南植物的重要著作。

（二）晋代徐衷《南方草物状》和今本《南方草木状》

《南方草木状》三卷，旧题为嵇含所著，由于保存完整，流传至今，所以学界的评价一直很高，至如称其为“我国现存最早的一部植物学文献”[②]。这显然是无视历代学者对此书的怀疑。四库馆臣对今本《南方草木状》虽然有诸多怀疑，最终却以“叙述典雅，非唐以后人所能伪，不得以始见《宋志》疑之。其本亦最完整”[③]圆场。但后人多不满意此说，异议蜂起。余嘉锡认为，《南方草木状》和《南方草物状》实际上是一本书，传世的《南方草木状》只专门记载植物，已经不是原来的面目。但这本书屡为六朝唐人所引，在当时肯定是存在过的。后来经过南宋人的补缀分类，而流传至今[④]。余嘉锡的辨证，能发四库馆臣所不能发，但犹有未尽之处。农史学家缪启愉利用更丰富的材料，进一步论证了嵇含此书之伪，并指出：“《南方草物状》与《南方草木状》是

① 骆伟、骆廷辑注《岭南古代方志辑佚》，广东人民出版社 2002 年版，第 1—2 页。

② 吴永章《中国南方民族史志要籍题解》，民族出版社 1991 年版，第 18 页。

③ ［清］纪昀等撰《钦定四库全书总目》，中华书局 1997 年版，第 963 页。

④ 详见余嘉锡《四库提要辨证》，中华书局 1980 年版，第 435—440 页。

不相干的二本书，不能混同。《草木状》并非嵇含之书，是后人根据类书和其他文献编造的，其时代当在南宋时。”[1]北宋之前，《草木状》和《草物状》两个名字经常混淆，但实际上都是徐衷《南方草物状》一书。南宋才有了题为嵇含的《南方草木状》。这个公案一直没有定论，但就现在的情况来看，缪启愉所论更加翔实审断。所以，笔者在梳理岭南植物的历史发现和文学书写过程中是以此为前提：即不以今本《南方草木状》为晋代作品，而是追溯到最原始的征引文献中甄别，同时参考缪启愉的《南方草物状》辑本[2]。当代探讨岭南植物文化的著作，多不考虑今本《南方草木状》著录的真伪问题，一旦意识到这个事实，很多探讨都需要重新修正，这也是研究岭南植物文化一个不得不首先强调的前提。虽然今本题为嵇含的《南方草木状》不能如实反映晋代的情况，但它仍体现宋人关于岭南植物的认识水平，尤其是其中的分类思想，在今天看来仍有价值。

（三）后魏贾思勰《齐民要术》

《齐民要术》一书是我国现存最早最完整的农学名著，在农业史上有极重要的地位。作者是后魏贾思勰，山东益都人。《齐民要术》共有十卷，九十二篇，书成于公元6世纪中叶。虽然其书指导的是黄河中下游地区的农业生产，但第十卷“引录了大量的热带亚热带植物资料，成为我国最早的‘南方植物志’（旧题西晋嵇含写的《南方草木状》是伪书），对我国植物学史的研究有特别的意义，而且其所引

① 缪启愉《〈南方草木状〉的诸伪迹》，《中国农史》1984年第3期。
② 缪启愉等《汉魏六朝岭南植物“志录”辑释》，农业出版社1990年版，第75页。

书大部失传，尤其值得珍视”[①]。贾氏第十卷所记149种植物都是非中国物产，即江淮以南所产的农作物，目的是“聊以存其名目，记其怪异耳”。这些从群书抄撮出来的材料对研究岭南植物具有很大的作用，是后世很多岭南专志的辑佚来源之一。

综上所述，先秦两汉魏晋南北朝关于岭南植物的文献著录，除了《齐民要术》保存比较完整，大多零碎不堪，尤其是后代所引用的不题作者的《异物志》，所以面对这些材料时，需要谨慎处理，在无确凿证据时，宁信其无，不可妄下雌黄。

二、隋唐五代

隋唐五代关于岭南植物的记载，多散见于南来北人所创作的史地方物文献中。现存比较重要的有段公路《北户录》、刘恂《岭表录异》，其他大都散佚，今人多有辑本。

（一）段公路《北户录》

该书为唐代段公路所撰，公路为唐懿宗时人，《四库全书总目提要》称：“是书当在广州时作，载岭南风土，颇为赅备，而于物产为尤详。”[②]该书共三卷，卷一多记珍兽，卷二记物事，植物多集中在卷三。书名“北户”，即以南方之地，门户皆北开向阳，故曰《北户》。所记多岭南风物，唐代陆希声对段书能做到博物而不荒诞给予很高的评价：

> 采其民风土俗、饮食、衣制、歌谣、哀乐，有异于中夏者，录而志之。至于草、木、果、蔬、虫、鱼、羽毛之类，有瑰形诡怪者，亦莫不毕载。非徒止于所见而已。又能连类引征，

① ［后魏］贾思勰撰，缪启愉校释《齐民要术校释（第二版）》，中国农业出版社1998年版，第692页。
② ［清］纪昀等撰《钦定四库全书总目》，中华书局1997年版，第964页。

与奇书异说相参验，直所谓博而且信矣。[①]

清初曹溶《学海类编》所辑，记物产五十一条，已非完帙。清末陆心源重刊此书，斯为善本。民国商务印书馆《丛书集成》本即以此为底本。

（二）刘恂《岭表录异》

刘恂为唐昭宗时人，书盖成于五代。《四库全书总目提要》称：

> 粤东舆地之书，如郭义恭《广志》、沈怀远《南越志》，皆已不传。诸家所援据者，以恂是编为最古。其中记载博赡，而文章古雅，于虫鱼草木，所录尤繁。训诂名义，率多精核。[②]

鲁迅先生曾以《四库全书》本为底本，对该书做过详细校勘，参考《太平御览》等25种古代文献，纠谬增删500余条。鲁迅本仍分三卷，但进行了归类。卷上记文史掌故，卷中记花草果木，卷下记虫鱼鸟兽。今人骆伟在鲁迅的基础上，又增补了20条，全书共159条，收在《岭南古代方志辑佚》里，是目前最全的版本。

三、宋元

（一）宋代范成大《桂海虞衡志》

范成大（1126—1193），平江吴郡（今江苏吴县）人。《提要》谓：“是编乃由广右入蜀之时，道中追忆而作。自序谓凡所登临之处与风物土宜，方志所未载者，萃为一书。蛮陬绝徼，见闻可纪者，亦附著之。共十三篇……观其《志花》小序，称北州所有皆不录，或《志果》

① ［唐］陆希声《北户录原序》，《风土志丛刊》第62册，广陵书社2003年影印本。

② ［清］纪昀等撰《钦定四库全书总目》，中华书局1997年版，第965页。

亦用此例。”[①]其中《志花》《志果》《志草木》《志香》多涉及岭南植物，而且范成大著书的体例，是录北州所无之物，所以其地域性色彩更加强烈。

（二）宋代周去非《岭外代答》

周去非（南宋末），永嘉（今浙江温州）人。《提要》称：“是书即作于桂林代归之后，自序谓本范成大《桂海虞衡志》，而益以耳目所见闻，录存二百九十四条。盖因有问岭外事者，倦于应酬，书此示之，故曰《代答》。其书条分缕析，视嵇含、刘恂、段公路诸书叙述为详。”[②]岭南植物在《花草门》有详细的罗列，由于该书保存完整，其内容也更翔实，代表了宋代的认识水平。

（三）谱录

唐中叶以后，“地区性的植物专著和园艺专谱大量出现，形成了中国植物学的极盛时代”[③]。岭南地区的植物专著主要有如上所介绍的几种，园艺专谱流传至今则有蔡襄《荔枝谱》、韩彦直《橘录》、王灼《糖霜谱》。这几种谱录虽然不是专门针对岭南地区的植物而言，但由于岭南地区也广泛分布，而且自成一色。所以也可视作关于岭南植物的文献。值得一提的是，蔡襄的《荔枝谱》是现存最早的一部荔枝专著，而历史最早的一部荔枝专著则是北宋初年郑熊所著的《广中荔枝谱》，记载的是广东荔枝的品种。可惜现在基本失传，其中有二十二个品种及其性状保存在宋代吴曾的《能改斋漫录》[④]中。蔡襄

---

① ［清］纪昀等撰《钦定四库全书总目》，中华书局1997年版，第967—968页。
② ［清］纪昀等撰《钦定四库全书总目》，中华书局1997年版，第968页。
③ 中国植物学会编《中国植物学史》，科学出版社1994年版，第35页。
④ ［宋］吴曾《能改斋漫录》卷一五方物，《影印文渊阁四库全书》本。

的谱录直接影响了后世关于闽粤荔枝优劣的争论，意义非常。

四、明清

据《岭南文献史》载，明清以后，说粤书和岭南地方文献著述层出不穷，“如明代瞿其美的《粤游见闻》、瞿昌文的《粤行纪事》、华夏鲞的《粤中偶记》及《两广纪略》、马光的《粤行小记》，清代前中期吴绮的《岭南风物记》、屈大均的《广东新语》、范端昂的《粤中见闻》、张渠的《粤东闻见录》以及其他一些作者撰写的《粤东笔记》《粤游日记》《粤游小志》《粤游录》《楚庭稗珠录》，等等，举不胜举”[①]。由此可见，该类文献的浩博，其中以清初屈大均的《广东新语》影响最大。屈大均为广东番禺人，该书的作意原是给岭外“闳览博物之君子”参考的，有明显的“嗜奇尚异”倾向。书中的《草语》《木语》《香语》较多地涉及岭南植物资源，作者在做客观介绍之后，经常附带文学歌咏，兼具科学性和文学性。另外，在谱录方面，吴应逵的《岭南荔枝谱》和赵氏三谱（《槟榔谱》《龙眼谱》《烟谱》）对研究岭南植物也有特殊的作用。他们用力之处都在汇辑历代关于岭南植物的文献记载，对于梳理文学书写的历程有一定的参考作用。

综本节所述，岭南地区的物产长期作为“异物”受人关注，在介绍岭南植物的过程中，作者的群体基本是由北而南，而且存在两个不同的视角：中土人士以入岭后的“特殊见闻”作为谈资，著书以广博闻，岭南本土人士则以宣传自己乡邦物产和文化为己任，更多是以求精确。这些书籍的流传对岭南文化的传播和岭南植物文学书写有巨大的推动作用，人们在没有踏上岭南时，往往通过许多间接渠道来获取岭南的

① 乔好勤主编《岭南文献史》，华中科技大学出版社 2011 年版，第 244 页。

信息，而这些书籍知识无疑就是主要的来源之一。当诗人写与岭南主题有关的文学作品时，他会有意地运用与岭南有关的各种意象，植物即是其一。

第三节 岭南植物资源记载的概况
——以岭南风物文献为中心

岭南地区是古热带植物区印度——马拉亚区的一部分，区内有广泛分布的热带科、属（特别是木本植物），如龙脑香科、肉豆蔻科、无患子科、芸香科、桑科、楝科、漆树科、豆科、番荔枝科、大戟科等，呈现出亚热带和热带植物的特色。本节将对几种岭南风物文献中所记载的植物做一个梳理和呈现，来观察历代对岭南植物的兴趣点，这是研究岭南植物文学书写的基础。

汉魏晋南北朝的《异物志》系列、《南方草物状》《齐民要术》及各种地记关于岭南植物的著录基本奠定了唐宋以来岭南植物著录的格局，而且多被后世征引和订补。但由于著作太碎太杂，不便统计，现将唐以后几种比较完整的文献所著录的岭南植物胪列如下，见表1和表2。

表1《北户录》《岭表录异》《南方草木状》著录的植物

《北户录》	《岭表录异》	《南方草木状》
睡菜、水韭、蕹菜、斑皮竹笥、无核荔枝、变柑、橄榄子、山橘子、山胡桃、白杨梅、偏核桃、红梅、朱槿花、笺香树、抱木、方竹、山花燕脂、鹤子草、越王竹、无名花、指甲花、相思子、睡莲	野鹿藤、茄子、山橘子、馨子、山胡桃、山姜花、鹤子草(媚草)、野葛(胡蔓草)、越王竹、思簩竹、桃枝竹、沙摩竹、箣竹(刺勒)、倒捻子、榕树、水松、枫树、桄榔树、枹木、石栗、波斯枣、偏核桃、荔枝、龙眼、槟榔、橄榄、枸橼子、椰子树、迦南香、蜜香、栈香树、朱槿花、胡桐泪、沙箸	甘蕉、诃梨勒、荔枝、椰树、杨梅、橘、柑、橄榄、龙眼、千岁子、五敛子、钩缘子、海梧子、海松子、庵摩勒、石栗、人面子、蒲葵、桄榔、槟榔、椰树、海枣、芜菁、茄树、蕹、甘储、诸蔗、豆蔻花、胡椒、益智子、桂、鸡舌香（丁香）诃梨勒、槟榔与扶留、指甲花、苏枋、甘蕉、蒲葵、桄榔、箪竹、蜜香纸、蕙草、枫香、薰陆香、蜜香树、水松、紫藤、山姜花、留求子、乞力伽、绰菜、冶葛、吉利草、良耀草、枫香、桂、杉、荆、榼藤、抱香履（水松）、云丘竹、石林竹、思摩竹、箪竹、越王竹、耶悉茗花、末利、水莲、水蕉、贞桐、水葱、朱槿、指甲花、刺桐、荆

表 2《桂海虞衡志》《岭表代答》《广东新语》著录的植物

《桂海虞衡志》	《岭表代答》	《广东新语》
上元红、白鹤花、南山茶、红豆蔻、泡花、红蕉花、枸那花、史君子花、水西花、裹梅花（木槿）玉修花、象蹄花、素馨花、茉莉花、石榴花、添色芙蓉花、侧金盏花、曼陀罗花。 荔枝、龙眼、馒头柑、金橘、绵李、石栗、甘剑子、龙荔、木竹子、冬桃、罗望子、人面子、乌榄、方榄、椰子、蕉子、鸡蕉子、芽蕉子、红盐草果、八角茴香、馀甘子、五棱子、黎朦子、波罗蜜、柚子、橹罟子、槎㯹子、地蚕、赤柚子、火炭子、山韶子、山龙眼部谛子、木赖子、粘子、千岁子、赤枣子、藤韶子、古米子、壳子、藤核子、木连子、罗蒙子、毛栗、特乃子、不纳子、羊矢子、日头子、秋风子、黄皮子、朱圆子、匾桃、粉骨子、塔骨子。 桂、榕、沙木、桄榔木、思儡木、胭脂木、鸡桐、	桂、榕、沙木、思櫑木、槟榔、桄榔、椰子木、竹（斑竹、簩竹、涩竹、竻竹、人面竹、钓丝竹箭竹）、荔枝圆眼、红盐草果、八角茴香、余甘子、石栗、杓栗、蕉子、乌榄、柚子、百子（罗晃子、木竹子、人面子、五稜子、黎朦子、橹罟子、搓擦子、地蚕子、火炭子、山韶子、部蹄子、木赖子、黏子、千岁子、赤枣子、藤韶子、古米子、壳子、藤核子、木莲子、萝蒙子、特乃子、不纳子、羊矢子、日头子、秋风子、黄皮子、朱圆子、粉骨子、搭骨子、布衲子、黄肚子、蒲奈子、水泡子、水翁子、巾斗子、沐浣子、牛粘子、天威子、石胡桃、频婆果、木馒头）、藤、花藤、胆瓶蕉、水蕉、红蕉花、南山茶、素馨花、茉莉花、石榴花、史君子花、添色芙蓉花、豆蔻花、匾菜、泡花、曼陀罗花、拘那花、水	松、水松、柏、漆、杉、梅、桂、枫、木棉、榕、菩提、荔枝、龙眼、橄榄、槟榔、桄榔、椰、橘柚、波罗树、诃子、羊桃、山桃、蒲桃、夹竹桃、蜜望、宜母、人面、诸山果、苦楝、牡丹、木芙蓉、夜合、木樨、月贵、茉莉、贝多罗、杜鹃花、丁香、女青（贞）、山丹、佛桑（扶桑）、瑞香、合欢、指甲花、南烛、山石榴、锦鷺花、白鹤花、粉蜨花、栎、九里香、山攀、蝇树、药树、海南文木（花梨）、山木、移榕、柊叶、山大丹、步惊、槌子、红豆、果日、泡木、海苔树、油葵、海枣、盐醋子、刺桐、香桃花、散沫花、朱槿、孔雀花、沉香、檀香、素馨、茉莉、阇提、佛桑、渠那、含笑、麝香花。 黄金间碧竹、棕竹、青皮竹、黄皮竹、人面竹（佛肚竹）、鹤膝竹、马蹄竹、

（续表）

龙骨木、风膏药、南漆、簩竹、涩竹、人面竹、钓丝竹、斑竹、猫头竹、桃枝竹、箸竹、箭竹、宿根茄、铜鼓草、大蒿、石发、匾菜、都管草、花藤、胡蔓藤。 沉水香、蓬莱香、鹧鸪斑香、笺香、光香、沉香、香珠、思劳香、排草、槟榔苔、橄榄香、零陵香	西花、裹梅花、玉修花、月禾、大蒿、都管草、蛆草、铜鼓草、石发、胡蔓草、匾菜。 沉水香、蓬莱香、鹧鸪斑香、笺香、众香（光香、沉香、排草香、橄榄香、钦香）、零陵香、蕃栀子	马鞭竹、牛角竹、象牙竹、石竹、筋竹、勒竹、思簩竹、蒲竹、大头竹、单竹、簕竹、水竹、长节竹、笙竹、扶竹、苦竹、龙公竹、篱堕竹、符竹、沙筋竹、桃枝竹、桃竹、邛竹、方竹、观音竹、芭蕉竹、槟榔竹、木竹、甜竹、猫竹、思摩竹、银竹、崖州藤竹、芭蕉、朱蕉、蔗、兰、菊、赛兰、薏苡、仙茅、素馨、蔞、西洋莲、秋海棠、凤尾花、凤仙花、露头花、水仙、换锦（胡蜨花）、夜落金钱、雁来红、菱、莲、茨菰、蕹、桃金娘、二兰菜、百合、蕨、睡莲、仙人掌、诸异草、油草、水蜡烛

由上可见，这六种文献所著录的植物重出率很高，这不但意味着重出的植物为较多人熟知和认可，而且将有可能大量出现在文学作品中。著名如荔枝、芭蕉、桂等植物，在中古时代就已经有与中土植物媲美的地位了。不过，大多数植物还只是存名而已，甚至在今天都无法确定是哪种植物，更别说成为古代文人的意象和题材。这些植物大

体可以分为两类：一种是泛南方植物；另一种是岭南特色植物。如芭蕉、桂就是泛南方植物，而荔枝、龙眼之类就是岭南特色植物。本文主要探讨岭南特色植物的文学书写。

第二章　岭南植物文学书写的历史文化背景和发展历程

以岭南植物为中心的文学书写，大致属于传统所说的咏物文学，但其范围又专限于岭南植物题材和意象。所以，它的发展并不能与咏物文学简单归同，而是有自己特殊的发展背景。本章将对岭南植物文学书写的发展历程进行一个简单扼要的梳理，把它分成四个时期（萌芽期、发展期、繁荣期、新变期），在梳理过程中重点把握它的历史文化背景。

第一节　先秦两汉：萌芽期

我国的咏物文学滥觞于先秦时代，远在周初的古铭辞就有以物为中心的书写，而在我国第一部文学总集《诗经》里，咏物之句俯拾皆是。南朝刘勰称："诗人感物，联类不穷。流连万象之际，沉吟视听之区。写物图貌，既随物以宛转；属采附声，亦与心而徘徊。故灼灼状桃花之鲜，依依尽杨柳之貌，杲杲为出日之容，瀌瀌拟雨雪之状，喈喈逐黄鸟之声，喓喓学草虫之韵。皎日嘒星，一言穷理；参差沃若，两字连形。并以少总多，情貌无遗矣。"[①]《诗经》的咏物大部分是为了"言志"，是依靠比兴来完成，虽然它有着"多识草木虫鱼鸟兽之名"

① ［南朝］刘勰撰，范文澜注《文心雕龙注》，人民文学出版社 1958 年版，第 693 页。

的启蒙意义，但真正以物作为独立审美对象的并不多。而且就植物物象而言，《诗经》所代表的是北方的植物区系，所描述的植物多以黄河流域的中原地区为主。所以，岭南植物在当时还没有正式进入普通中原人的视野。中国文学的另一源头，荆楚文化所孕育的《楚辞》，在咏物的特征上，如刘勰所称：“及离骚代兴，触物而长，物貌难尽，故重沓舒状，于是嵯峨之类聚，葳蕤之群集矣。”[①]也就是说，对物的描写更加铺张扬厉，一点也不吝啬词汇，而不是像《诗经》那样以少总多，一字千金。这当然是由诗、赋的容量及其体性所决定的，但最值得注意的，还是《诗经》与《楚辞》代表着不同的文化系统，因此在描写的对象上也就各具地方特色。宋代黄伯思说：“盖屈宋诸骚，皆书楚语，作楚声，纪楚地，名楚物，故可谓之楚辞。”[②]其中“楚物”表现最多也最具特色的就是植物。与《诗经》迥然不同，《楚辞》中出现的花草果木代表的是南方植物区系，这也就不可避免地涉及岭南植物。据今人统计，《楚辞》中“华中、华南特有的植物共有26种”，有“芎藭（江离、蘼芜）、木兰、肉桂（菌桂）、莽草（宿莽）、杜衡（蘅、衡）、薜荔、扶桑、食茱萸（榝）、高良姜（杜若）、辛夷、石斛（石兰）、灵芝（芝）、芭蕉（芭）、橘、桂花、甘蔗（柘）、枫、茭白（菰）、蘘荷（苴莼）、柚、女贞（桢）、箭竹（箟簬）、刺叶桂樱（橝）、莼（屏风）、射干、华榛（榛）”[③]，这些植物占了其中的四分之一。当然这个统计显然包括了《楚辞》所收的汉代作品，而且也不能说是

① ［南朝］刘勰撰，范文澜注《文心雕龙注》，人民文学出版社1958年版，第694页。

② ［宋］黄伯思《校定楚词序》，《东观余论》卷下，宋刻本。

③ 潘富俊《草木缘情：中国古典文学中的植物世界》，商务印书馆2015年版，第87页。

完全精确无误（如《九歌·礼魂》中“传芭兮代舞”之“芭”是否指芭蕉尚存争议等），但总的来说这个统计是能够反映出《楚辞》植物所代表的南方特色的。另外，这类植物大部分是“泛南方”植物，并不专属于岭南一地，它们往往可以通过移植往北推移。如甘蔗，《楚辞·招魂》：“胹鳖炮羔，有柘浆些。”“柘”就是甘蔗，它本属于热带植物，但秦汉时荆楚等地已有种植，不过尚未全面普及和利用，而且南橘北枳，它们最大的区别还在于，岭南所产的往往更为醇正，如甘蔗、肉桂等。《楚辞》中对物的描写还是以“取兴”为主，如汉代王逸所说：“《离骚》之文，依诗取兴，引类譬喻。故善鸟香草，以配忠贞；恶禽臭物，以比谗佞；灵修美人，以媲于君。”[①]屈原继承《诗经》的比兴手法，进一步开发了植物的比德意义，引用芳香类植物来作譬喻，这也决定屈原不可能着眼于一草一木的精雕细琢。

如果说先秦时代已经开始书写“泛南方”植物，那么对岭南特色植物的关注则要等到秦汉时期对岭南的开发。秦始皇遣发“逋亡人、赘婿、贾人”参与桂林、象郡、南海等郡的建设，这次移民打破了岭外与岭内的隔绝，使岭南地区正式进入秦帝国的视野之内。后值秦朝覆灭，赵佗（一名“尉佗”）吞并桂林、象郡等地，扯旗自立为南越王。当汉高祖刘邦统一四海，汉帝国与南越国开始剖符通使，重新建立藩属关系。臣服的一方自然需要向中央帝国朝贡，岭南特产就作为贡品源源不断地输入皇家宫苑。据《西京杂记》载：“尉佗献（汉）高祖鲛鱼、荔枝，高祖报以蒲桃锦四匹。”[②]又如上林苑积草池的珊瑚树，史云：“积草池中有珊瑚树，高一丈二尺，一本三柯，上有四百六十二条，

① [宋] 洪兴祖《楚辞补注》，中华书局1983年版，第2—3页。
② [晋] 葛洪《西京杂记》，中华书局1985年版，第19页。

南越王赵佗所献，号为烽火树，至夜光景常焕然。”[1]从这些零星的记载可以窥见南越王赵佗的一些上贡情况。荔枝和珊瑚树都更具岭南特色，而为岭外所难植。汉武帝平定南越后，曾经在上林苑营建扶荔宫网罗岭南植物，据载：

> 扶荔宫，在上林苑中。汉武帝元鼎六年，破南越起扶荔宫（宫以荔枝得名）。以植所得奇草异木：菖蒲百本；山姜十本；甘蕉十二本；留求子十本；桂百本；蜜香、指甲花百本；龙眼、荔枝、槟榔、橄榄、千岁子、甘橘皆百余本。上（一作土）木，南北异宜，岁时多枯瘁。[2]

这个现象在司马相如的辞赋中得到了展现，《上林赋》中对奇草异木的书写，便涉及许多岭表植物，如荔枝、槟榔和其他棕榈类植物。但与屈原一样，司马相如对待这些奇花异草，也是引类而用，即刘勰所说“相如《上林》，繁类以成艳”，是其润色鸿业的一部分。只不过汉帝国的兴盛使他的眼光比楚辞作家更加广远，所描绘的植物范围已经直达热带腹地。西汉已存在不少咏草木的小赋，《汉书·艺文志》就著录有“杂器械草木赋三十三篇”[3]。到了东汉，辞赋创作已经开始表现出由大赋向小品赋发展的趋势，在这个对汉大赋解构的趋势下，岭南植物文学书写也照进了新的曙光——王逸的《荔枝赋》就是该时期的代表，它标志着以岭南植物为独立审美对象的开始[4]。但是这种

---

① 《西京杂记》，第6页；何清谷《三辅黄图校释》，中华书局2005年版，第268页。

② 何清谷《三辅黄图校释》，中华书局2005年版，第208页。

③ ［汉］班固，［唐］颜师古等注《汉书》卷三〇，中华书局1962年版，第1753页。

④ 详参第三章论述。

书写只是个别现象，并未形成风气，所以，先秦两汉时期的岭南植物文学书写只是处于一个萌芽期。

第二节　魏晋南北朝：发展期

咏物文学在魏晋南北朝有了巨大发展。刘勰称："自近代以来，文贵形似。窥情风景之上，钻貌草木之中。吟咏所发，志唯深远；体物为妙，功在密附。故巧言切状，如印之印泥。不加雕削，而曲写毫芥。故能瞻言而见貌，即字而知时也。"[①]咏物赋在魏晋臻于鼎盛，据统计，现存共有400余篇，占当时赋作的二分之一。魏晋以后，咏物更是成为历代赋作的主要创作类型[②]。咏物赋的勃兴也影响了咏物诗。它是在晋宋逐渐兴起，而大盛于齐梁之间。晋室的南渡，世家大族的乔迁，地理空间的置换，自然环境的改变，使山水文学的孕育有了肥沃的土壤。人们开始把目光投向大自然的山水草木，另一方面私家庭园的营造和游宴的风气也使人们开始在日常生活中用审美的眼光把玩山川草木。在这个大背景下，自然而然，岭南植物题材的文学书写也有所发展。不过岭南与江南虽然同属南方，但毕竟有所不同，岭南的开发和发展显然无法与六朝的中心相比。那么，人们关注岭南植物及其书写又是出于什么样的背景呢？

首先是博物学在魏晋时代的新发展。博物学的学术渊源是古代的

---

① ［南朝］刘勰撰，范文澜注《文心雕龙注》，人民文学出版社1958年版，第693页。

② 廖国栋《魏晋咏物赋研究》，转引路成文《宋代咏物词史论》，商务印书馆2005年版，第23页。

图 02 ［元］王蒙《葛稚川移居图》。故宫博物院藏。

名物学、地志学、农学、本草学、图学等①。南方的开发，大量动植物资源呈现在人们的眼前。人们迫切需要认识自然来弥补旧有的知识结构缺陷，而博物学著作就应运而生。如张华的《博物志》、徐衷的《南方草物状》、崔豹《古今注》等。另外，各种关于岭南的地记，与东汉以来的许多《异物志》（尤其是孙吴时代的），都可以看出人们认识新世界的迫切渴望。值得一提的是，在认识岭南植物的过程中，道教徒也起了相当大的作用。由于岭南自然地理环境的因素，如罗浮山等地山川秀美，负阴抱阳，远离政治中心，再加上物产丰富，有所谓的“丹砂灵药”，所以非常符合道教的生长和发展。葛洪就率先进入罗浮山修炼，在认识岭南植物的过程中，他们一般抱着实用的目的，也就是为了寻找灵丹妙药，服食长生。一些中草药如肉桂、槟榔、菖蒲、茯苓等都得到前所未有的关注，

① 见朱渊清《魏晋博物学》，《华东师范大学学报（哲学社会科学版）》2000年第5期。

这无疑会影响到岭南植物在岭外的传播。槟榔的药性就在这时被道教徒所认识，影响所及，嚼食槟榔甚至在六朝士人社会中流行（见槟榔一章）。

其次是入岭经验。除了凭借他人著录了解和熟悉岭南植物外，最好的方式当然是亲临岭南，与当地的山川草木有实在的接触。这样的书写才是发自内心，真实可信的。永嘉之乱后，北方有大量移民进入岭南避乱。据出土的碑铭云："永嘉世，九州荒，余广州，平且康。"[①]广州与当时的江南、吴土一样，都是南渡避乱的选择。但一般门阀地位高的士族不会选择岭南作为自己的栖息地，只有因政治斗争或其他原因（出使、出仕）才会踏入岭南地区。许多与岭南有关《异物志》和地记就是产生于这群入岭之人的手里，如《南越志》的作者沈怀远就是因罪谪徙广州的。曹道衡先生曾指出："南朝的文学家大多数出自长江沿岸诸州，至于今湖南、两广及福建等地，出现的文人相对较少。其中湖南和福建还有一些文人因游宦和贬官曾至此地，所以宋、齐两代，就有较多文人到过那里。至于两广则很少有人涉足，只有犯罪贬黜者被流放至此。不过到了梁末侯景之乱以后，也有文人避难至此，如江总有一部分作品就作于此地。"[②]这是以重大历史事件为标志对主要文学家的概括，基本正确。但如果要向前追溯，则可以发现一些有入岭经验并有书写实践的零星记载。如东晋俞益期的《与韩康伯笺》中对植物，特别是对槟榔的讴歌，不能不说是一种成功的文学书写。又如晋宋之间的王叔之《游罗浮山诗》云：

菴蔼灵岳，开景神封。绵界盘址，中天举峰。孤楼侧挺，

① 陈寅恪《金明馆丛稿初编》，生活·读书·新知三联书店 2001 年版，第 77 页。
② 曹道衡《南朝文学与北朝文学研究》，江苏古籍出版社 1998 年版，第 159 页。

层岫回重。风云秀体，卉木媚容。（《先秦汉魏晋南北朝诗》宋诗卷一，第1129页）

“卉木媚容”一句不啻为王叔之游罗浮山见到岭南植物之后的整体印象。对于此后一千多年间的入岭文人来言，这种新鲜和奇特的感受都或多或少在其作品中得到表现。除了王叔之，范云也有岭南出仕的经历。范云，字彦龙，南乡舞阴人（今河南泌阳县）。萧齐时曾历任始兴内史、广州刺史等岭南地区的官职，他的《咏桂树诗》就是对岭南樟科桂树的书写[①]。梁末侯景之乱后，到岭南避难还有江总、阴铿、苏子卿等人。江总更是在岭南待了十余年，关于岭南植物的书写，现存尚有《南越木槿赋》一篇专门描写朱槿花。综上言之，文学创作源于现实生活，文人的入岭经验对岭南植物文学书写实践有巨大影响。正因为南方的进一步开发以及岭南相对安定的社会环境，文人入岭的数量较之前代有较大的增长，相应地也促进了岭南植物的文学书写实践。

最后是南北交流愈加频繁。以岭南蒲葵为例。据《续晋阳秋》载：

（谢）安乡人有罢中宿县诣安者，安问其归资。答曰：“岭南凋弊，唯有五万蒲葵扇，又以非时为滞货。”安乃取其中者捉之，于是京师士庶竞慕而服焉。价增数倍，旬月无卖。夫所好生羽毛，所恶成疮痏。谢相一言，挫成美于千载，

① 《艺文类聚》卷八一“慎火”条：引《南越志》：“广州有树。可以御火。山北谓之慎火。或谓之戒火。多种屋上，以防火也。但南中无霜雪，故成树。”后收有范筠的《咏慎火树》：“兹卉信丛丛。微荣未足奇。何期糅香草。遂得绕花池。忘忧虽无用。止焰或有施。早得建章立。幸爇柏梁垂。”严可均《全上古三代秦汉三国六朝文·全梁文》卷四六云：“筠，爵里未详。疑范云或吴筠、王筠之误。”考虑到范云的入岭经验，范筠极有可能是范云之误。

及其所与，崇虚价于百金。上之爱憎与夺，可不慎哉！[①]

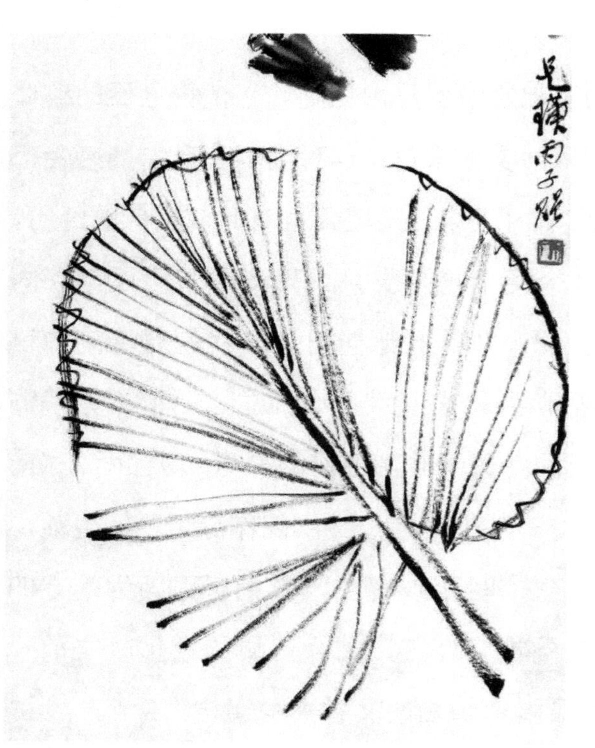

图03　齐白石《为姚石倩作葵扇莲蓬》图中的蒲葵扇。

蒲葵以新会所产最有名，多用来制作蒲葵扇。中宿县大致在今广东清远市。谢安乡人从岭南带回一批蒲葵扇。然而，由于当时并不是炎热的夏天，蒲葵扇没有太大的市场需求。但谢安从中取了一把来使用，犹如为它“代言”，京师士庶竟然靡然从风。这批蒲葵扇也因此洛阳纸贵，价增数倍。既然有了市场需求，人们肯定会想方设法通过运输贸易来谋求暴利。事实证明，在后来的文学作品中，蒲葵和蒲葵扇出现的频率非常高。这也足以说明，岭南植物及其成品在日常生活的普及情况。又如槟榔受道教徒的开发利用及其在本草书的著录，南朝士族在日常生活中逐渐形成嚼食槟榔的风气，影响所及，北朝士人也开始有“伪赏槟榔之味”的举动。而六朝现存的槟榔题材作品，有许多答谢赏赐槟榔的启文。皇室所馈赠给士人的槟榔大部分来源于藩属国的朝贡。这些现象无疑都得益于南北交流的发展。

① 余嘉锡《世说新语笺疏》，中华书局1983年版，第844页。

综本节所述，在咏物文学新发展的大背景下，魏晋博物学的推动，南北交流的加强，文人入岭经验的丰富，作为“异物”的岭南植物开始在文学书写中得到了新的拓展，但我们也要清楚地认识到，魏晋南北朝的岭南植物文学书写注重形似，还是以体物为创作的纲领。所以出现新的拓展是相对于前代来说，而进一步的丰富则要等待唐宋时期的到来。

第三节　唐宋：繁荣期

上承八代，唐宋时期是我国文化和文学发展的一大高峰。岭南植物的文学书写无论是作者还是作品数量都超过前代。除了客观上岭南的进一步发展，岭南植物文学书写的繁荣首先是得力于唐宋贬谪文化的发达。从某种程度上来说，尤其是唐宋时期，对岭南植物的书写本身就是贬谪文学的一部分。尚永亮曾指出：“贬谪与贬谪文学是中国历史上一个独特而重要的文化现象。中国贬谪文学的开端在屈原那里，而其鼎盛期则在唐、宋两代。在这两代中，又突出表现于元和、元祐两大时期。在这两大时期众多的贬谪士人中，柳宗元、刘禹锡和苏轼、黄庭坚堪为突出代表，白居易则可作为承唐启宋的过渡人物。”[①]历代贬谪的地点虽有南北的不同，但远离政治中心的岭南在元代以前一直是统治者的首选之地，岭南自秦代就有遣戍罪人的记载，这一传统在唐宋两代臻于鼎盛。上举元和和元祐两个时期的四大代表都有贬谪

① 尚永亮《贬谪文化与贬谪文学：以中唐元和五大诗人之贬及其创作为中心》，兰州大学出版社 2004 年版，自序。

岭南的经历。永贞革新失败后，柳宗元被贬永州（今湖南零陵）、柳州（今广西柳州），刘禹锡则有两次连州（今广东连县）之贬。苏轼晚年在《自题金山画像》中称，“问汝平生功业，黄州惠州儋州”，三州所代表的不仅是他遭贬的地理空间，而且也是他思想和艺术最为成熟的历史时间。其中惠州、儋州（今海南）均属于岭南，可见岭南在苏轼一生的地位。黄庭坚崇宁二年（1103）也有宜州（今广州宜州）之贬。由此可见，唐宋贬谪文学与岭南有着千丝万缕的联系。因此，贬谪文人关于岭南植物的文学书写自然是其中应有之义。

早在唐初，张氏兄弟（张易之、张昌宗）的兴衰影响了一批文人贬谪岭南。因忤旨而配流钦州（今广西）的张说，因党附而配流岭南的杜审言、宋之问、沈佺期，均与张氏兄弟相关。他们踏入岭南后，对岭南植物的书写大多是从整体印象出发，为其抒发情感作铺垫。如宋之问对岭南毒物、毒草的描写：

含沙缘涧聚，吻草依林植。（《早发大庾岭》，《全唐诗》卷五一）

吻草，又称钩吻、胡蔓草、断肠草，有剧毒，食之顷刻即死。全诗都是在渲染岭南的恶劣环境，及其不可久居，诗人对故乡的眷念，就是对生还的渴望。又如《早发始兴江口至虚氏村作》：

候晓逾闽峤，乘春望越台。宿云鹏际落，残月蚌中开。薜荔摇青气，桄榔翳碧苔。桂香多露裛，石响细泉回。抱叶玄猿啸，衔花翡翠来。南中虽可悦，北思日悠哉。鬒发俄成素，丹心已作灰。何当首归路，行剪故园莱。（《全唐诗》卷五三）

比之有毒植物，岭南尚有其他可亲可爱的植物，如此诗排闼而来的薜荔、桄榔、桂香，但即使如此，诗人依旧牵挂着北方的家乡，诚如薛爱华所说，热带对于他来说并无吸引力①。宋之问对待岭南植物的态度在唐代文人中是具有普遍性的。

此期诗人尚有独立吟咏岭南植物的作品，如沈佺期《题椰子树》：

日南椰子树，香袅出风尘。丛生调木首，圆实槟榔身。玉房九霄露，碧叶四时春。不及涂林果，移根随汉臣。（《全唐诗》卷九六）

图 04　椰子树。王江红摄。

以椰树为独立审美对象的作品，唐代现存仅此一首。前三联是对椰子树枝干、果实、叶子进行描写，末联用了一个典故，晋代陆机《与弟云书》："张骞为汉使外国十八年，得涂林安石榴也。"②涂林果即指安石榴。以椰子树不能跟随张骞移根中原为恨，正表达出诗人对热带椰子树的赏玩之情及其"独乐乐不如众乐乐"的心理，可与俞益期《与韩康伯笺》中对槟榔不能移植中原的无限惋惜之情相参看。

岭南的开发随着岭南文人张九龄主持开通大庾岭通道而进入一个

① ［美］薛爱华撰，程章灿、叶蕾蕾译《朱雀：唐代的南方意象》，生活·读书·新知三联书店 2014 年版，第 89 页。

② ［唐］欧阳询《艺文类聚》卷八六果部上，《影印文渊阁四库全书》本。

新的阶段，明代丘濬说：“兹路既开，然后五岭以南人才出矣，财货通矣，中原之声教日近矣，遐陬之风俗日变矣。”[①]这条路的打通不但有商业意义，而且也含有巨大的文化意义。张九龄作为岭南本地人，自觉承担打通大庾岭通道的历史工程，也是深知这项工程对于岭南的重要意义。另外，作为文人的他，在岭南植物的文学书写上，同样也秉持着弘扬乡邦文化的理念。《荔枝赋》就是其中的代表。

从某种程度来说，大庾岭通道的开通也为中唐贬谪文化的兴盛奠定了一个现实基础。韩愈、柳宗元、刘禹锡等大诗人在贬所创造了瑰丽的贬谪文学，但对于岭南植物却甚少着墨歌咏。韩愈虽有“曲江山水闻来久，恐不知名访倍难。愿借图经将入界，每逢佳处便开看”这种异于平常的想法，但对岭南植物似乎没有这种兴趣，全无昔日那种“花前醉倒歌者谁，楚狂小子韩退之”的情趣。柳宗元只是从榕叶满庭引出自己的身世之感。又如晚唐李德裕《谪岭南道中作》同样如此：

> 岭水争分路转迷，桄榔椰叶暗蛮溪。愁冲毒雾逢蛇草，畏落沙虫避燕泥。五月畬田收火米，三更津吏报潮鸡。不堪肠断思乡处，红槿花中越鸟啼。（《全唐诗》卷四七五）

以我观物，物皆着我之色彩。高大的桄榔和椰树在诗人眼中是遮天蔽日，黯淡无光的，蛇草更是令诗人恐惧[②]，而红艳的朱槿花也在越鸟的啼叫中带着悲怆的意味。唐代贬谪文学可以说始终带着这种悲剧的印记，文人们带着深沉的感伤情绪来到这个布满原始森林的地方，

---

① ［明］丘濬《唐丞相张文献公开凿大庾岭碑阴记》，《琼台会稿》卷一七，《影印文渊阁四库全书》补配《文津阁四库全书》本。

② 蛇草“即岭南蛇过草，有毒，人遇之即病”。见［金］元好问《唐诗鼓吹》卷七，清顺治十六年陆贻典钱朝鼒等刻本。

除了政治前途的覆灭之外，也充满了对生命的哀叹。他们在现实层面上所关注的感官刺激也是为其抒发内心情感作铺垫。这些也就决定了唐代贬谪文人对岭南植物的审美意蕴无法再作进一步拓展。

晚唐五代时，还有一个不得不提的现象。诚如薛爱华所说："十世纪有一些大胆的作家，他们的想象是真正的热带想象……他们抓住了南越的热度和狂野的颜色。"[①]这些大胆的作家以李珣和欧阳炯为代表，他们真正的热带想象集中体现在二十五首《南乡子》中。如

画舸停桡，槿花篱外竹横桥。水上游人沙上女，□回顾，笑指芭蕉林里住。（欧阳炯，《全唐五代词》，第451页）

路入南中，桄榔叶暗蓼花红。两岸人家微雨后，收红豆，树底纤纤抬素手。（欧阳炯，第452页）

归路近，扣舷歌，采真珠处水风多。曲岸小桥山月过，烟深锁，豆蔻花垂千万朵。（李珣，第600页）

倾绿蚁，泛红螺，闲邀女伴簇笙歌。避暑信船轻浪里，闲游戏，夹岸荔支红蘸水。（李珣，第601页）

相见处，晚晴天，刺桐花下越台前。暗里回眸深属意，遗双翠，骑象背人先过水。（李珣，第602页）

山果熟，水花香，家家风景有池塘。木兰舟上珠帘卷，歌声远，椰子酒倾鹦鹉盏。（李珣，第611页）[②]

《南乡子》咏南粤民俗风物，是使用了调名本意，这也是词体发展的原初形态。经统计，这二十五首词有十三首直接涉及岭南植物意象，

---

① ［美］薛爱华撰，程章灿、叶蕾蕾译《朱雀：唐代的南方意象》，生活·读书·新知三联书店2014年版，第166—167页。

② 曾昭岷等编《全唐五代词》正编卷三，中华书局1999年版。

词人们用一种迥异于前人的态度和视野来对待岭南植物。在词人眼中，南国风光无不引人入胜，其中的植物自然可亲可悦，富有诗情画意。这在岭南植物的文学书写史是一大转变，李珣和欧阳炯两人全新的态度和书写也预示了新时代的到来。

宋代文学与唐代文学的一个不同之处就在于日常化色彩更加鲜明。吉川幸次郎曾言："宋诗比起过去的诗，与生活结合得远为紧密。"[①] 其原因大概有二，第一是面对丰厚的唐代文学而遗产，宋人想超越必须在其基础上有所突破，无论是在题材上，还是表现艺术上；第二是唐宋转型后，由科举出生的士大夫主要是来自于平民社会。这些因素使他们在进行文学创作中更加关注日常生活，因此也就能够言前人所未言。

表 3 唐宋岭南植物题材作品统计（数据来源：《全唐诗》《全宋诗》）

植物	唐代岭南植物题材作品（首）	宋代岭南植物题材作品（首）
荔枝	21	281
龙眼	0	16
槟榔	0	17
橄榄	0	21

从表 3 的样本统计可以看出，宋代的岭南植物题材作品整体上要比唐代多十余倍，许多植物题材是从无到有，经宋人之手完成开拓。由此

① ［日］吉川幸次郎撰，李庆等译《宋元明诗概说》，中州古籍出版社 1987 年版，第 14 页。

也可以窥见宋人在岭南植物文学书写的题材和数量上对唐人的突破。

上文说过，唐宋贬谪文化高度发达，但由于宋代文学对日常生活的关注和表现远比前代精细，所以当宋代文人遭贬入岭之后，他们必定会更加留意岭南植物，而且更乐于在文学作品表达其所思所感。在这些书写中，一个更明显的区别是宋人贬谪心态的变化，这集中体现在植物的观照方式上。关于贬谪心态，《冷斋诗话》曾概括出三种：

> 少游调雷，凄怆，有诗曰："南土四时都热，愁人日夜俱长。安得此身如石，一时忘了家乡。"鲁直谪宜，殊坦夷，作诗云："老色日上面，欢情日去心。今既不如昔，后当不如今。""轻纱一幅巾，短簟六尺床。无客白日静，有风终夕凉。"少游钟情，故其诗酸楚；鲁直学道休歇，故其诗闲暇。至于东坡《南中诗》曰："平生万事足，所欠惟一死。"则英特迈往之气，不受梦幻折困，可畏而仰哉！①

秦观被贬之后凄怆的心态更酷似唐人，而苏轼和黄庭坚的心态无疑更能够代表宋人面对挫败和悲剧的气度。这种或处之泰然或高昂进取的心态决定了他们能够以欣赏的眼光来看待岭南植物，而且将之贯穿在岭南植物文学书写中。姑举两例以明之。

> 我爱临封好，诗人兴味长。岭南蕉子国，海上荔枝庄。民有百年寿，家藏十种粮。宦游无远近，乐处是仙乡。（田开《临封杂咏》其二，《全宋诗》第8册，第5055页）

> 嘉卉怀炎德，孤根幸斗临。象蹄交绿润，佛眼瞬红深。含笑香飘坐，素馨娇满簪。老榕虽拥肿，六月十分阴。（朱翌《初

---

① ［宋］释德洪《冷斋诗话》卷三，《宋元笔记小说大观》第2册，上海古籍出版社2007年版，第2183页。

到曲江六首》其六，《全宋诗》第33册，第20832页）

田开，恭城（今广西恭城）人，嘉祐三年（1058）知封州（今广东封开）。此诗即作于诗人封州任上。朱翌（1097—1167），舒州怀宁（今安徽潜山）人，宋高宗绍兴十一年（1141），因言事而忤秦桧，责韶州（今广东韶关）居住，此诗即作于此时。两首诗代表两个不同的视角，一个是本地人，一个岭外人，但殊途同归，他们对岭南及其植物毫无排斥感。田开所云“宦游无远处，乐处是仙乡”与苏轼“此心安处是吾乡”极为相似，如果苏轼不是从田开这里化用的，那么只能说他们两人心有灵犀，这其实也代表着宋人的普遍心理。同样，朱翌初到曲江时，并没有像唐人一样，满纸忧愁，相反，他用“嘉卉”来概括他对岭南植物的整体印象，而且连续描写了象蹄、佛眼、含笑、素馨、榕树五种植物，完全让人感觉到曲江就是一个宜居的地方。事实上，南宋诗人已有“古人度岭悲南迁，今人度岭如登仙”（赵汝回《送卢五方春分教端州》）的说法。在南北宋之际，岭南迎来了又一个移民高潮。“登仙”是指与江南相比，岭南受战乱威胁更小，因此环境相对来说要更加安定。再加上，北宋元祐诸贤的入岭使这里的文化教育事业得到了较好的发展。所以，入岭对于士大夫来说已不是一件非死不可的事情，相反可以说是一种全新的体验。比如，许多诗人有（初）食荔枝、槟榔、橄榄的诗歌，虽然不一定都在岭南所写，但在一定程度上说明他们喜欢尝试岭南的新鲜事物而且乐于表达这种口腹之欲。

综上所述，宋型文化影响下的岭南植物文学书写，由于人们更加关注而且乐于表现日常生活，所以题材较之前代有很大的开拓。另外，宋人能够以优游自若的心理来面对贬谪，也使他们在进行岭南植物文学书写时能拥有与前人不同的视野和态度。这也是宋代岭南植物文学书写最吸引人的地方。

第四节　明清：新变期

宋元时期，随着北方人口的大量南迁以及沿海地区尤其珠江三角洲的开发，岭南已进入全面开发的阶段。值得一提的是，岭南人口在南宋时曾达到一个高峰。但由于遭遇了蒙古的入侵和元明之际的板荡，岭南人口直到明中晚期（16 世纪晚期）才恢复到宋代的水平。所以明朝的建立对于岭南的发展是一个巨大的转折点，同样也使岭南植物文学书写进入新变期。

众所周知，明清时期是我国传统植物学研究的高峰，也是花卉文化发展的繁荣期[①]。在这个大的文化背景下，岭南植物文学书写自然会沿着前代的遗绪继续发展下去，但它的新变，归根结底，还需依赖岭南本土的变化。这里有两点至关重要，值得注意。

首先是农业商品经济的发展。明清两代，岭南地区的农业商品性生产迅猛发展，主要产品有甘蔗、桑蚕、茶叶、水果（荔枝、龙眼、槟榔等）、花卉（素馨、茉莉等）、香料、蒲葵。这固然与岭南气候适宜种植热带和亚热带作物有关，但最根本的是承平时代，人们对物质利益的追求。经济作物与水稻、小麦的种植相比，显然利润要大得多。这也使得广东地区在清代经常出现缺粮的现象。在雍正年间，一位官员曾抱怨："广东本处之人，惟知贪射重利，将地土多种龙眼、甘蔗、

① 详参程杰《论中国花卉文化的繁荣状况、发展进程、历史背景和民族特色》，《阅江学刊》2014 年第 1 期。

烟叶、青靛之属，以致民富而米少。”[①]关于明代广东的农业商品性生产的情况，屈大均在《广东新语》曾有描述：

番禺土瘠而民勤。其富者以稻田利薄，每以花果取饶，贫者乃三糯七秥，稼穑是务。或种甘蔗以为糖，或种吉贝以为絮。南海在在膏腴，其地宜桑，宜荔支。顺德宜龙眼，新会宜蒲葵，东莞宜香，宜甘蔗，连州、始兴宜茶子，阳春宜缩砂蔤，琼宜槟榔、椰。或迁其地而弗能良，故居人利有多寡。[②]

另外，如广州西南部的花棣，以栽花木为业。庄头村的素馨花、罗冈的梅花，都非常著名。可以说，广东的经济作物生产充分利用了本地资源的优势，许多地方都建立起自己的特色产业。这种发展趋势虽然在明清易代之际有过中断，但整体上是一直延续下去的。正因如此繁荣的经济作物种植，花卉、水果无论是在本地还是外地，都有较为广泛的传播，也就是说它们在人们的日常生活中扮演着重要的角色。这自然也会得到人们的关注和书写。

其次是本土士大夫阶层的形成。清代潘耒曾说：“粤东为天南奥区，人文自宋而开，至明乃大盛，名公巨卿、词人才士，肩背相望。”[③]从整体来看，明清两代的岭南人口是呈上升趋势的。但正如郝若贝（Hartwell Robert）所言：“与以往的各个时期不同，明代岭南人口的增长主要并不是来自于北方人民的移入，而是源于当地已有人口的缓慢增加。造成这种差异的原因也是蒙古人的入侵，从而导致了华北、

---

① 《宫中档雍正朝奏折（第八辑）》，国立故宫博物院印行1979年版，第25—26页。

② ［清］屈大均《广东新语》卷二五木语，中华书局1985年版，第634页。

③ ［清］潘耒《遂初堂集》文集卷七，清康熙刻本。

东南沿海和四川至江西间的长江中上游的大部分地区都有很多被抛弃的荒地，北方人没有必要再穿越南岭来寻找良田了。”[①]岭南人口源于本地人口的自然增加，明清两代皆然。正因人口的不断繁衍，岭南地区也逐渐形成了具有本土意识的士大夫阶层。有学者指出，明清以来，由本土文人撰写的岭南地方历史存在一种模式化的表述套路，即“把‘移民繁衍’作为解释广东文化有所进步的原因和‘土著犹存’作为说明广东文化只能‘无异中州’却又不完全与中州等同的理由”[②]。转进一层讲，正是这种叙述二重奏使岭南地区逐渐壮大的士大夫阶层，一方面努力与中国主流文化靠拢，以免被人视作蛮夷；另一方面又试图求异，寻找地方文化与其他文化的不同之处。本土意识的兴起正源于后者。而一个地方的独特之处又往往在其物候、物产上首先体现出来，所以作为物产之一的岭南植物，无疑就是本土文人关注的一个焦点。明清两代，岭南植物文学书写的主体变成了岭南本土文人。无论是清初岭南三家（屈大均、陈恭尹、梁佩兰）、清中期的岭南四家（黎简、张锦芳、黄丹书、吕坚），还是后来的学海堂文人，他们在艺术创作中都横贯着一种或强或弱的本土意识。尤可注意的是，文人在游宴集会常常会依托山川、古迹、园林等植物景观。而此期的诗社活动、园林艺术都蒸蒸日上，可以说本土文人得岭南“江山之助”多矣。因此，他们在明清两代的岭南植物文学书写中也扮演着不可忽视的角色。

综上所述，明清时期岭南农业商品经济的繁荣，使岭南植物在社

① 转引自［美］马立博撰《虎、米、丝、泥：帝制晚期华南的环境与经济》，江苏人民出版社 2011 年版，第 84 页。该书译者把郝若贝（Hartwell Robert）误译为“哈特维尔”。

② 程美宝《地域文化与国家认同：晚清以来广东文化观的形成》，生活·读书·新知三联书店 2006 年版，第 47—48 页。

会生活的应用越来越广泛。岭南本土士大夫阶层的形成和壮大使他们的本土意识开始觉醒，甚至出现了以弘扬乡邦文化为己任的文人，这种觉醒的本土意识所带来的责任感使他们成为岭南植物文学书写的主体，也使岭南植物文学书写进入了一个新变期。

第三章　岭南荔枝的文学书写

荔枝（Litchi chinensis），古代又作荔支、荔子、离枝、离支，属于无患子科荔枝属，是南方具有代表性的常绿乔木，尤以丰腴甜美的果实闻名古今中外，其“果卵圆形至近球形，长2—3.5厘米，成熟时通常暗红色至鲜红色；种子全部被肉质假种皮包裹”①。据当代学者统计：“2010年，全球荔枝种植总面积70万公顷，总产量250万吨；我国荔枝种植面积55.56万公顷、总产量175.83万吨，分别约占世界荔枝种植面积和总产量的80%和75%。粤、桂、闽、琼四省（区）荔枝的种植面积和产量占我国种植面积和总产量的98%以上，其中广东约27.31万公顷、100.83万吨，广西20.91万公顷、46.58万吨，福建3.41万公顷、14.73万吨，海南2.57万公顷、12万吨；产品以内销为主。”②由上可知，现代岭南荔枝的种植面积和产量都占全国91%，远超福闽，遑论川渝。但在古代，岭南荔枝的命运则颇多曲折，几经沉浮，饱受来自川、闽两地荔枝的挑战。这种地位的起伏也就一直伴随着岭南荔枝的文学书写。

① 中国科学院中国植物志编辑委员会编《中国植物志》第47卷第1分册，科学出版社1985年版，第32页。

② 余华荣等《2011年广东荔枝产业发展现状分析》，《广东农业科学》2012年第4期。

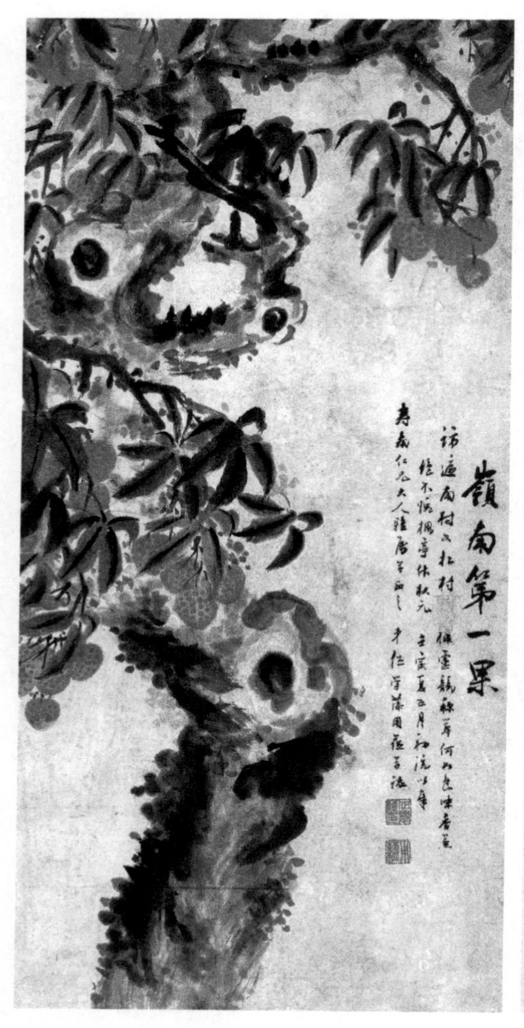

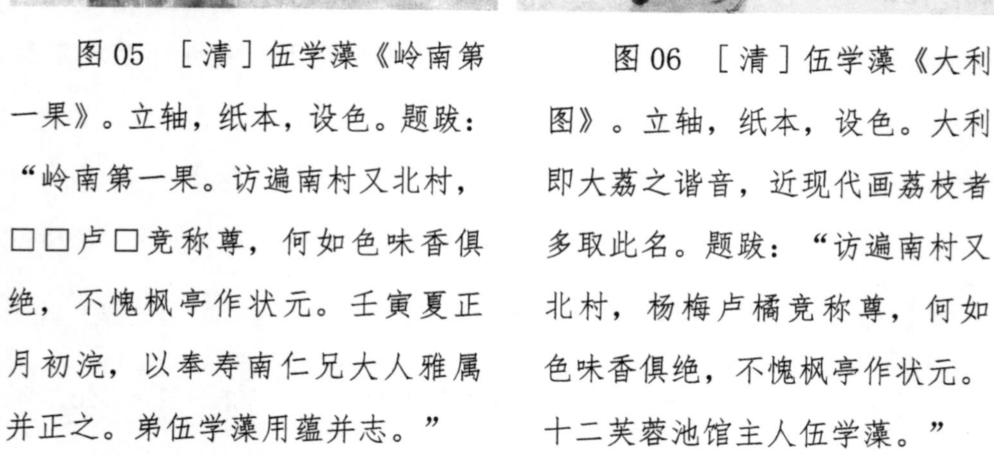

图 05　［清］伍学藻《岭南第一果》。立轴，纸本，设色。题跋：“岭南第一果。访遍南村又北村，□□卢□竞称尊，何如色味香俱绝，不愧枫亭作状元。壬寅夏正月初浣，以奉寿南仁兄大人雅属并正之。弟伍学藻用蕴并志。”

图 06　［清］伍学藻《大利图》。立轴，纸本，设色。大利即大荔之谐音，近现代画荔枝者多取此名。题跋：“访遍南村又北村，杨梅卢橘竞称尊，何如色味香俱绝，不愧枫亭作状元。十二芙蓉池馆主人伍学藻。”

第一节　先唐岭南荔枝文学书写
——王逸《荔枝赋》的创作背景

荔枝最先出于岭南，也是最早闻达于世。据载：“尉佗献高祖鲛鱼、荔枝，（汉）高祖报以蒲桃锦四匹。”①可见，荔枝在汉初就已经被当成殊方尤物来进贡。至汉武帝平南越后，则自交趾移荔枝百株于上林苑。然南北异宜，水土不服，荔枝鲜有生者，即生亦无华实。后才改为“岁贡”，“极为生民之患”②。岭南荔枝进贡劳民致怨，矛盾愈演愈烈，直到东汉和帝（88—105年在位）时，终于爆发。

> 唐羌字伯游，辟公府，补临武长。县接交州，旧献龙眼、荔支及生鲜，献之，驿马昼夜传送之，至有遭虎狼毒害，顿仆死亡不绝。道经临武，羌乃上书谏曰：“臣闻上不以滋味为德，下不以贡膳为功，故天子食太牢为尊，不以果实为珍。伏见交阯七郡献生龙眼等，鸟惊风发。南州土地，恶虫猛兽不绝于路，至于触犯死亡之害。死者不可复生，来者犹可救也。此二物升殿，未必延年益寿。”帝从之。③

并下诏云：

> 远国珍羞，本以荐奉宗庙。苟有伤害，岂爱民之本。其敕太官勿复受献。④

可见汉武之后荔枝“岁贡”害民之深。当时，荔枝都取之岭南，

① [晋] 葛洪《西京杂记》，中华书局1985年版，第19页。
② 何清谷《三辅黄图校释》，中华书局2005年版，第208页。
③ [南朝宋] 范晔撰《后汉书》，中华书局1965年版，第194—195页。
④ [南朝宋] 范晔撰《后汉书》，中华书局1965年版，第194页。

驿马传送所谓“十里一置，五里一堠”。

荔枝第一次出现在文学作品中，不过像众多奇花异草、珍禽异兽一样，“与有荣焉”出现在司马相如（约公元前179—前118）的《上林赋》中。此时的荔枝只是充当铺陈的物象，点缀如日中天的大汉王朝而已，并不具有独立的审美地位。真正成为独立的歌咏对象，是在东汉王逸的《荔枝赋》。其文曰：

大哉圣皇，处乎中州。东野贡落疏之文瓜，南浦上黄甘之华橘，西旅献昆山之蒲桃，北燕荐翔滨之巨栗，魏土送西山之杏。

宛中朱柿，房陵缥李，酒泉白柰。

乃睹荔支之树，其形也，暧若朝云之兴，森如横天之彗，湛若大厦之容，郁如峻岳之势。修干纷错，绿叶臻臻。角亢兴而灵华敷，大火中而朱实繁。灼灼若朝霞之映日，离离如繁星之著天。皮似丹罽，肤若明珰。润侔和璧，奇喻五黄。仰叹丽表，俯尝嘉味。口含甘液，心受芳气。兼五滋而无常主，不知百和之所出。卓绝类而无俦，超众果而独贵。

宛洛少年，邯郸游士。

装不及解。

飞匡上下，电往景还。

朱实丛生。①

王逸是南郡宜城人（今湖北襄阳宜城县），家近岭南，又曾在朝为官，出入宫廷，所以应该对南方所产的荔枝不会陌生。“宛洛少年，邯郸

① 费振刚等校注《全汉赋校注》，广东教育出版社2005年版，第832页。

游士”一句虽不完整，但王逸所描写的应是侧重于中土人士与荔枝的关系。如果出于为《荔枝赋》的主题服务，那么当是中土人士对荔枝的追捧。这个描写虽然属于赋的艺术手法，有铺陈和夸张的成分在里面，但如果联想到东汉和帝下诏禁贡一事，那么王逸对荔枝及时人（也许只是宫廷）对它的迷狂的描写就不是子虚乌有。王逸，生卒年无考，但从他在汉安帝“元初中（114—119），举上计吏，为校书郎”[①]看，极有可能生于汉和帝（88—105年在位）时，并对当时宫廷和社会的习气有所闻见。所以，结合以上两点，我们不难发现，荔枝一物“入赋之早”并非是一个“异数”[②]，而是渊源有自。

第二节 唐代岭南荔枝文学书写

赵军伟在其《地域·政治·审美：唐宋文人的荔枝书写》云：“岭南荔枝文学创作延绵最久，历汉唐宋而不绝，但始终没有占据咏荔文学的主导地位，荔枝文学创作中心在唐代汇聚于巴蜀，在宋代迁徙于闽地。”又言：“唐宋时期，岭南荔枝作品，虽有张九龄《荔枝赋》、苏轼《食荔枝》《荔枝叹》这样传颂千古的名篇佳制，但岭南荔枝题材创作相较于巴蜀、闽地，在数量上十分有限，没有占据主导地位。岭南荔枝题材创作在明清时期真正勃兴，这点留待以后再加讨论。”[③]作者的《荔枝题材与意象文学研究》对汉至宋的荔枝文学书写都分析

① ［南朝宋］范晔撰《后汉书》，中华书局1965年版，第2618页。

② 赵军伟《荔枝题材与意象文学研究》：“王逸《荔枝赋》是专题吟咏荔枝的第一篇文学作品，相对其他花卉植物，其入赋之早可以看作一个异数。”

③ 赵军伟《地域·政治·审美：唐宋文人的荔枝书写》，《阅江学刊》2015年第3期。

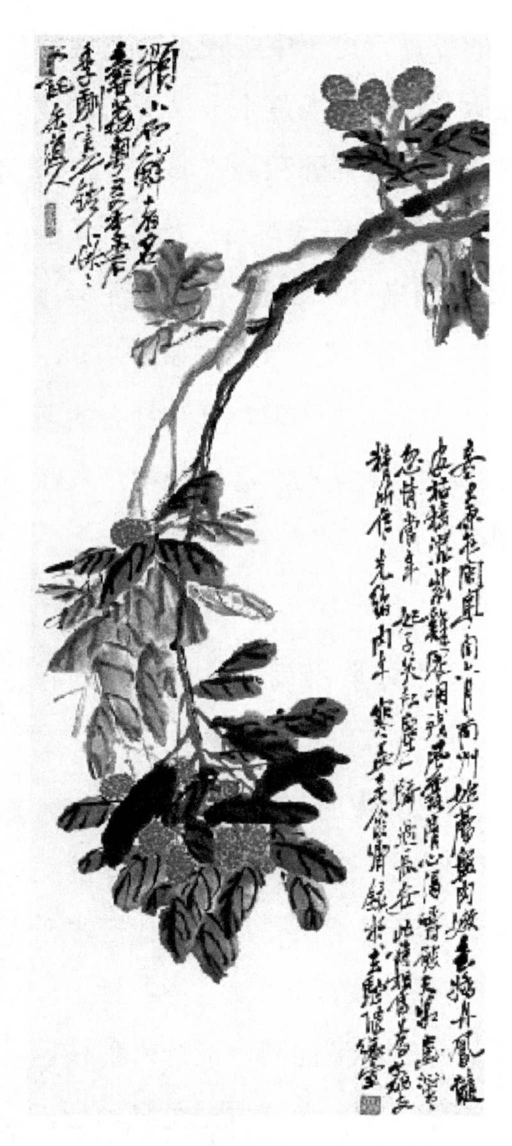

图 07　吴昌硕《丹凤随》。1906 年作，纸本，设色。

得很透彻，令人毋庸置疑。但在这段历史中，也存在一些值得申发的问题。

一、岭南荔枝与“讽荔”书写模式

在唐代，荔枝文学书写形成了一个影响后世极深的传统，即现代学者所称的“讽荔”模式。这个书写模式，滥觞于杜甫，而与岭南荔枝息息相关，其中关捩则是杨贵妃。先唐贡荔之地是岭南，人们无多疑议。唐代贡荔之地，则说者纷纷。至于杨贵妃天宝间所食荔枝来自何地，更是古今学者热衷讨论的话题。比勘今人研究成果，杨玉环所食荔枝来自岭南最有说服力①。杜文玉《杨贵妃、高力士与荔枝的情结》对历来的争论梳理得很清晰，但犹有两点需要强调补充。第一，蜀地荔枝并非与杨贵妃毫无关系。据载：“杨贵妃生于蜀，好食荔枝。南海

① 陈均《唐玄宗避暑华清宫及南海进荔枝考》，《盐城师专学报（哲学社会科学版）》1999 年第 2 期；杜文玉《杨贵妃、高力士与荔枝的情结》，《南方论坛》2007 年第 6 期。

所生，尤胜蜀者，故每岁飞驰以进。然方暑而熟，经宿则败，后人皆不知之。”[1]杨贵妃笃嗜荔枝也许与其生在蜀地有关，很可能在小时候就喜欢品尝这种美食。另外，同时代人杜甫则有“忆过泸戎摘荔枝，青峰隐映石逶迤”，可见蜀地在当时也有荔枝出产。因此，我们不能完全否定杨贵妃没有吃过蜀地所产的荔枝，只是天宝年间蜀贡荔枝风气尚未形成而已。第二，关于荔枝运输保鲜的问题，国内学者往往论之不详，杜先生也只是简单带过。实则此问题在谢弗（今通译为“薛爱华”）《唐代的外来文明》论之极详[2]，以当时的技术和管理制度，从岭南生致荔枝是完全不成问题的。

综上，我们可以知道这个“讽荔”模式跟岭南有着极为深远的联系。

从汉代到初盛唐，岭南荔枝一直占据着荔枝史的首要位置。汉和帝的禁贡与杨贵妃的嗜荔是这段时期的两大转折点。杨贵妃因与唐朝盛衰之大变局有关，更是首

图 08　吴昌硕《荔枝图》。1915 年作，纸本，设色。

① ［唐］李肇《唐国史补》，上海古籍出版社 1979 年版，第 19 页。

② ［美］谢弗撰，吴玉贵译《唐代的外来文明》，中国社会科学出版社 1995 年版，第 266—269 页。

当其冲，成为“讽荔”模式的主角。在她之前，岭南诗人张九龄已有《荔枝赋》，称其“状甚环诡，味特甘滋，百果之中，无一可比”，而“诸公莫之知，固未之信”，并概叹“物以不知而轻，味以无比而疑，远不可验，终然永屈”[①]，遂感而作赋。可知初唐岭南荔枝在两京并不受知。直到“骊山遇贵妃”[②]，荔枝的命运遂为之一改。而此时杜甫的赋咏则为荔枝注入新的内涵[③]，开启了荔枝文学书写的新阶段。

二、荔枝与唐代审美文化

虽然荔枝因“杨”而彰，但对它的书写并非就是一味“讽荔”。杜甫而后，唐代诗人也能赏其异量之美。这同样要回到杨贵妃。为什么她会喜欢荔枝？荔枝与唐代的审美文化还有什么关系呢？杨贵妃喜欢荔枝，可能与她生于蜀地有关，已见上述。另外，汲引她入宫的高力士，在当时是宫中的大红人，因他是岭南人，所以他极有可能像张九龄一样“尝盛称之”，使岭南荔枝更加增价。贵妃喜欢南海荔枝甚于蜀中，未尝不是高力士等人之功。如清代阮元《岭南荔支词》所咏：

> 尤物谁曾比荔支，曲江风度那相宜。料应自悔初年赋，错与掖垣人说知。（其三）
>
> 新歌初谱荔支香，岂独杨妃带笑尝。应是殿前高力士，最将风味念家乡。（其四）[④]

---

① ［清］董诰等编《全唐文》卷二八三，中华书局1983年版，第669页。

② 《全唐诗》卷六七五：郑谷《荔枝》：“平昔谁相爱，骊山遇贵妃。枉教生处远，愁见摘来稀。晚夺红霞色，晴欺瘴日威。南荒何所恋，为尔即忘归。”

③ 荔枝的政治化（politicization），见McMULLEN, D. L., and McMULLEN DAVID. “Recollection without Tranquility: Du Fu, the Imperial Gardens and the State.” Asia Major, THIRD SERIES, 14, no. 2 (2001): 199；赵军伟《荔枝题材与意象文学研究》，南京师范大学硕士学位论文，2012年。

④ ［清］阮元《揅经室集》四集诗卷一一，《四部丛刊》景清道光本。

两首阐幽探赜，要为具眼。唐代自玄宗之后，宦官之权不断膨胀。至于晚唐，甚至有宦官操纵进贡之事，满足自己的嗜好。《旧唐书·哀帝纪》载天祐二年六月："丙申，敕：'福建每年进橄榄子，比因阉竖出自闽中，牵于嗜好之间，遂成贡奉之典。虽嘉忠荩，伏恐烦劳。今后只供进蜡面茶，其进橄榄子宜停。'"[①]可见唐代宦官对宫廷之风的影响，参新旧《唐书》又可知"唐代阉寺多出自今四川、广东、福建等省，在当时皆边徼蛮夷区域"[②]。这些都直接影响了南方风物在宫廷的传播。这只是从外部分析，另外需要从荔枝本身抉发精微，它是不是更符合唐人的审美观念？唐人鲍防咏荔枝曰："远物皆重近皆轻，鸡虽有德不如鹤。"（《杂感》）诗人以荔枝得之不易，遂受珍重，固然是应有之义，但又不足以解释何以荔枝能够脱颖而出，所以问题还是要回到荔枝本身的物色之美上。

先看唐人对荔枝物色的描写，白居易《题郡中荔枝诗十八韵，兼寄万州杨八使君》：

> 素华春漠漠，丹实夏煌煌。叶捧低垂户，枝擎重压墙。始因风弄色，渐与日争光。夕讶条悬火，朝惊树点妆。深于红踯躅，大校白槟榔。星缀连心朵，珠排耀眼房。紫罗裁衬壳，白玉裹填瓤。早岁曾闻说，今朝始摘尝。嚼疑天上味，嗅异世间香。润胜莲生水，鲜逾橘得霜。燕支掌中颗，甘露舌头浆。
>
> （《全唐诗》卷四四一）

其中"星缀连心朵，珠排耀眼房。紫罗裁衬壳，白玉裹填瓤"诸

① ［后晋］刘昫等撰《旧唐书》，中华书局 1975 年版，第 797 页。

② 陈寅恪《隋唐制度渊源略论稿·唐代政治史述论稿》，商务印书馆 2011 年版，第 209 页。

句被学者所赏，是“描写荔枝外貌较为生动的”[①]。白诗中刻画荔枝的色泽：果壳火红、带紫；果肉则白皙、汁多。更关键则是强调荔枝果实之圆大（拟之于珠，比之于槟榔）。这是唐人较之前代的突破。张九龄在《荔枝赋》也言：“皮龙鳞以骈比，肤玉英而含津，色江萍以吐日。朱苞剖，明珰出，冏然数寸，犹不可匹。”江萍典出《孔子家语》卷二：“楚王渡江，江中有物大如斗，圆而赤，直触王舟，舟人取之，王大怪之，遍问群臣，莫之能识……童谣曰：‘楚王渡江得萍实，大如斗，赤如日，剖而食之甜如蜜。’”[②]张九龄以江萍的颜色比于荔枝，而两者不但色泽相似，即在体积、滋味也能够呼应暗合。荔枝圆而赤，冏然数寸，都是唐人在前人认识上想极力突出的。杜甫《解闷》其九曰：

> 先帝贵妃今寂寞，荔枝还复入长安。炎方每续朱樱献，
>
> 玉座应悲白露团。（《全唐诗》卷二三〇）

此诗用朱樱来代指荔枝，也颇堪玩味。“樱桃在唐朝皇家花园中种植非常广泛……唐朝大规模种植樱桃有着非常重要的原因：从唐初开始，樱桃便在皇家典礼上具有重要地位。”[③]也就是说，樱桃可以在长安出产，杜甫着眼的是樱桃与荔枝的外在形状，以及它当时在宫廷中的地位。杜甫《野人送朱樱》称樱桃：“万颗匀圆讶许同。”而

---

① “真正从咏物的角度吟咏荔枝的好诗只有白居易的《题郡中荔枝诗十八韵，兼寄万州杨八使君》”云云，见莫砺锋《饮食题材的诗意提升：从陶渊明到苏轼》，《文学遗产》2010 年第 2 期。

② [三国魏] 王肃《孔子家语》卷二，《四部丛刊》景明翻宋本。

③ McMULLEN, D. L., and McMULLEN DAVID. “Recollection without Tranquility: Du Fu, the Imperial Gardens and the State.” Asia Major, THIRD SERIES, 14, no. 2 (2001): 217.

白居易《与沈、杨二舍人阁老同食敕赐樱桃玩物感恩因成十四韵》更是大肆铺张，可以与他所写的荔枝相映发，其诗曰：

清晓趋丹禁，红樱降紫宸。驱禽养得熟，和叶摘来新。圆转盘倾玉，鲜明笼透银。内园题两字，四掖赐三臣。荧惑晶华赤，醍醐气味真。如珠未穿孔，似火不烧人。杏俗难为对，桃顽讵可伦。肉嫌卢橘厚，皮笑荔枝皴。琼液酸甜足，金丸大小匀。偷须防曼倩，惜莫掷安仁。手擘才离核，匙抄半是津。甘为舌上露，暖作腹中春。已惧长尸禄，仍惊数食珍。最惭恩未报，饱喂不才身。（《全唐诗》卷四四二）

因为樱桃在当时的地位以及所代表的权力象征，荔枝只能成为它的衬托。虽然如此，但两者在物态的相似，却众目昭彰，同样是圆而赤。杜甫的审美观照，除了一般论者所说的注入了政治内涵外，也将荔枝的物色美淋漓尽致地表现了出来。我觉得这一点非常重要。因为荔枝的形态是非常符合唐人的审美观的。《宣和画谱》云："世谓（周）昉画妇女，多为丰厚态度者，亦是一蔽。此无它，昉贵游子弟，多见贵而美者，故以丰厚为体。而又关中妇人，纤弱者为少。至其意秾态远，宜览者得之也。此与韩干不画瘦马同意。"[①]韩干画马，周昉画人，皆赏其丰厚。虽然不能说唐人"以胖为美"，但从现在流传下来的唐代仕女画和陶俑来看，其身体审美观显然与后代稍异，即更强调匀圆丰韵。如杜甫《丽人行》所描写的杨家姐妹"肌理细腻骨肉匀"，简直可以用来移评荔枝。荔枝果肉白、丰、匀的特点从上面文人的描述及其与樱桃的对比都可以清楚地看出来。屠本畯《荔枝旧谱》序称

① ［宋］佚名《宣和画谱》卷六人物二，明《津逮秘书》本。

荔枝“实号珍腴，树称长寿”也可为此下一注脚。所以，荔枝在物色形态上是非常符合唐人的审美观念，是唐代审美文化的一个组成部分。这也就是为什么在“讽荔”书写模式之外，唐人能够继续他的审美摸索，发现荔枝其他美学价值的原因。

第三节　荔枝书写与贬谪心态——以苏轼为中心

荔枝作为岭南风物，其从唐代起就常与贬谪相关联。英国汉学家麦大维曾言：“开元时，橘子和荔枝在贬谪文学中占据主要位置。”[①]其实，又何止开元呢？唐初除了张九龄用荔枝寄托骚人之思外，应者寥寥。但在安史之乱后，由于杨贵妃的关系而使世人熟知，加之本身就符合唐人的审美观念。所以，荔枝书写开始变得活跃起来。它经常作为岭南风物出现在与贬谪有关的诗文中。如王建《送严大夫赴桂州》：

岭头分界候，一半属湘潭。水驿门旗出，山峦洞主参。辟邪犀角重，解酒荔枝甘。莫叹京华远，安南更有南。（《全唐诗》卷二九九）

诗中的荔枝与犀角相对，都是作为作者慰藉友人的良方。“解酒荔枝甘”，亦即曾几“境上开尊应荔枝”之意。荔枝可以佐酒，可以解酒，也能够酿酒。后世许多关于荔枝酒的诗歌，实肇端于此。由于荔枝在北方不易得，在岭南则甚为易见，所以即使诗文作者没有亲身践履岭南，当他写这种酬酢赠送诗文时，也常依靠自己的岭南想象结

① McMULLEN, D. L., and McMULLEN DAVID. “Recollection without Tranquility: Du Fu, the Imperial Gardens and the State.” Asia Major, THIRD SERIES, 14, no. 2 (2001): 225.

图 09　[清] 朱鹤年《坡公啖荔图》（局部）。庚午（1810）作，立轴，绢本，设色。

构成文。有时，荔枝也作为渲染岭南凶恶环境的物象，如许浑《送杜秀才归桂林》：“瘴雨欲来枫树黑，火云初起荔枝红。”色调对比鲜明，桂林之行，竟如同赴汤蹈火。所以诗人结句写道：“愁君路远销年月，莫滞三湘五岭中。”一转一合，叮咛嘱咐之意，满纸可掬。

但酬赠诗词再好，也不过是代他人语，终隔一层。最能体现贬谪心态的诗歌，还是那些有亲身体会的贬谪诗人所写的。正如南宋李纲《荔支赋》所说：“爰有狷介之士，负罪远谪，适丁其时，偶得而食。不烦传送之劳，以资口腹之适。快平生之素愿，饱珍味而无斁。正犹卫懿不可以好鹤，而幽人得之，适所以增其逸；阮籍之徒得全于酒，而羲和湎淫，乃费时而乱日。且食荔支，此非我力。”[①]这正道出荔枝与贬谪的委曲。唐代卢肇的《被谪连州》：

> 黄绢外孙翻得罪，华颠故老莫相嗤。连州万里无亲戚，旧识唯应有荔枝。（《全唐诗》卷五五一）

岭南偏远，地在八千里路外，而我孑然一身，无诗朋酒侣可亲，所幸唯有荔枝，尚是旧识。相较上面两首，此诗最大的不同就是以自己的口吻，写出自己被贬连州的索寞，但柳暗花明，沉舟侧畔，索寞之外复有希望和生机。

胡晓明曾言：“宋人与唐人贬谪诗的区别，在于宋诗含有一种‘不以己悲’的心灵气象。”[②]到了两宋，以荔枝题材淋漓尽致地写出贬谪心态，则首推苏轼。他很喜欢荔枝，在没来岭南之前就已经非常向往。写于元祐三年（1088）九月的《送曹辅赴闽漕》就已经开始表达这种情绪。

---

① 曾枣庄、刘琳主编《全宋文》第169册，上海辞书出版社2006年版，第9页。

② 胡晓明《万川之月：中国山水诗的心灵境界》，生活·读书·新知三联书店1992年版，第157页。

此诗前六句写曹辅，称他：“平生羊炙口，并海搜咸酸。一从荔支食，岂念苜蓿盘。”后六句则自我感叹，生怕无法像他那样一享口福，曰：“我亦江海人，市朝非所安。常恐青霞志，坐随白发阑。渊明赋归去，谈笑便解官。我今何为者，索身良独难。”最后用倒装句，急切发问：“我舟何时发？霜露日已寒。”苏轼称曹辅诸句，颇有点夫子自道的意思。因为他喜欢吃羊肉（“平生嗜羊炙，识味肯轻饱”[①]），但在此之前苏轼现存集中没有一首表达自己喜啖荔枝的诗歌。此诗则一改故态，表现出对荔枝的向往——在有荔枝吃的日子，则苜蓿堆盘的清淡生活，毫不足虑——实是后来荔枝诗的嚆矢。元祐四年（1089）出知杭州时，苏轼在西湖品尝到来自福建的贡荔，并写下了《减字木兰花·西湖食荔支》一词[②]，但只是对荔枝进行恰到好处的描写，并无表露太多的情感。从元祐五年（1090）《寄蔡子华》诗中看，朋友似乎已经知道他喜欢吃荔枝。诗的开头云：“故人送我东来时，手栽荔子待我归。荔子已丹吾发白，犹作江南未归客。”蔡子华名褒，眉州青神县人，是苏轼的老乡。但在当时的眉州，荔枝没有广泛种植，存活也是品种

---

① 《正月九日，有美堂饮，醉归径睡，五鼓方醒，不复能眠，起阅文书，得鲜于子骏所寄〈杂兴〉，作〈古意〉一首答之》，见《全宋诗》第 14 册，第 9170 页。

② 关于《减字木兰花·西湖食荔支》的系年，诸本都不详。据笔者考证，当作于元祐年间苏轼第二次出知杭州时（1089—1091）。词中云：“闽溪珍献，过海云帆来似箭。玉坐金盘，不贡奇葩四百年。”（《东坡乐府笺》上海古籍出版社 2009 年版，第 441 页）考曾巩有《福州拟贡荔枝状》，则北宋福建贡荔当在曾文之后。据《曾巩年谱》，熙宁十年（1077）才出知福州。可见贡荔之事当在熙宁十年后，而苏轼第一次出知杭州早在熙宁七年（1074）就结束了。所以，这首词当系在第二次杭州任上，即元祐四年七月至元祐六年正月。再者，从苏轼荔枝诗词的发展上看，这也是比较符合情理的。

极差的[①]。元祐八年（1093），苏轼在定州（今河北定州市）还有三首与荔枝有关的诗歌：《次韵曾仲锡承议食蜜渍生荔支》《再次韵曾仲锡荔支》《次韵刘焘抚勾蜜渍荔支》。此时正值秋冬，北方只能尝到保存较久的蜜渍荔枝，东坡应该也能够品尝到这种加工品。但他不无感慨地说："时新满座闻名字，别久何人记色香。"（《次韵刘焘抚勾蜜渍荔支》）意谓到此之荔枝，已不复色香。又认为"红盐""蜜煎"[②]荔枝是浑沌凿窍，斫丧天性，所谓"逢盐久已成枯腊，得蜜犹疑是薄刑"（《次韵曾仲锡承议食蜜渍生荔支》），所以"每怜莼菜下盐豉，肯与葡萄压酒浆"（《次韵刘焘抚勾蜜渍荔支》）。有鉴于此，他说"欲就左慈求拄杖，便随李白跨沧溟"（《次韵曾仲锡承议食蜜渍生荔支》），清代冯应榴案曰："此联诗意，以荔支产闽海，故戏言欲得仙术，跨海而鲜食矣。"[③]尾联也是戏语："攀条与立新名字，儿女称呼恐不经。"一则要跨海而吃鲜荔枝，一则要为荔枝重立名字，均以戏语出之，其中不但可见诗人游戏任真的性格，而且与元祐三年（1088）九月《送曹辅赴闽漕》"我舟何时发"遥相呼应，都点出要深入闽粤之地食鲜荔枝的渴望。然而福无双至，乃至一语成谶，绍圣元年（1094）由于新派上台，苏轼再遭打压，南贬惠州。他去年在诗中的戏语，竟没有半年时间就可以让他"假戏真做"。所以，一定程度上，他的岭南之行是有心理准备的。

---

① 参看 http://cd.qq.com/a/20151201/012474_1.htm《华西都市报》的报道：眉山三苏祠，最近考古发现一棵树龄九百年的古荔树（见图 10）。

② [宋]蔡襄《荔枝谱》："红盐之法：民间以盐梅卤浸佛桑花为红浆，投荔枝渍之，曝干色红而甘酸，可三四年不虫。修贡与商人皆便之，然绝无正味……福州旧贡红盐、蜜煎二种……蜜煎：剥生荔枝，笮去其浆，然后蜜煮之。"

③ [清]冯应榴辑注《苏轼诗集合注》，上海古籍出版社 2001 年版，第 1884 页。

苏轼在绍圣元年（1094）十月二日正式到达惠州，而在广州到惠

图 10　古荔枝树根。眉山三苏祠考古新发现，四川在线《华西都市报》的报道。

州路上，已经有人给他盛谈惠州风物之美，而荔枝无疑是他梦中萦绕，“江云漠漠桂花湿，海雨翛翛荔子然”，所以不觉违忤，而是“此邦宜著玉堂仙”，“便向罗浮觅稚川”（《舟行至清远县见顾秀才极谈惠州风物之美》）。其时岭南荔枝已经过了果期，所以要吃到新鲜荔枝还要等到明年。绍圣二年（1095）《和陶归园田居六首》引曰：

> （绍圣二年）三月四日，游白水山佛迹岩，沐浴于汤泉，晞发于悬瀑之下，浩歌而归，肩舆却行以与客言，不觉至水北荔支浦上。晚日葱昽，竹阴萧然，时荔子累累如芡实矣。有父老年八十五，指以告余曰：及是可食，公能携酒来游乎？意欣然许之。

在去年（1094）十一月二十六日，诗人曾到过荔支浦赏梅花（见《十一

月二十六日松风亭下梅花盛开》)。这一次又回到这里，荔枝已经结果了，但还不可以吃。所以荔支浦的老主人与诗人约定，荔枝熟时，携酒来饮。《和陶归园田居六首》其四：

老人八十余，不识城市娱。造物偶遗漏，同侪尽丘墟。平生不渡江，水北有幽居。手插荔支子，合抱三百株。莫言陈家紫，甘冷恐不如。君来坐树下，饱食携其余。归舍遗儿子，怀抱不可虚。有酒持饮我，不问钱有无。（《全宋诗》第14册，第9511页）

上四句写老人与荔支浦，下四句则拟老人言。当时人们对荔枝品种的评价，无疑都认为闽优粤劣，苏轼却显得毫不芥蒂。只要是新鲜荔枝，对他来说都是一种恩赐。所以对于老人的约定，诗人称“愿同荔支社，长作鸡黍局”（《和陶归园田居六首》其四），“有约吾敢违”（其三），“敢违”即不敢违，诗中常见的省略。明清两代流行荔枝作社，盖源于此矣[①]。一个多月后，即绍圣二年（1095）四月二十一日，苏轼终于如愿饱尝禁鼎一脔。《四月十一日初食荔支》诗曰：

南村诸杨北村卢，白华青叶冬不枯。垂黄缀紫烟雨里，特与荔子为先驱。海山仙人绛罗襦，红纱中单白玉肤。不须更待妃子笑，风骨自是倾城姝。不知天公有意无，遣此尤物生海隅。云山得伴松桧老，霜雪自困樝梨粗。先生洗盏酌桂醑，冰盘荐此赪虬珠。似开江鳐斫玉柱，更洗河豚烹腹腴。我生涉世本为口，一官久已轻莼鲈。人间何者非梦幻，南来万里真良图。（《全宋诗》第14册，第9515页）

---

① 如明代徐〔火勃〕《红云约》，清代高兆有《荔社纪事》，都是比较有名的。

诗中自注云：“予尝谓荔支厚味高格两绝，果中无比，惟江鳐柱、河豚鱼近之耳。”“尝谓”盖指《东坡志林》“荔枝似江瑶柱”[①]一条，以荔枝比江瑶柱，如同杜甫似司马迁。这首诗可以说是他近几年对荔枝的情感总结。“人间何者非梦幻”难道不是在说他两年前的戏语，如今都到眼前来了吗？而“我生涉世本为口”“南来万里真良图”更是可以与前面一一印证。所以我称苏轼岭南之行是有心理准备的，单从荔枝一物，就能知微见著。苏轼更为人所道的还是《荔枝叹》这样充满政治批判色彩的作品，前代学者论之甚详。该诗作于《四月十一日初食荔支》后，当于绍圣二年（1095）四五月份，是作者饱食荔枝后的理性思考。如“宫中美人一破颜，惊尘溅血流千载”“我愿天公怜赤子，莫生尤物为疮痏”等句显然与上引“不须更待妃子笑，风骨自是倾城姝。不知天公有意无，遣此尤物生海隅”相违拗，甚至诗人还忘了自己曾为荔枝写过：“莫遣诗人说功过，且随香草附骚经。”（《再次韵曾仲锡荔支》）但是，文学中所表现的矛盾恰恰可以成为一种张力，展现作者的生命意志。况且“讽荔”作品在苏轼与荔枝有关的诗文中十不存一。如果说苏轼的第一身份是“修身齐家”（生活化），那么《荔枝叹》就是苏轼以第二身份（政治化）——“治国平天下”写出来的。两种身份共同构成一个宋代士大夫所追求的完整人格。所以，它们的存在并不矛盾，而且也可解释为什么荔枝生活化的作品更多。

绍圣三年（1096），一到新年就又开始盼望荔枝成熟。《新年五首》其五，曰：

荔子几时熟，花头今已繁。探春先拣树，买夏欲论园。

① 曾枣庄、刘琳主编《全宋文》第91册，上海辞书出版社2006年版，第199页。

居士常携客，参军许叩门。明年更有味，怀抱带诸孙。（《全宋诗》第14册，第9527页）

诗人的新年愿望之一就是吃荔枝，此诗基本可看成他为吃荔枝而制订的计划书。到了二月八日左右，诗人在“闭眼觅黄莲”，声称“余病，绝不作诗”[①]（《二月八号与黄焘……》）的时候，也还念念不忘荔枝，如破例所作的《赠昙秀》[②]结句所称：“留师笋蕨不足道，怅望荔子何时丹。”[③]在三月底四月初时，东坡吃了惠州太守东堂前的荔枝后，兴致勃勃地又写了《食荔枝二首》。其中第二首（见前文所引）更是家传户诵，可以说是苏轼岭南食荔的一个总结，也最简洁有力地表达了他那种乐观旷达的心态，遂使后代祖构之士不绝于途。

南宋的政治文化延续北宋的传统，从新旧之争，转为和战之主，贬谪现象更是司空见惯。郑刚中（1088—1154），因忤秦桧，被贬封州，并在这里度过了晚年[④]。遭贬之后，他却能够泰然自若，从容面对，与苏轼多有相似之处。如《时官多以封州俸薄，井邑萧条，居处湫隘为叹，观如闻而赋之》诗曰：

相逢都说在天涯，禄似蝇头舍似蜗。画角楼前皆郭外，

① ［清］冯应榴辑注《苏轼诗集合注》，上海古籍出版社2001年版，第1999页。

② 此诗收于《苏轼诗集合注》卷三九，系年误矣。当从中华书局本《苏轼诗集（全八册）》改系于卷四〇，绍圣三年二月八日左右。

③ 类本作“荻芽笋蕨不及遇”，外集作“笛竹笋蕨不及遇”，从理校的角度上看，均不如“留师笋蕨不足道，怅望荔子何时丹”。

④ 《建炎以来系年要录》载：“三月甲辰（四月六日），诏责授濠州团练副使复州安置郑刚中许用议减特免禁锢，移封州安置。初，秦桧怒刚中不已，捕其子右承务郎良嗣与特使宾客，即江州同系，遣大理寺丞汤允恭。良嗣送柳州，张汉之尝主管宣抚司机宜文字，坐刚中亦除名送宾州，至是多人被贬。至刚中至贬所，守臣赵成之希桧意，每窘辱之，刚中竟卒于贬所。”见［宋］李心传《建炎以来系年要录》，中华书局1956年版，第2578页。

虚棚竹上是人家。草深正恐鹿为虎，日暮渐迷鸥与鸦。老子岂知差别相，高眠饱看荔枝花。（《全宋诗》第30册，第19138页）

这首诗正是孔颜乐处的阐释。孔子不云乎：“饭疏食，饮水，曲肱而枕之，乐亦在其中矣。”[①]“一箪食，一瓢饮，在陋巷。人不堪其忧，回也不改其乐。”[②]此则可云：“观如不改其乐。”工资低，住处窄，环境差，这些都是别人抱怨的原因，却不足以移诗人“高眠饱看荔枝花”之乐。这种谪居的幽趣，适足与李纲《荔支赋》所说“而幽人得之，适所以增其逸”相映发。又如《数日相识，多以荔子分惠，荔雨久而酸，予方绝粮，日买米而炊，戏成二十八言》：“穷居无米糁蒿藜，筠笼相先送荔枝。安得仙人炼丹灶，试将红玉甑中炊。”荔枝虽酸，仍可充饥，与世人津津乐道的品种、口味迥不相同，更可看出作者一片深情。郑刚中笔下的荔枝有时甚至是自己的化身，如《封州》：“荔枝受暑色方好，茉莉背风香更幽。”暑代表苦难，风象征朝中政治斗争，而以荔枝、茉莉自比，表达苦难只会让自己变得更坚强，而远离朝廷的政治斗争则能独得幽静。此联可与《即事二首》其一相印证，诗云：

微凉可爱是薰风，岭外风行瘴雨中。渴暑四围如甑釜，不妨蒸得荔枝红。（《全宋诗》第30册，第19101页）

郑刚中晚年贬谪封州，虽然时遭“窘辱”，但这段时间无疑是他的创作丰收期，也是最能体现他个人性格和思想的。这首诗的荔枝，我们不妨就把它看作作者的象征吧。

要而言之，荔枝作为一种水果，与观赏花卉最大的区别在于它能

① ［宋］朱熹《四书章句集注》，中华书局1983年版，第97页。
② ［宋］朱熹《四书章句集注》，第87页。

够食用。而且与其他水果相比，它更是“酝难言之妙味”[1]，在舌尖上有着极崇高的地位。所以，荔枝书写中描写口腹之欲是题中应有之义，不应该一味斥之为形而下。这种书写更具生活化，更符合人之为人的基本要求，而且从中流露出来的贬谪心态，更是分析作者文化性格的一个重要切入点。

第四节　地域文化话语权争夺：闽粤荔枝优劣论及其文学表现

在岭南荔枝发展和书写史上，闽粤荔枝优劣的争论是一个非常有趣的现象，也是一条重要的线索。赵军伟曾指出：“唐代咏荔文学是巴蜀的天下，宋代则斗转星移为闽地的地盘。”[2]这可以说是“蜀中之品在唐尤盛”[3]和“闽产至本朝（赵宋）方盛，非川广可望其万一”[4]的概括。蜀、闽荔枝的崛起，使岭南无法一枝独秀。三足鼎立，就必有博弈的存在。在唐代，杨贵妃喜欢南海荔枝甚于蜀中（已见前述），蜀中荔枝大放光彩则要等到中晚唐。但由于福建荔枝在晚唐迅速崛起，川渝、岭南荔枝未免相形见绌。宋代福建荔枝题材创作何以占据中心

① 李纲《荔支赋》语，见曾枣庄、刘琳主编《全宋文》第169册，上海辞书出版社2006年版，第9页。

② 赵军伟《地域·政治·审美：唐宋文人的荔枝书写》，另外参看氏著《荔枝题材与意象文学研究》第四章第四节论福建荔枝文学。

③ ［宋］唐慎微《证类本草》卷二三，《影印文渊阁四库全书》本。

④ 《全宋诗》第43册，第26785页。笔者按：本论文所引用《全宋诗》为傅璇琮等人所编，北京大学出版社1991—1998年版，后注避繁，均只注明册数、页数。读者其明之。

图 11　增城西园挂绿荔枝母树。来源：《广州日报》大洋网。

图 12　挂绿荔枝。来源：挂绿广场。

图 13　状元红荔枝。来源：广州市增城东林果业园。

地位，除了福建地区广泛种植荔枝之外，赵先生还列举了如下的因素："宋代福建政治文化的崛起，闽人蔡襄《荔枝谱》的广泛影响，宋代福建成为荔枝贡区，荔枝加工技术的进步，宋代福建海运的兴起。"由于蜀中荔枝不断式微，与福建荔枝相抗衡的就只有岭南了。据陶谷（903—970）《清异录》载：

闽士赴科，临川人赴调，会京师旗亭，各举乡产。闽士曰："我土荔枝，真压枝天子，钉坐真人。天下安有并驾者？"抚人不识荔枝之未腊者，故盛主杨梅，闽士不忿，遂成喧竞。旁有滑稽子徐为一绝云："闽香玉女含香雪，吴美星郎驾火云。草木无情争底事，青明经对赤参军。"[①]（"闽香玉女"条）

岭南荔枝固不逮闽、蜀，刘鋹每年设红云宴，正红荔枝熟时。[②]（"红云宴"条）

结合晚唐荔枝文学的情况，"闽香玉女"条所反映的现象应为属实。正是在福建荔枝崛起的背景下，福建士人才有矜夸土产的条件。而"草木无情争底事"就变成了后代挥之不去的梦魇。陶谷一生基本在五代度过，他所说的"岭南荔枝固不逮闽、蜀"大抵代表着那个时代的认识，是后代闽粤荔枝优劣论的先声。

真正把"闽优粤劣"抬出来，并加以论述的是蔡襄的《荔枝谱》，他说：

唐天宝中，妃子尤爱嗜，涪州岁命驿致。时之词人，多所称咏。张九龄赋之以托意。白居易刺忠州，既形于诗，又

① 上海古籍出版社编《宋元笔记小说大观》第1册，上海古籍出版社2001年版，第48页。

② 上海古籍出版社编《宋元笔记小说大观》第1册，第45页。

图而序之。虽髣髴颜色，而甘滋之胜，莫能著也。洛阳取于岭南，长安来于巴蜀，虽曰鲜献，而传置之速，腐烂之余，色、香、味之存者亡几矣。是生荔枝，中国未始见之也。九龄、居易虽见新实，验今之广南州郡与夔、梓之间所出，大率早熟，肌肉薄而味甘酸。其精好者仅比东闽之下等。是二人者亦未始遇夫真荔枝者也。[1]

由于此谱对当时和后世的影响，闽粤荔枝优劣直到明清还纠缠不清，所谓"君谟作谱起聚讼，彼优此劣词何支"[2]。对于这个问题的表现，一是在历代荔枝谱录上，二是在诗文作品中。

一、荔枝谱录

历代对荔枝谱录，福建以绝对的优势压倒岭南。据学者的述评[3]，历代专门的荔枝谱录（包括佚本）有宋代郑熊《广中荔枝谱》（佚）、蔡襄《荔枝谱》、曾巩《荔枝录》、徐师闵《莆田荔枝谱》（佚）、张宗闵《增城荔枝谱》（佚）、徐㶿《荔枝谱》、宋珏《荔枝谱》、曹蕃《荔枝谱》、邓道协《荔枝谱》、吴载鳌《荔枝谱》、清代曾弘《荔枝谱略》、林嗣环《荔枝话》、陈定国《荔谱》、陈鼎《荔枝谱》、吴应奎《岭南荔枝谱》等十五种。但据南宋刘克庄《陈寺丞续荔枝谱》[4]载："蔡公绝笔山川歇，荔子萧条二百年。选貌略如唐进士，慕名几

① ［宋］蔡襄等《荔枝谱（外十四种）》，福建人民出版社 2004 年版，第 3 页。

② ［清］丘逢甲《李湘文（启隆）邀同雪澄、实甫、陶阳二子上涌村啖荔枝作》，见《岭云海日楼诗钞》卷一一，民国本。

③ 彭世奖《历代荔枝谱述评》，《古今农业》2009 年第 2 期。

④ 《全宋诗》第 58 册，第 36162 页。陈寺丞，即陈宓（1171—1226），其字复斋，福建兴化人。他还有《荔枝赋》一文，《全宋文》失收，见曾枣庄，吴洪泽主编《宋代辞赋全编》，四川大学出版社 2008 年版，第 2735 页。

似晋诸贤。岂无品劣声虚得，亦有形佳味不然。题遍贵家台沼后，请君物色到林泉。”则陈宓（1171—1226）也当作有《荔枝谱》。但此书已经亡佚，而且不见诸家书目著录，所以单文孤证，姑信其无。综上来看，这十五种谱录有十一种[①]是专门著录福建荔枝的，而专门著录岭南荔枝的只有三种，而且还亡佚了两种，可见长期不受重视。只有陈鼎的《荔枝谱》体例比较特殊，对蜀闽粤三地荔枝都有著录。在荔枝谱录上，岭南在数量上可以说远远落于下风。所以，“闽优粤劣”一直是荔枝史上的主旋律。从荔枝谱录作者的言论，就可管窥蠡测。蔡襄之言，已见上引，又如：

荔枝于百果为殊绝，产闽粤者，比巴蜀南海又为殊绝。（曾巩《福州拟贡荔枝状》，《全宋文》第57册，第216页）

嗟蜀广之名同兮，真碱趺之与琼瑰。（陈宓《荔枝赋》，《宋代辞赋全编》第5册，第2742页）

名题于西川，贡珍于南海。吾闽所产，实冠彼都，可谓卢橘惭香、杨梅避色者矣。（徐𤊹《荔枝谱》，第13页）

今所最重于时者，中冠、胜画、状元红；次则桂林、金钟。大抵闽中之产，可弟视南粤，仆视泸戎。（徐渤《荔枝谱》，第17页）

宋明时期，荔枝文化话语一直攥在福建士人手里，所以闽粤荔枝优劣就笼罩在上述论调下。但如吴应奎《岭南荔枝谱》所言：“荔枝作谱，始于君谟。后有继者，要皆闽人自夸乡土，未为定论。”[②]荔枝作谱始于蔡襄是吴氏失于详考（作谱始于郑熊《广中荔枝谱》），

① 即蔡襄、曾巩、徐师闵、徐𤊹、宋珏、曹蕃、邓道协、吴载鳌、曾弘、林嗣环、陈定国等人所作。

② 《南越五主传及其他七种》，广东人民出版社1982年版，第72页。

如若改成“荔枝优劣，始于君谟”则庶几符合作者初意。而“闽人自夸乡土，未为定论”，北宋苏轼诗中早发此意，他说：“糖霜不待蜀客寄，荔支莫信闽人夸。”明代徐𤊹撰《荔枝谱》曾引严有翼讥苏轼不识真荔枝，云：

至于夏初先熟，厥名火山者，莆田惟黄巷有之。蔡《谱》谓其品殿。严有翼尝诋东坡四月食荔枝，谓东坡未尝到闽，不识真荔枝。是特火山（引者按：肉薄味酸，最差的一种）耳。[①]

然而，苏轼在岭南何尝没有品尝过其他品种的荔枝呢？考其《与欧阳知晦四首》（一作《与循守周文之》），曰：

今岁荔子不熟。土产早者，既酸且少；而增城晚者，不至，方有空寓岭表之叹。忽信使至，坐有五客，人食百枚，饱外又以归遗，皆云其香如陈家紫，但差小耳。二广未尝有此异哉。又使人健行，八百枚无一损者，此尤异也。林令奇士幸此少留，公所与者，故自不凡也。[②]

苏轼往岁吃增城晚熟荔枝习惯了，这一年没吃到就有“空寓岭表”的慨叹。而周文之所送的荔枝则让坐客都觉得其香堪比福建佳种陈家紫。可见宋代岭南荔枝也有佳种，从北宋张宗闵专为增城荔枝作谱就可想见[③]。其实徐𤊹自己在《客惠记闻》就说：“惠州荔枝味酸，树亦甚少。东坡曾云：‘土产早者既酸且少，而增城晚者，不至，方有

① ［明］徐𤊹《荔枝谱》，《荔枝谱（外十四种）》，福建人民出版社2004年版，第20页。

② ［宋］苏轼撰，孔凡礼点校《苏轼文集》，中华书局1986年版，第1754页。

③ ［宋］陈振孙：“其序言：福唐人，熙宁九年承乏，增城多植荔枝，盖非峤南之火山，实类吾乡之晚熟，搜境内所出，得百余种，其初亦得闽中佳种植之，故为是谱。”见《直斋书录解题》卷一〇，清《武英殿聚珍版丛书》本。

空寓岭表之叹。’至东莞渐多渐佳，五羊黑叶诸品，遂与闽产伯仲耳。”他也承认增城有佳种，而且这在明清更是一种事实，无法否定。明清福建的《荔枝谱》虽然极力强调闽产之优，但也开始觉得粤产荔枝也有佳种。只不过他们掌握着话语权，不会轻易妥协而已。又如宋珏《荔枝谱》：

荔枝之在天下，以闽四郡为最；四郡以吾兴为最；兴又以枫亭为最。此人所知者，然不尽然。黑叶之入酿，未可以粤产轻之。[①]

又如邓道协《荔枝谱》则专设一节论“岭南品第之当定”，云：

五岭、七闽，邻封比境。风土既近，气韵攸同。荔子高下，未能甲乙。大抵此种为美，不特闽美，而粤亦美。此种为下，不特粤下，而闽亦下。从来宦游二土者，皆未悉其真味。

此论乍看甚是公允，但是作者随后又说：

余向客粤，食之甚甘，可比漳、泉上品。大抵五岭过暖，时多失候，物亦宜然。福州寒暖适中，物自纯美。岭南纵不得与延寿、胜画争雄，乃列蜀川之后，实为厚诬。尝从先子宦游滇南，见沐国饷丹荔数枚，盛以金缕雕盘，其酸不可入口。大抵摘之太早，正味未全。即福州佳种，亦以早摘作酸，岂皆生质之过耶！[②]

闽中荔枝品在漳、泉之上，岭南荔枝比不上闽中，但可与漳、泉上品相埒。作者为岭南荔枝击鼓鸣冤，只不过认为它不该排在蜀中荔枝之后，但终究还是无法与闽中佳品相比。历史上认为岭南荔枝比蜀

① ［宋］蔡襄等《荔枝谱（外十四种）》，福建人民出版社2004年版，第29页。
② ［宋］蔡襄等《荔枝谱（外十四种）》，第56页。

中差的，前举陶谷是先声，又如北宋《太平寰宇记》云："涪州县地颇产荔枝，其味尤胜诸岭。"[①]另外唐慎微《证类本草》也引《图经》之言，云："其品闽中第一，蜀川次之，岭南为下。"[②]有趣的是，唐慎微本身就是蜀人，在福建荔枝掌握着话语权的宋代，他也只能与岭南荔枝争夺第二。这些说法在后世也不断有人昌言，但显然与事实不符。所以到了明代，福建文人都开始为岭南荔枝叫屈，只是掌握话语权的他们并没有把荔枝的王者之位拱手相让而已。清代岭南文人急切想夺回荔枝话语权，晚清金武祥就对福建文人对本土荔枝的矜夸不满，曾言："其后徐𤊹、邓庆寀、宋珏、曹蕃历有撰述，或近传奇，或不脱小品习气，皆不足录。"[③]除了"皆不足录"是过激之语外，"近传奇"和"不脱小品习气"的评价则大致不错，这也就是吴应奎所说的"闽人自夸"（《岭南荔枝谱》）。

二、文学书写——以《荔枝词》为中心

正因为宋明以来，岭南荔枝地位长期受到压制，当岭南文化繁荣的时候，文人创作岭南荔枝题材作品就有一种义不容辞的担当和争奇斗艳的心理，其中最突出的表现就是《荔枝词》的创作。可以说，重夺荔枝话语权是清代岭南荔枝书写繁荣的一个重要原因。

明代万历二十五年（1597）是荔枝书写史上关键的分水岭。这一年的七月十五，福建徐𤊹成功撰写了《荔枝谱》，并题写了《荔枝咏》四十绝，附在卷末。其诗序曰：

---

① ［宋］乐史《太平寰宇记》卷一二〇江南西道十八，《影印文渊阁四库全书》补配《古逸丛书》景宋本。

② ［宋］唐慎微《证类本草》卷二三，《四部丛刊》景金泰和晦明轩本。

③ ［清］金武祥《重刻荔枝谱序》，见［清］陈鼎《荔枝谱》，《粟香室丛书》本。

谱既成矣，异名奇品，片语单词，皆所必录。笔札之暇，取品目之佳者，各赋一诗，得若干首，附于卷后。殆其伎俩未足，拟诸形容，空贻貂续之讥，不无弩末之愧。[①]

他取江家绿、火山等四十个品种，以绝句的形式进行吟咏。无独有偶，在一个月前（六月），徐𤊹好友屠本畯就有《荔枝纪兴二十六首》，前十三首也是专门咏品种，共咏二十三个品种。后十三首则属于杂咏荔枝情事。关于品种题咏，赵军伟说：“在唐诗中没有出现题咏荔枝品种的诗作。在宋诗中，出现了众多的荔枝品种名称，这种品种题咏的方式一方面体现了荔枝题材创作的自觉，另一方面也可以看做荔枝审美趋向深入的表现。”[②]最早以组诗吟咏荔枝品种要追溯到王十朋《荔支七绝》（《全宋诗》第36册，第22919页），共题咏七个福建荔枝品种，并附有自注——这是品种题咏的一个传统。徐𤊹的《荔枝咏》可以说是近祖屠本畯，而远绍王十朋。但由于徐𤊹是先作谱，后咏诗，所以他这组诗歌并没有自注部分，而是与其书中所记相辉映。徐氏《荔枝谱》行世之后，马上引来了福建地区为荔枝作谱、题诗的新高潮。很多人更是有意识地模仿徐氏进行荔枝品种咏的组诗创作。如陈荐夫（1560—1611）的《荔枝十咏》，其序称：

兴公谱既成，又赋荔品四十绝，新意隽调，情事韵语，割捷都尽。余因赋所未赋者，题僻语俭劣得十首，既愧胜画之晚成，又非火山之早熟。甘饫无烦于贵主，抱泣徒怜于村姬。客有诮余复用天宝遗事者，余笑而未与之言。（《闽中荔支通谱》卷七）

① ［明］邓庆寀《闽中荔支通谱》卷八，明崇祯刻本。

② 赵军伟《荔枝题材与意象文学研究》，南京师范大学硕士学位论文，2012年。

图 14　清代广州外销画《荔枝》。英国维多利亚阿伯特博物院藏。

续徐氏所题四十绝后，补其题咏所缺漏的品种，其实就是变本加厉，踵事增华。但这段文字还有一个非常值得注意的地方，就是陈荐夫在这组诗中几乎每首都使用天宝故实，却遭人讥笑。个中原因大概是天宝荔事与福建荔枝无关，如果题咏福建荔枝品种都用天宝故实附会，显然难以为福建荔枝张目。陈荐夫所写确实难以让人认为是福建荔枝品种，如写玳瑁红荔枝，称：“颗颗明珠贡岭南，还将玳瑁匣轻函。助娇试插桃花鬓，不数平原上客簪。”不伦不类，让人直以为是岭南荔枝，其他诸首都有这种毛病。而屠本畯和徐𤊹的题咏，偶一使用天宝遗事，如屠氏《荔枝纪兴》其十三：“黑叶人传自五羊，最怜江绿出莆阳。唐家妃子如相见，不命涪州驿骑将。”徐𤊹《荔枝咏·进贡子》：“丹荔何年贡七闽，宣和中使往来频。玉环只识涪江种，空走骊山一骑尘。”但大都作为反面例子来使用，最终还是突出福建荔枝的一骑绝尘。（咏荔忌用天宝遗事，更让所谓的“讽荔”书写传统继者寥寥，大多转向对荔枝本身的描写，或由此而生发出来的文学联想。）续徐氏《荔枝咏》的还有陈省（1529—1612）《荔枝十咏》，其序曰：

吾乡徐兴公谱荔支，僻壤果核，一旦增珍，老农谈之，顿兴少陵美芹之感，姑即家园所有者，纪以十绝，厕诸大方作后，真似缀山枝于蜜丸诸品丛侧也。览者知，必攒眉掷之矣。（《闽中荔支通谱》卷一二）

这是对自己家荔枝品种的题咏，而祝树勋《荔枝咏》四首也是用荔枝名点缀而成，其自注：曰：“时徐兴公著新谱。”这都可以徐氏谱荔、咏荔的风气所及，使人吟咏不辍。另外还有谢杰（约1545—1605）的《荔支名歌八首》、丘惟直的咏荔枝品种十二首、黄应恩（1609—1668）的品种咏六首等。其中较有美学价值的，应该是曾化龙（1588—1650）《荔支十咏》和杜应芳《荔枝咏》七律三十首。曾化龙诗序曰：

英雄邸世，率尔游戏，其真自抱，非可喻也。不得已而以功业著，斯已浅矣；又不得已而放情于歌舞，最后回首神仙，此其豪宕杳远之致与！夫牢骚慷慨之怀，固未可一二为俗人道也。予尝兴念及此，仰天欲绝。一日披《荔支谱》，循名思义，恍然人世变态，一盘托出，为作《荔支十咏》，亦所谓千古有情痴耳。（《闽中荔支通谱》卷一四）

十首诗歌，所谓“循名思义”，从荔枝名生发一段情事，寄托自己牢骚慷慨之怀，颇堪讽诵。杜应芳的《荔枝咏》七律三十首则属词巨丽精切，极尽体物摹神之能事，如钟惺所说的：“盖举荔子之香味、容服、远体、远神，一一传之于诗，如写照然。”[①]

晚明福建荔枝题咏大盛之时，岭南人韩上桂（1572—1644）《荔支颂》序曰：

果之美者，曰荔支。余友邓道协所著《通谱》详矣。往时闽粤各矜其胜，余谓兹果，何必余两乡。即泸戎间，固俨然称南面孤也。因忆白香山所评语，而为之颂。（《闽中荔支通谱》卷一一）

韩氏斡旋其中，由于岭南荔枝的话语对于福建并无优势，所以他只能虚与委蛇，面面俱到，既称颂福建，也称颂岭南和川渝的荔枝，让人感觉他持不偏不倚的立场。另外他在创作与荔枝有关的文学作品时，常常显示出调和闽粤荔枝优劣之争的倾向。入清之后，《荔枝词》的创作风气也逐渐转移到岭南地区。屈大均（1630—1696）创作的《广州荔支词》五十四首，全面吹起了反攻的号角。第一首就开宗明义称荔枝产番禺：

后皇嘉树产番禺，朱实离离间叶浓。珠玉为心君不见，

① ［明］邓庆寀《闽中荔支通谱》卷一一，明崇祯刻本。

但将颜色比芙蓉。[1]

荔枝的地域性再次被重新提出来，成为这组荔枝词的一个鲜明特点。其他则或咏岭南荔枝品种，或写岭南荔事。虽然他在《广东新语》有专门论荔枝的文字，但在他笔下，荔枝词与自注相结合，而且注释大部分是用整齐的韵文（四言、七言、杂言不拘）写成的，如：

端阳是处子离离，火齐如山入市时。一树增城名挂绿，冰融雪沃少人知。自注：挂绿最珍，出乎其族。通体茜红，微拖片绿。脆似沙梨，芬如金粟。生只数株，采不盈掬。优钵昙花，非世所瞩。（其五）

蝙蝠千年白雪同，一餐扶荔羽全红。双飞双宿芭蕉树，服可成仙似葛洪。自注：千岁蝙蝠白如雪，雌雄巢在芭蕉叶。亦有深红似茜花，服之成仙夸口诀。（其二十二）

诗注相生，两者都具有很强的艺术性。受屈大均的影响，与他唱和的岭南人士，也有创作《荔枝词》。如陈恭尹（1631—1700）《次和刘沛然王础尘广州荔枝词十首》、成鹫（1637—1722）《荔枝词三十首寄张子白杨鬯侯》，但文学和史料价值都比不上屈氏所作。而同时代的王煐（1651—1726），作为北方人（天津）而在岭南仕宦，也参与到《荔枝词》的创作中。他的《离支词》序曰：

岭南荔子，脍炙人口，余初入粤，至韶之英德，即有老圃献鲜，尝之酸而少味，以为从前相传者过其实耳。抵郡六年以来，每得食佳者，但挂绿、凝冰、宋香、陈紫诸种，多出广肇属邑，以故未能遍尝而品题之。今夏谢郡事，久寓会城，

① ［清］屈大均《翁山诗外》卷一三，清康熙刻凌凤翔补修本。

往来端溪，因得以次饱啖，甯其种类，别其优劣，定其等第，亦快事也。吁嗟。世俗之情，恒多否而少可。且从来物之尤者，固足移人，即使聋瞽，莫不欣然，而遘之者罕矣。无怪乎诽语之丛出，而以耳为目者，又从而附和之也。虽然布帛菽粟，以及鸡豚鱼鳖之常，则人习见而共知者，请得因物托喻，比拟其伦，庶使尝之者味其真，而未尝者知所慕也。爰附长句三十绝于左。[①]

这是一个外乡人对岭南荔枝由浅到深的认识，由于有一种深沉的爱，所以不免为它鸣不平，也有许多回护之词。如：

莆田荔子贵枫亭，闽客矜夸亦可听。独惜君谟修荔谱，不曾著得岭南经。（其二十一）

作者为岭南荔枝鸣不平，不但可见作者对它的厚爱，也可说明当时岭南荔枝的进步以及岭南文化的繁荣。又如第二首和第三首，咏三月红、大造，这两个品种其实并不出彩，属于核大味酸，随地都有。但作者却言“不比椰浆滋味羶”“犹胜零星嚼石榴”，可以说爱屋及乌。而如：

火山黑叶竞相夸，塘壆千林烂若霞。好与儿童伴甘蔗，（解其酸也。）平添软饱野人家。（火山、黑叶、塘壆三种，俱多而久，优劣互见，荔中之家常茶饭也。）（其五）

诗人题咏这些普通常见的品种，由于屋乌之爱，所以能赏其酸，从底层生活的角度思考，反而更显平民性，这也是与前人题咏的异趣所在。总的来说，王煐这组诗歌继承了品种咏的优良传统，有大量注

① ［清］王煐《忆雪楼诗集》卷下，清康熙三十五年王氏贞久堂刻本。

文介绍岭南荔枝品种和社会民俗风情，是对屈大均《广州荔支词》的深化。

康乾之世，岭南荔枝已经有了极大的发展，据学者考述："康熙年间，广东增城挂绿就已取代了新兴香荔的王者位置，甚至成为了天下第一荔。"[①]这可以从屈大均、王煐等人的《荔枝词》找到佐证。经过他们的努力，闽粤荔枝优劣之争的天枰也开始倾向岭南一方。这期间，温汝适（1755—1821）也不停地为岭南荔枝鼓荡，后来甚至有人传闻他著有《岭南荔枝谱》[②]。但他写荔枝多留意品种，甚至补方志之缺，虽没有《荔枝谱》流传，也可算是用诗谱荔。如他的诗《荔支有一种名贵味，〈番禺志〉亟称之，近始得见，壳厚而粗，味乃独绝，始信得名非偶，用东坡韵赋之，时大暑后一日》《山枝名贵味者，与挂绿同时，然挂绿以名著，多赝。不如贵味之真也。〈番禺志〉只附见山川而物产缺载，余感其有美不彰，世固莫知，即知亦未尽为可慨也，再叠前韵赋之》[③]都是以注当诗题。而他对闽粤荔枝优劣的认识，如《五月廿九日惠言侄自郡城寄荔枝至。曲江赋所云："熟以季夏，味特甘滋。"殆此种也。用东坡〈四月十一日初食荔枝〉韵赋此示之》自注云：

向在京师见《图书集成》所刻君谟谱外，有闽人所撰一卷，云："闽粤荔枝实相仿，在闽佳者，在粤亦佳，但熟有先后，种有高下，过客未能遍尝，漫分轩轾耳。"同一美种，树老尤胜。

---

① 赵飞、倪根金等《增城挂绿荔枝历史考述》，《中国农史》2013年第4期。

② 见谭莹《岭南荔支词》其五十九，自注云："闻温篔坡先生著有《岭南荔枝谱》。"可见温汝适与岭南荔枝的关系。温汝适诗中有："阿咸知我近谱此，远寄味压秋江鲈。""惟应作谱纪尤物，谱成更伤忠州图。"{[清]温汝适《携雪斋集》（《清代诗文集汇编》第441册），上海古籍出版社2010年版，第513—514页）}

③ [清]温汝适《携雪斋集》，第519页。

蔡谱上品，今多无有，则树老不存之故。今吾粤四月所熟，名玉荷包，尚非佳品，至六月之黑叶及新兴香荔、增城挂绿，则人人皆知其美。同种中有自有高下，或种植得法，或阅岁数百，结实皆殊绝，意闽中未是过也。[①]

岭南荔枝的发展，从韩上桂调和闽粤之争，再到屈大均、王煐的折中之论，如今又上了一个台阶，使温汝适有自信觉得闽中荔枝不能超过岭南佳品，并且运用诗歌展现。

岭南荔枝书写最后的高潮是在谭莹（1800—1871 年）手里完成，也是岭南在闽粤荔枝优劣之争的重要一击。首先，我们需要明白谭莹《岭南荔枝词》的创作背景以及创作意图。他的《吴雁山孝廉岭南荔支谱题词》作于道光丙戌（1826）年六月，其中云："忆往事于六载，赋新词之百篇。"[②]可知谭莹《岭南荔枝词》成于道光元年（1821）。据陈璞《尺冈草堂遗集》载：

幼颖悟，于书无不窥，尤长于词赋。年十二，作《鸡冠花赋》、《看桃花诗》，老宿惊赏之。弱冠应试。时仪征阮元督两粤，以生辰避客，往山寺，见莹题壁诗文，奇之……道光初，阮元开学海堂于粤秀山，以经史诗赋课士，见莹所作《蒲涧修禊序》及《岭南荔枝词》百首，尤为激赏。自此文誉日噪，凡海内名流游粤无不慕交者。[③]

谭莹弱冠之年（1820）应试就以题壁诗引起了两广总督阮元的惊

① ［清］温汝适《携雪斋集》（《清代诗文集汇编》第 441 册），上海古籍出版社 2010 年版，第 513 页。

② ［清］谭莹《乐志堂文集》卷八，清咸丰十年吏隐园刻本。

③ ［清］陈璞《尺冈草堂遗集》卷四，清光绪十五年刻本。

讶，学海堂也是同年（嘉庆二十五年春）成立。可见，谭莹也是在这时入学学海堂的。《学海堂初集》刻于道光四年（1824），所收文章都是当时学生的课卷。《岭南荔支词》就是其中一次课试的题目。应

學海堂集卷十五

嶺南荔支詞　啟秀山房訂

譚瑩

霞樹珠林今若何嶺南從古荔支多憑君載酒村村去綠葉蓬蓬隔一河（廣志荔支樹大如桂綠葉蓬蓬冬夏榮茂）

職貢初修南越王漢皇嘗日已親嘗鮫魚珍味應難並贏得蒲桃錦百箱（西京雜記南越王尉佗獻高祖鮫魚荔支高祖報以蒲桃錦）

扶荔宮中扶荔生武皇移種自多情奇花異果原難得扶竹扶桑枉並名（三輔黃圖漢武帝破南越建扶荔宮自交阯移植百株於庭偶一株稍茂然終無花實丹鉛總錄此荔騎生日扶荔者亦若扶竹扶桑云）

學海堂集　卷十五　一

粟米香瓜並熟時村南村北子離離兒童共唱新蟬叫四月街頭賣荔枝（粟米果名新蟬叫荔枝熟嶺南諺也）

出郭先經晚景園半塘南岸果皆繁三山大石紅相望熟到陳村又李村（晚景園半塘南岸三山大石陳村李村皆村名）

廣州東去是增城生潤沙高潮亦平家種荔枝三百樹年年果熟問收成（荔枝以增城所產為最土黃潤多沙潮味不到故荔枝絕美粵人謂下果日收成）

十里磯圍築稻田田邊博種荔枝先鳳卵龍丸多似米村村簫鼓慶豐年（廣州磯圍皆種荔枝龍眼龍眼用核荔枝用埔以果多為豐年）

峽下人停水市舟丹林蓊鬱隔山樓誰家占盡園亭

图15　启秀山房刻本《学海堂初集》卷一五谭莹《岭南荔支词》书影。

课者当然不止谭莹一人，《学海堂初集》还收有杨时济、李汝梅、崔弼、吴应奎等二十八个人共六十八首《岭南荔支词》。不可否认，所收作品是经过删汰后的优秀作品。但最值得注意的还是谭莹的组诗。为什么谭莹所作的百首会引起阮元的激赏呢？阮元在嘉庆二十二年（1817）十月出任两广总督，嘉庆二十四年[①]曾创作了八首《岭南荔支词》，可见学海堂《岭南荔支词》一题极有可能是阮元依据其创作经验想考

① 这组诗系年于嘉庆己卯。见［清］阮元《揅经室集》四集诗卷一一，《四部丛刊》景清道光本。

考诸生的创作水准。因此，当谭莹拿到这个题目时，首先横亘在他前面的就是阮元的《岭南荔支词》——这八首是咏岭南“荔”史的佳作，兼具史识和诗美。谭莹所创作的百首《岭南荔支词》则如学者所说是在“讽荔”之外，“对于荔枝美的原真呈现”[①]。也就是说，谭莹绕开了阮元的荔枝书写模式，另辟蹊径，绍述屈大均《广州荔支词》以来岭南荔枝书写的传统，出色地完成这组作品。正因如此，谭莹的创作才深获阮元激赏。如果说，阮元的诗作是有意避开岭南《荔枝词》的传统，那么谭莹则是回归到这个传统，即对品种和风土的歌咏。《荔枝词》咏品种和风土其实更体现本地人的关注点，也更符合这种体裁的设定。现代学者认为：“谭诗的最大价值在于跳出了单纯赞荔、讽荔的模式，独辟蹊径，贴近地域，尽情释放了荔枝意象的诗美价值。”[②]其实，所谓独辟蹊径和贴近地域只不过是《荔枝词》的传统而已。清人汤大奎在《炙砚琐谈》曾写道：

> 唐人《柳枝词》专咏柳，《竹枝词》则泛言风土，如杨廉夫《西湖竹枝》之类，亦有专咏竹者，殊无意致。宋叶水心创为《橘枝词》，汪钝翁亦有是作。余入闽作《荔枝词》，专咏荔枝仿竹枝体。[③]

《荔枝词》和其他诸如《竹枝词》《柳枝词》《橘枝词》《桂枝词》《樱枝词》《桃枝词》《蔗枝词》具有同样的性质，即专咏题目本意或泛言风土。所以确切来说，谭莹是继承了这种传统，尤其是屈大均

① 谢中元《“讽荔”之外：〈岭南荔枝词〉的诗美价值》，《佛山科学技术学院学报（社会科学版）》2011 年第 2 期。

② 谢中元《“讽荔”之外：〈岭南荔枝词〉的诗美价值》，《佛山科学技术学院学报（社会科学版）》2011 年第 2 期。

③ ［清］汤大奎《炙砚琐谈》卷中，清乾隆五十七年赵怀玉亦有生斋刻本。

以来岭南荔枝书写的传统。

明白了谭莹的创作背景，我们要再考察一下他的创作意图。虽然这组诗是课试之作，但因为它是作者精心结撰出来的，所以作者想通过它传达出什么样的内容就变得很重要。一般来讲，我们都认为这组诗是对荔枝的原真呈现。但如果把它放在闽粤荔枝优劣之争的背景下，那么谭氏的意图将会非常明显地展露出来。谭莹《跋岭南荔枝谱》，曾记其中心曲，曰：

> 夫陶谷《清异录》讥其不逮，李肇《国史补》乃言尤胜；徐氏《笔精》纠君谟、景纶之误，浪斋《便录》证长安、洛阳之异；《诚斋诗注》称最上其绿萝，《客患纪闻》谓渐佳惟黑叶；类皆贵耳贱目，悦甘忌辛，揄扬标榜，迄无定论。然谱牒既详，品流斯析。忆往事于六载，赋新词之百篇。为日既寡，蓄书不多，捃拾靡精，搜罗岂遍，今读是书，殆将覆瓿。权衡迥异，敢沿秀水之谈；轩轾所存，又觌陈留之序。[1]

前面列举的都是历史上贬低岭南荔枝地位的例子，所以谭氏很欣慰吴应奎《岭南荔枝谱》的诞生，这将使岭南荔枝有谱可以与其抗衡。他自己的《岭南荔支词》也就可以丢弃不用了（覆瓿）。反过来说，谭氏创作的深层原因又何尝不是为了与福建荔枝抗衡呢？不敢沿秀水之谈，正是创作时“沿秀水之谈”。“秀水之谈”是指朱彝尊的一段议论：

> 世之品荔支者不一。或谓闽为上，蜀次之，粤又次之。或谓粤次于闽，蜀最下。以予论之，粤中所产挂绿，斯其最

① 《南越五主传及其他七种》，广东人民出版社 1982 年版，第 97 页。

矣。福州佳者，尚未敌岭南之黑叶。而蔡君谟《谱》乃云：“广南州郡所出精好者，仅比东闽之下等。”是亦乡曲之论也。[①]

他在诗中写道：“优劣由来莫定评，南中品第更谁争。竹垞自是平章老，降紫颁红论最平。”（其五十五）可见，他是非常认同朱彝尊的言论。这也是谭莹肆力创作《岭南荔支词》组诗的根本动力，他除了想表达岭南荔枝所具有的丰富内容，还想通过已被遮蔽的事实回应历史上那些评品荔枝者的乡曲之论，从而抢回在荔枝竞争中的话语权。谭莹的自我认知是非常清楚的，诗中云：

巴图闽谱各搜奇，野客还矜绝妙词。东粤文章谁抗手，曲江赋后长公诗。（第五十四首）

白居易的《荔枝图序》和蔡襄的《荔枝谱》，一为蜀荔，一为闽荔，然而岭南荔枝文章有谁能够与之抗衡呢？答案当然是张九龄的《荔枝赋》和苏轼的荔枝诗歌。谭莹所写的组诗同样想继续为岭南荔枝在“文章”上张目。又如第五十九首云：

荔谱人人说太陈，亮功红写墨华新。老成今日伤凋谢，贬蔡针徐待粤人。自注云：闻温筼坡有《岭南荔枝谱》。

谭莹根据传闻下注，实际上温汝适并没有《岭南荔枝谱》一书。但他似乎更愿相信这个传闻是真的，在没有看到内容的情况下就以“贬蔡针徐”许之。这是专指荔枝谱录而言，谭莹本人的书写实践则可以说是在《荔枝词》创作中“贬蔡针徐”。由于温汝适实无此作，吴应奎后来“将错就错”，在五年之后，即道光丙戌（1826）年撰成《岭

① ［清］朱彝尊《题福州长庆寺壁》，《曝书亭集》曝书亭集卷六八题名，《四部丛刊》景清康熙本。

图 16　居廉《荔枝》。1853 年作，广州艺术博物院藏。

南荔枝谱》[①]，继承谭氏这种思想，这也意味着岭南地区在《荔枝词》和谱录上全面地从福建抢回了话语权。自宋代以来，荔枝闽优粤劣一直是主流的看法，而控制这个话语权的正是福建士人。透过这个现象，我们能察觉到，这已经不仅仅是荔枝本身的价值，而是荔枝所代表的地域文化竞争。在学海堂未成立之前，福建的学术文化发展一直比岭南地区快得多，其士绅阶层也更为深厚。阮元在道光元年写给陈寿祺的信中云："粤中学术故不及闽，近日生于书院中立学海堂，加以经史杂课，亦略有三五佳士。"[②]阮元在学海堂课试中出《岭南荔支词》一题是否为了让诸生从本土荔枝出发与福建一较高低，我们无法断定，但从他信中可以看到，阮元把广东的学术文化与福建放在一起对比，所得出的结论是以前不如，现在有了学海堂和"三五佳士"而稍微有

① 福建徐𤊹是先有谱，后有诗；而岭南是先有诗，后有谱。这也算是闽粤荔枝书写发展的一个有趣的差异。

② ［清］陈寿祺《左海文集》卷首，《续修四库全书》第 1496 册。

一点变化。通过对谭莹《岭南荔支词》的创作背景和意图的分析，阮元所说的变化就突出表现在谭氏这组诗中。荔枝话语权的争夺其实意味着闽粤地区学术文化的较量。阮元督粤带来了清代主流的汉学，学海堂的设立聚拢了一批广东士子，使广东的学术文化由宋学转向汉学，再次繁荣起来。

身处这个转折点的广东士人自觉承担起保存和弘扬乡邦文化的责任，谭莹一生就整理了许多岭南旧文献，所以他早年为岭南荔枝的地位正名，其实更能够被理解。

综上所述，从赵宋至满清，闽粤荔枝优劣之争一直是荔枝书写中的潜伏因素，也是清代岭南《荔枝词》创作得以熠熠生辉的催生剂。此间天枰的变动代表着闽粤文化发展的升降，也可以说闽粤荔枝的话语争夺是闽粤文化发展的晴雨表。

图 17　芭蕉树映槟榔林。王江红摄。

图 18　亭亭玉立槟榔树。王江红摄。

第四章　槟榔的文学书写

第一节　先唐槟榔文化及其书写

槟榔（Areca catechu L.），棕榈科槟榔属，热带乔木，枝干高耸，一般有10余米，最高可达30米，有明显的环状叶痕。叶簇生于茎顶，羽状复叶，狭长披针形。果实长圆形或卵球形，长3—5厘米，橙黄色。花果期3—4月。槟榔一词为马来语Pinang的音译，古籍中尚有许多别称，如宾门、宾郎、梹榔、槟根、槟楠……均是槟榔的一音之转。另又有仁频、洗瘴丹、螺果、锦郎、橄榄子、榔玉、青仔、国马等叫法[①]。

现存文献，槟榔的记载可追溯到汉代。司马相如《上林赋》云："留落胥邪，仁频并闾。"司马贞《史记索隐》引东晋徐广云："频，一作'宾'。"三国孟康注曰："仁频，棕也。"姚氏："槟，一名棕，即仁频也。"可见唐前尚无直云"仁频"即为"槟榔"。唐代颜师古注《汉书》，此条则明确为："仁频即宾桹也。频字或作宾。"缪启愉先生认为"仁频"是"爪哇语jambi的音译"[②]。另据《三辅黄图》记载，"汉武帝元鼎六年，破南越起扶荔宫，以植得奇草异木……龙眼、荔枝、槟榔、

① 参看［清］厉荃《事物异名录》卷三〇药材部下，清乾隆刻本。

② ［后魏］贾思勰撰，缪启愉校释《齐民要术校释（第二版）》，中国农业出版社1998年版，第740页。

橄榄……皆百余本。”[1]据此或可推断槟榔曾出现在汉武帝的皇家园林内，而为司马相如的《上林赋》所援据。但这个记载是否真实确切，还有待考古的坐实。

早期关于槟榔的著录多被收入南北朝时的《齐民要术》以及唐宋类书《艺文类聚》和《太平御览》中。学者通过比对，认为“对槟榔的记载突然增多的时期是孙吴到西晋初期，亦即公元3世纪中后期前后”[2]。首先是因为岭南的进一步开发，其次是魏晋博物学繁荣的后果。“在汉末人们逐渐了解到南方的异域与边缘有槟榔这么一种‘异物’，随着孙吴对交州的开发和控制以及海外交往的频繁，最早一批进入交州地区的士人开始将槟榔记入《异物志》一类记述‘异方珍奇’的书（引者按：薛莹《荆扬已南异物志》）。也随着吴人对交州地区的实际控制加强，张勃等人将《异物志》一类的记述转写入史书（引者按：张勃《吴录》），促进了有关槟榔的知识的传播。入晋以后，槟榔作为一种佳果在文学作品中（引者按：左思《吴都赋》）得到表达，这些文学作品的广泛传播推动槟榔这种‘异物’逐渐进入士人的生活。”[3]在魏晋时代，关于槟榔的记载脉络大致如此。以槟榔之名进入文学作品应推左思的《吴都赋》，此赋虽题为吴都，但所描写的物产则涵盖了整个南方，因此具有多识草木虫鱼以及方志的特殊功能。不过，与其他大赋一样，左思的描写也只是如点鬼簿般地著录，并没有进一步的拓展。值得注意的是，东晋俞益期在《与韩康伯笺》中对槟榔的欣

① 何清谷《三辅黄图校释》，中华书局2005年版，第208页。

② 郭硕《六朝槟榔嚼食习俗的传播：从“异物”到“吴俗”》，《中南大学学报（社会科学版）》2016年第1期。

③ 郭硕《六朝槟榔嚼食习俗的传播：从“异物”到“吴俗”》，第229页。

赏和书写，饱含情感，不失为一有特色的文学作品。其文曰：

> 槟榔，信南游之可观！子既非常，木亦特奇，云温（一本作“予在”）交州时度之。大者三围，高者九丈。叶聚树端，房构叶下，华秀房中，子结房外。其擢穗似黍，其缀实似谷。其皮似桐而厚，其节似竹而穊。其中空，其外劲。其屈如覆虹，其申如缒绳，步其林则寥朗，庇其荫则萧条。信可以长吟，可以远想矣！性不奈霜，不得北植，必当遐树海南，辽然万里。不遇长者之目，自令恨深。[①]

俞益期，生平阙载，其与韩康伯为同时人，故可定为东晋人。俞氏在交州见到奇特的槟榔树后，难以抑制心情的激动，遂写了一封书信为友人韩康伯介绍槟榔树的特征，并再三表达那种无法使友人同享眼福的遗憾。两个“信”字都足见俞氏对热带槟榔树的拜服，“可以长吟”正是槟榔文学书写的先声。韩康伯看到此信后的反应，我们不得而知，但槟榔树虽为热带奇景，无法北植，槟榔的果实却可以作为商品远销内地。魏晋时期关于槟榔的著录，大都提到嚼食槟榔的方法。这一习俗也在南北朝时逐渐风靡于贵族及道教徒之间。

学者已经注意到南北朝时社会嚼食槟榔之风，如任乃强《华阳国志校补图注》卷四附录《蜀枸酱入番禺考》云：“在汉魏时，岭南似已深染此俗，六朝时则已盛行于长江流域，至于朝廷以槟榔作赏赐，戚友以槟榔、扶留相馈遗，死者以必供此二物为遗嘱。”（分见宋《江夏王义恭传》，梁王僧孺《谢赐于陀利所献槟榔启》，与庾肩吾《谢

① ［后魏］贾思勰撰，缪启愉校释《齐民要术校释（第二版）》，中国农业出版社 1998 年版，第 737 页。

赍槟榔启》）[1]今人《六朝槟榔嚼食习俗的传播：从“异物”到“吴俗”》一文则是对任氏观点进行衍益，基本网罗了六朝时所有关于槟榔的记载，但存在过度阐释之嫌。今略作辨正。

槟榔的药用价值是其北传最重要的因素。西晋葛洪在《肘后备急方》曾列出所谓“葛氏常备药”，并言“自常和合，贮此之备，最先于衣食耳”，其中有“槟榔五十枚”[2]。而槟榔的药用在此书也多有记载，如“治卒胃反呕啘方”可以通过“多嚼豆蔻子及咬槟榔”[3]。在卷四“治卒大腹水病方”，槟榔也是其配药。根据这些，可以很好地解释南北朝许多关于槟榔的记载。如陶弘景《真诰》卷十八：

> 盐茗即至，愿赐槟榔，斧（引者按：指许翙）常须食。谨启。恒须茗及槟榔，亦是多痰饮意。故云：“可数沐浴，濯水疾之瘕也。”此书体重小异。今世呼父为尊，于理乃好。昔时仪多如此也。
>
> 四月十七日……玉斧言：有槟榔，愿赐。今暂倩徐沈出，至便反。谨启。[4]

《真诰》是道教典籍。他对槟榔的记载正好可以与葛洪呼应，代表当时道教徒对槟榔药效的利用。许翙需要常食槟榔，正是因为“多痰饮意”。据隋代巢元方《诸病源候总论》载：“痰饮者，由气脉闭塞，津液不通，水饮气停在胸腑，结而成痰。又其人素盛今瘦，水走肠间，

---

① 任乃强《蜀枸酱入番禺考》，《华阳国志校补图注》卷四附录，上海古籍出版社1987年版，第318页。

② ［晋］葛洪《肘后备急方》葛仙翁肘后备急方卷八，明《正统道藏》本。

③ ［晋］葛洪《肘后备急方》葛仙翁肘后备急方卷四，明《正统道藏》本。

④ ［日］吉川中夫等编，朱越利译《真诰校注》，中国社会科学出版社2006年版，第560页。

漉漉有声，谓之痰饮。其为病也，胸腹胀满，水谷不消，结在腹内两肋，水入肠胃，动作有声，体重多唾，短气好眠，胸背痛，甚则上气咳逆，倚息，短气不能卧，其形如肿是也。”[①]上言“水疾”正是水病、水肿，也就是痰饮的表现症状。魏晋南北朝是我国药物学迅速发展的阶段，人们对药物性能及其疗效都有全新的认识。当时的道教徒因为服食的需要，往往都精通中医药学，陶弘景就是如此，他另著有《本草经集注》，其中“槟榔”条言其性状、药效及品种甚明：

味辛，温，无毒。主治消谷，逐水，除痰，澼，杀三虫，去伏尸，治寸白。生南海。

此有三、四种：出交州，形小而味甘；广州以南者，形大而味涩，核亦大；尤大者，名楮槟榔，作药皆用之。又小者，南人名蒳子，世人呼为槟榔孙，亦可食。[②]

“消谷，逐水，除痰”正可与《真诰》所记相发明。由此可见，道教徒嚼食槟榔并没有像岭南那样具有一种习俗的意义，他们的着眼点是其药性。这种药性也极大地推动了槟榔在上层社会的流行。如《南史·刘穆之传》所载：

刘穆之少时，家贫诞节，嗜酒食，不修拘检。好往妻兄家乞食，多见辱，不以为耻。其妻江嗣女，甚明识，每禁不令往。江氏后有庆会，属勿来，穆之犹往。食毕，求槟榔，江氏兄弟戏之曰：“槟榔消食，君乃常饥，何忽须此？”妻复截发市肴馔，为其兄弟以饷穆之，自此不对穆之梳沐。及

① ［隋］巢元方《诸病源候总论》卷二〇，《影印文渊阁四库全书》本。

② ［南朝梁］陶弘景撰，尚志钧辑《本草经集注（辑校本）》，人民卫生出版社1994年版，第303页。

穆之为丹阳尹，将召妻兄，妻泣而稽颡以致谢。穆之曰："本不匿怨，无所致忧！"及至醉，穆之乃令厨人以金盘贮槟榔一斛以进之。①

刘穆之金盘贮槟榔一事是槟榔文学书写中最重要的一个典故，值得大书。这条记载并不见于南朝沈约所撰的《宋书》②，它的史源是南朝萧绎的《金楼子》。《南史》好采小说入书，此是一证。《金楼子》记载略与此不同，少了穆之与其妻子的对话，而多了与他兄弟的对话。

后穆之为宋武佐命，及为丹阳尹，乃召妻兄弟，设盛馔，劝酒令醉，言语致欢。座席将毕，令厨人以金柈贮槟榔一斛，曰："此日以为口实。"客因此而退。③

《南史》称江嗣女"甚明识"，除了禁止他不前往舅家求食外，另外一件就是她叩头谢罪，力图阻止刘穆之召江氏兄弟宴饮。然而，刘穆之口头上对她说不用担心，但等到吃完饭后，仍然用金盘献上槟榔。《南史》只是把这个举动叙述出来，刘穆之并没有什么额外的言语，可以说点到为止，也就是他向妻子保证的"本不匿怨，无所致忧"，但无声胜有声，食后用金盘贮槟榔进献，无不体现他对前事耿耿于怀。萧绎的《金楼子》则不同，他没有叙述江氏女求穆之事，而在献槟榔时，穆之说了一句："此日以为口实。"江氏兄弟因此讨了个没趣。"口实"一语双关，一是可以理解为"此物，日以为口实"，槟榔现在是我每天的食物；二是"此事，日以为口实"，这件事我每天都记

① ［唐］李延寿《南史》卷一五，中华书局1975年版，第427页。

② 《太平御览》引《南史》的记载，而误题为《宋书》，今人不察乃以为有别本《宋书》，不可不辨。见［宋］李昉等撰《太平御览》太平御览卷九七一果部八，《四部丛刊三编》景宋本。

③ ［南朝梁］萧绎《金楼子》卷六，清《知不足斋丛书》本。

着。所以，两种记载各有千秋，但都生动体现了刘穆之富贵发达之后的心理，所谓“富贵不归故乡，如锦衣夜行”。另外值得注意的是，槟榔在当时社会生活中充当了什么样的角色？有人引用关于刘穆之生活习性的记载，然后称：“由此看来，刘穆之在生活习惯上比较热衷于追求丰盛的食膳，故《南史》言其食后复索槟榔以食，似亦合乎其性。”[①]以生活习性来解释刘穆之索食槟榔终是未达一间。首先，这段记载早已说他“家贫诞节，嗜酒食”了，所以不用舍近求远。其次，最为关键的是槟榔是作为消食、消谷之物，是在饭后使用的。而刘穆之之所以能够索槟榔，也需要江氏兄弟家中常备此物。可见，槟榔在晋宋时仍是以其药效流行于社会之中，并不需要求之过深，以为求之妻家是依据“异俗”，而重视槟榔药效无疑是与葛洪以来道教徒的影响以及人们对中草药性状的认知有很大关系。

图 19　清代乾隆年间的剔红雕夔龙纹槟榔盒。

槟榔之所以能够在魏晋南北朝得到名士的青睐，我认为还有一个非常重要的原因，就是嚼食槟榔与魏晋风度的合拍。贾思勰《齐民要术》中引《异物志》云：

① 吴春秋《试论古典文学中的槟榔》，《海南大学学报（人文社会科学版）》2014 年第 3 期。

古贲灰，牡砺灰也。与扶留、槟榔三物合食，然后善也。扶留藤，似木防以（一作已）。扶留、槟榔，所生相去远，为物甚异而相成。俗曰：“槟榔扶留，可以忘忧。”[①]

关于槟榔嚼食的方法，还有许多方式，但基本都是以此三物相合为正。古贲除了指牡蛎（Ostrea）外，还包括蛤蜊（Mactra）、蚬（Corbicula）等，古贲灰就是把它们的贝壳洗净然后研成粉末或烧成灰而成的。扶留即蒌叶（Piper betle），又称荜拨，气热，味辛，也是南方所产。屈大均言：“凡食槟榔，必以蒌叶为佐，或霜雪盛，少蒌叶，亦必屑其根须。或以山蒌藤代之，而以蚌灰为使，否则槟榔味涩不滑甘，难发津液，即发亦不红。凡食槟榔，以汁红为尚，然汁不可吐，吐则无余甘。先忍蒌叶之辣，乃得槟榔之甘，槟榔之甘，生于蒌叶之辣。谚曰：‘槟榔浮留，可以忘忧。’言相须之切也。”[②]这个俗语最早见于贾思勰所引的《异物志》，但屈大均以“槟榔扶留”有夫妇相须之象来解释槟榔作为“聘果”的民俗现象就显得穿凿不经。谚语的本意大概是槟榔和扶留合吃，能够使人忘记忧愁。何以会如此呢？罗大经《鹤林玉露》云：“岭南人以槟榔代茶御瘴，其功有四：一曰醒能使之醉，盖食之久，则熏然颊赤，若饮酒然，苏东坡所谓‘红潮登颊醉槟榔’也。”[③]槟榔所含槟榔碱对中枢神经系统有一定的刺激作用，这也是使人眩晕的重要因素，而它所含的生物活性物质如生物碱鞣酸、多酚、儿茶素、胆碱等则有改善脑内血流量，增加心脏动

① [后魏] 贾思勰撰，缪启愉校释《齐民要术校释（第二版）》，中国农业出版社 1998 年版，第 764 页。

② [清] 屈大均《广东新语》卷二七草语，中华书局 1985 年版，第 697 页。

③ [宋] 罗大经《鹤林玉露》，《宋元笔记小说大观》第 5 册，上海古籍出版社 2001 年版，第 5320 页。

脉血流量，改善畏寒症状的效果[①]，则是两颊发红的原因，可见食用槟榔确实让人犹如醉酒一般，庾肩吾有“能发红颜，类芙蓉之十酒”句，此是东坡诗句所本。屈大均也说：“海南人有‘槟榔为酒，桄榔为饭’之语。”[②]均可为证。“槟榔扶留，可以忘忧”大约产生于汉魏时期。这个谚语产生的时代及其句式很容易让我们联想到另一句名言——“何以解忧，唯有杜康”（曹操《短歌行》）。喝杜康与嚼槟榔同样醉人，这也是它们能够使人忘忧的最大原因。而酒与魏晋风度、名士的关系早就被学者反复阐释，那么具有酒的意味的槟榔之所以能够在六朝士人中盛行是否也与此有莫大关系？我想是肯定的，嚼食槟榔尤其符合魏晋南北朝名士放浪形骸，任诞不羁的风度。前面所说的刘穆之，《南史》就称其“家贫诞节”“不修拘检”。而北齐那位因为“伪赏宾郎之味，好咏轻薄之篇，自谓模拟伧楚，曲尽风制”[③]而被削夺官爵的王昕，齐文宣帝高洋也觉得他“疏诞，非济世才”[④]。一南一北，都是嚼食槟榔符合魏晋名士风度的明证。

另外，北齐王昕显然更值得我们注意。由于受槟榔产地和运输的限制，六朝嚼食槟榔的风气肯定南盛于北，北人接触的时间显然也晚于江南，因此王昕能够赏味槟榔可以说是“开风气之先”。疏诞的性格是他喜欢模拟南朝士人，接受嚼食槟榔的重要原因。虽然王氏以槟榔获罪，但北朝没有禁止槟榔的传播。《三国典略》记载：

> 齐命通直散骑常侍辛德源聘于陈，陈遣主客蔡凝宴酬。

① 许丹《食用槟榔的安全风险分析》，中南林业科技大学硕士学位论文，2012年。
② ［清］屈大均《广东新语》卷二五木语，第630页。
③ ［唐］李延寿《北史》卷二四，中华书局1974年版，第884页。
④ ［唐］李延寿《北史》卷二四，第884页。

因谈谑，手弄槟榔，乃曰："顷闻北间有人为啖槟榔获罪，人间遂禁此物，定尔不？"德源答曰："此是天保初王尚书罪状辞耳，犹如李固被责，云'胡粉饰貌，搔头弄姿'，不闻汉世顿禁胡粉。"[1]

南朝人以啖槟榔自矜颇能说明六朝江南的风气，蔡凝对北人辛德源的发问，犹如今天西方列强以各种问题发难中国，充满着强大的优越感，但我们又不能否定其本身确有的基础。所以，蔡凝所代表的南朝，槟榔食用必定大盛而无禁。虽然北人也渐染此风，但由于南北交通的关系，大范围传播是没有多大可能的。因此，在北人看来，嚼食槟榔就成为一种南方印象，是南方人的特点。在《洛阳伽蓝记》中，杨元慎与陈庆之讨论南北正朔问题时，说："吴人之鬼，住居建康，小作冠帽，短制衣裳，自呼阿侬，语则阿傍。菰稗为饭，茗饮作浆，呷啜莼羹，唼嗍蟹黄，手把豆蔻，口嚼槟榔……"[2]口嚼槟榔流行于南朝士人之间，乃至成为一种地域标识，但这种风气只是一时，而且除了其药效之外，很大原因是迎合了魏晋以来名士的需求，并没有深厚的群众基础。所以随着南北的统一、门阀士族的衰落，江南地区嚼食槟榔也就销声匿迹。因此，嚼食槟榔只能看作一种兴起于六朝士族的风尚，而不能把它遽定为吴地习俗。

与此同时，由于槟榔在六朝士族之间受到重视，所以南方藩属国朝贡常用槟榔，而皇室也乐于以槟榔赏赐士族。这种举动具有连环的文化效应，因为士族在接收赠物时，出于酬酢的礼节，需要撰写"启"

① ［明］陈耀文《天中记》卷五二，《影印文渊阁四库全书》本。
② ［北魏］杨衒之撰，周祖谟校释《洛阳伽蓝记校释》，中华书局 1963 年版，第 107 页。

文来答谢。现存南朝文献中，有五篇与槟榔相关的“启”：刘义恭《谢赐槟榔启》、沈约《谢赐交州槟榔千口启》、王僧孺《谢赐干陀利所献槟榔启》、庾肩吾《谢赉槟榔启》和《谢东宫赉槟榔启》。在南朝的文学观念里，启文也属于一种文学，不过有其特殊的实用性而已。刘勰云：“启者开也……自晋来盛启，用兼表奏。陈政言事，既奏之异条；让爵谢恩，亦表之别干。必敛饬入规，促其音节，辨要轻清，文而不侈，亦启之大略也。”[1]可见，南朝谢赐槟榔的启文在文体内容上属于谢恩一类，其形式特点则表现为“文而不侈”，既简洁，又文采斐然。如王僧孺《谢赐干陀利所献槟榔启》云：

窃以文轨一覃，充仞斯及，入侍请朔，航海梯山，献琛奉贡，充庖盈府，故其取题在赋，多述瑜书，萍实非甘，荔葩惭美。（《艺文类聚》八十七）[2]

《南史》称干陀利国所产“槟榔特精好，为诸国之极”[3]，所以干陀利国所贡槟榔应比其他更好。从文中可以看出，槟榔在当时应为南方的常见贡品，而王氏还谈到“取题在赋”，也就是槟榔的文学书写的问题。“瑜书”应为“俞书”之误，指东晋俞益期《与韩康伯笺》。俞书谈道：“（槟榔）信可以长吟，可以远想矣！性不奈霜，不得北植，必当遐树海南，辽然万里。不遇长者之目，自令恨深。”这种遗憾在南朝士人看来已经不存在，因为槟榔对于他们来说是常见的，所以在槟榔的文学书写中，经常会引用俞益期这封书信，无非就是想矜夸其

---

① ［南朝］刘勰撰，范文澜注《文心雕龙注》，人民文学出版社 1958 年版，第 423 页。
② ［清］严可均辑《全梁文》，商务印书馆 1999 年版，第 545 页。
③ ［唐］李延寿《南史》卷七八，中华书局 1975 年版，第 1959 页。

易得。

另如庾肩吾的两篇启文：

> 形均绿竹，讵扫山坛。色譬青桐，不生空井。事逾紫奈，用兼芳菊。方为口实，永以蠲痾。（《谢赉槟榔启》）

> 无劳朱实，兼荔枝之五滋。能发红颜，类芙蓉之十酒。登玉案而上陈，出珠盘而下逮。泽深温柰，恩均含枣。（《谢东宫赉槟榔启》）[①]

虽然只是停留在咏物上，但已经具有沉思翰藻的特点。第一篇中“方为口实，永以蠲痾”是强调槟榔的药用性，第二篇“能发红颜，类芙蓉之十酒”则是槟榔如酒的体现。这两点正是我们上面所分析的槟榔在六朝流行的原因。

现存最早的以槟榔为题的诗歌为刘孝绰（481—539）《咏有人乞牛舌乳不付因饷槟榔诗》：

> 陈乳何能贵，烂舌不成珍。空持渝皓齿，非但汗丹唇。别有无枝实，曾要湛上人。羞比朱樱熟，讵易紫梨津。莫言蒂中久，当看心里新。微芳虽不足，含咀愿相亲。[②]

又如庾信（513—581）《忽见槟榔》，诗曰：

> 绿房千子熟，紫穗百花开。莫言行万里，曾经相识来。[③]

前两句是对槟榔树开花结果的描写，但庾信并没有南游的经历，所以这首诗应该不是他亲身见到槟榔树后所思所感。玩其词意，此诗

---

① ［清］严可均辑《全梁文》，商务印书馆 1999 年版，第 729 页。

② 逯钦立辑校《先秦汉魏晋南北朝诗》梁诗卷一六，中华书局 1983 年版，第 1838 页。

③ ［北周］庾信撰，［清］倪璠注《庾子山集注》，中华书局 1980 年版，第 381 页。

应作于诗人羁旅北朝时，忽见南方之槟榔，遂有“同是天涯沦落人”之感。庾信为庾肩吾之子，其父就常受皇室的赉赏，可见槟榔对于他来说就是南朝故物，所以说“曾经相识”。

综上所述，先唐的槟榔文化异常丰富。首先，槟榔的记载可追溯到汉代。早期关于槟榔的著录多被收入南北朝时的《齐民要术》以及唐宋类书《艺文类聚》和《太平御览》中。文学书写则以东晋俞益期的《与韩康伯笺》较为突出。其次，关于南北朝时士人嚼食槟榔之风。一方面是道教徒所强调的槟榔药用价值，另一方面则是嚼食槟榔与当时魏晋风度的合拍。由于南北交流的加强使槟榔向北传播更加广泛，嚼食槟榔则逐渐在当时士人社会中流行开来。南北朝时的槟榔文学书写虽然已经具备沉思翰藻的特征，但基本就是这种社会现象的反映。

第二节　唐宋以后的槟榔文化与文学书写

有学者称：“嚼槟榔风至隋唐时已经风靡于全中国。史文反少及之者，盖亦如布帛菽粟，既成生活寻常事物，则文士不记。仅可于州郡土贡与专记食货之文得之。元明以后，似曾遭到政府法禁，其风渐衰。近世，则全国不见此俗。”[①]这些判断并不准确，首先，六朝时江南地区嚼食槟榔只是士族间的一时风尚，唐宋以后随着南北的统一、士族的衰落而淹没不闻。由于槟榔树无法成功移植内地，所以槟榔依旧被当成异域风物。中唐以后，士人越来越强调“夷夏之防”，槟榔既

① 任乃强《蜀枸酱入番禺考》，《华阳国志校补图注》卷四附录，上海古籍出版社 1987 年版，第 318 页。

然无法移植中土内化为华夏文明的一部分，嚼食槟榔的习俗自然也无法深入士族的日常生活之中。另外，魏晋南北朝士人的任诞不羁和放浪形骸使他们更容易接受嚼食槟榔的习俗，一旦离开这种特定的社会环境，嚼食槟榔的风尚便没有存在的可能性。所以唐宋以降，嚼食槟榔逐渐与士人疏离，只有当他们来到岭南时，才会重新关注这个异俗。地域环境和风俗习惯的不同会给初来乍到的文人带来不一样的体验，他们对异俗的看法常常表现在诗文作品中，这也是槟榔文学书写的重要组成部分。

一般来讲，对待岭南嚼食槟榔的习俗，士人存在两种意见：第一是肯定和接受，入乡随俗；第二是批评和禁止，化民成俗。从科学的角度看，槟榔中的生物活性物质具有很多有益的药理效果，但第一次嚼食往往会引起流涎、呕吐和惊厥等症状，如果过多嚼食则会产生剂量依赖性，也就是上瘾。另外，喜欢与否本身就是一种个人主观性非常强的选择。也许第一次嚼食后，不符合口味，乃至产生梦魇，无法再次接受。而当嚼食槟榔成为爱好，有上瘾迹象，那么此物就不可须臾离开。下面略作论证。

首先，入乡随俗派。如罗大经《鹤林玉露》云：

> 岭南人以槟榔代茶，且谓可以御瘴。余始至不能食，久之，亦能稍稍。居岁余，则不可一日无此君矣。故尝谓槟榔之功有四：一曰醒能使之醉。盖每食之，则醺然颊赤，若饮酒然。东坡所谓“红潮登颊醉槟榔”者是也。二曰醉能使之醒。盖酒后嚼之，则宽气下痰，余酲顿解。三曰饥能使之饱。盖饥而食之，则充然气盛，若有饱意。四曰饱能使之饥。盖食后食之，则饮食消化，不至停积。尝举似于西堂先生范旂叟。曰：

"子可谓'槟榔举主'矣。然子知其功，未知其德，槟榔赋性疏通而不泄气，禀味严正而有余甘。有是德，故有是功也。"[①]

罗大经来岭南后，入乡随俗，逐渐喜欢嚼食槟榔，并概括出槟榔四功，而且还特意强调槟榔"赋性疏通而不泄气，禀味严正而有余甘"的德行。从单纯的咏物到比德意义的抉发，可以说是槟榔审美文化的一大进步。罗氏对待异俗并不抗拒，所以他才能够持一种欣赏的眼光，对槟榔有一个精到的认识。他的说法在后世槟榔书写中也有较大影响。现存的唐代文献，槟榔是以物象出现在为数不多的诗歌中。到了宋代，以槟榔为题材的文学作品才渐渐多起来，其作者主体主要是贬谪文人。入乡随俗派对待嚼食槟榔的异俗，一般都是从槟榔的药性出发，对这项活动有一个理性的认识。如苏轼《食槟榔》诗曰：

月照无枝林，夜栋立万础。眇眇云间扇，荫此八月暑。上有垂房子，下绕绛刺御。风欺紫凤卵，雨暗苍龙乳。裂包一堕地，还以皮自煮。// 北客初未谙，劝食俗难阻。中虚畏泄气，始嚼或半吐。吸津得微甘，着齿随亦苦。面目太严冷，滋味绝媚妩。诛彭勋可策，推毂勇宜贾。瘴风作坚顽，导利时有补。// 药储固可尔，果录讵用许。先生失膏粱，便腹委败鼓。日啖过一粒，肠胃为所侮。蛰雷殷脐肾，藜藿腐亭午。书灯看膏尽，钲漏历历数。老眼怕少睡，竟使赤眦弩。渴思梅林咽，饥念黄独举。奈何农经中，收此困羁旅。牛舌不饷人，一斛肯多与。乃知见本偏，但可酬恶语。[②]（"//"为笔者

① ［宋］罗大经《鹤林玉露》，《宋元笔记小说大观》第5册，上海古籍出版社2001年版，第5320页。

② 《全宋诗》第14册，第9523页。

为便于阅读所加的分段号，下同）

第一，他对嚼食槟榔并不反对，初尝之后觉得其滋味媚妩，这也鲜明体现出苏轼兼容并包的饮食思想。第二，苏轼对待嚼食槟榔活动是理性的，他认为槟榔应该当成一种中药，而不是一种普通的果品。所以嚼食槟榔应视个人需要而定，而不是把它当成一种日常活动。值得注意的是，他的这种理性认识是在“日啖过一粒”之后总结出来的。因此，苏轼既是入乡随俗者，又是一名理性批判者。后来人们来到岭南，之所以能够接受嚼食槟榔的活动，除了癖嗜之外，大部分是因为槟榔有所谓的“御瘴”作用。如朱熹《次秀野杂诗韵·槟榔》云：“忆昔南游日，初尝面发红。药囊知有用，茗盌讵能同。蠲疾收殊效，修真录异功。三彭如不避，糜烂七非中。”[①]岭外人踏入岭南后需要面对环境的挑战，嚼食槟榔就是一种应对挑战的选择，所以他们更看重槟榔的药用效果。第三，嚼食槟榔作为岭南的一种民俗，本地人对它的迷狂除了酷嗜之外，更多是一种地域认同、身份认同的表现。而外乡人初到此地，如果嚼食槟榔能够坚持下去成为一种嗜好，那仅仅说明槟榔符合他的口味而已。如陆继辂以槟榔喻蒋知让的诗歌，说：“非癖嗜，不能时时下咽也。”[②]就准确传达了食用槟榔的主观性。

其次是化民成俗派，由于口味的差别、习俗的冲突，他们大都持一种反对的态度。如：

南海地气暑湿，人多患胸中痞滞，故常啖槟榔，日数十口，以勃楼藤（引者按：扶留藤）洎蚬灰同咀之，液如朱色。程师孟知番禺，凡左右侍吏啖槟榔者，悉杖之，或问其故，

① 《全宋诗》第44册，第27534页。

② ［清］陆继辂《合肥学舍札记》卷一，清光绪四年兴国州署刻本。

曰我恶其口唇如嗽血耳。[①]

用扶留藤、蚬灰与槟榔三物合嚼，口腔内会产生大量红色液体，其表现就是黑齿红唇，而红色液体一般会跟着口中的残渣一起吐出，成为地上一景。这种现象在当时岭外的士大夫看来就是一种茹毛饮血的蛮俗，所以北宋程师孟来到岭南后，对于这种习俗，虽然没有明令禁止，但看到下属嚼食就杖打，已经鲜明地表现了他个人的倾向，从而在官僚系统杜绝任何可能的上行下效。又如范成大诗《巴蜀人好食生蒜，臭不可近，顷在峤南，其人好食槟榔，合蛎灰、扶留藤（一名蒌藤）食之，辄昏然，已而醒，快。三物合和，唾如脓血，可厌。今来蜀道又为食蒜者所薰，戏题》，同样是对"吐血"现象的厌恶，可与程师孟看法相参证。当时南方（主要为岭南）嚼食槟榔的风气非常兴盛，南宋周去非在《岭外代答》中云：

自福建下四川与广东、西路，皆食槟榔者。客至不设茶，惟以槟榔为礼……唯广州为甚，不以贫富、长幼、男女，自朝至暮，宁不食饭，唯嗜槟榔。富者以银为盘置之，贫者以锡为之。昼则就盘更啖，夜则置盘枕旁，觉即啖之。中下细民，一日费槟榔钱百余。有嘲广人曰："路上行人口似羊。"言以蒌叶杂咀，终日噍饲也，曲尽啖槟榔之状矣。每逢人则黑齿朱唇；数人聚会，则朱殷遍地，实可厌恶。客次士夫，常以奁自随，制如银铤，中分为三：一以盛蒌，一盛蚬灰，一则槟榔。交址使者亦食之。询之于人："何为酷嗜如此？"答曰："辟瘴，下气，消食。食久，顷刻不可无之，无则口

① ［宋］江少虞《新雕皇朝类苑》卷六〇，日本元和七年活字印本。

舌无味，气乃秽浊。”尝与一医论其故，曰：“槟榔能降气，亦能耗气。肺为气府，居膈上，为华盖以掩腹中之秽。久食槟榔，则肺缩不能掩，故秽气升闻于辅颊之间，常欲啖槟榔以降气。实无益于瘴，彼病瘴纷然，非不食槟榔也。”[①]

在周氏笔下，当时岭南地区全民嚼食槟榔的疯狂现象栩栩如生地展现出来。他是反对这一行为的，因为岭南人嚼食槟榔是为了辟瘴、下气和消食，而医生说槟榔对于避免瘴疠并没有多大的帮助。这一说法在元明清时得到许多人的响应，各家根据自己的实际经验，现身说法，如顾炎武《肇域志》：“或以炎瘴之乡，无此则饮食不化。然余携病躯入粤、入滇前后四载，口未能食锱铢，亦生还无恙也。大都瘴乡惟戒食肉，绝房帏，即不食槟榔，无害。渠土人食者惯耳。”[②]随着岭南的开发，明清时期岭南的整体环境已与唐宋有较大的区别，顾氏的论证是有漏洞的。不过他说出了另一个秘密，就是“食者惯耳”，也就是说嚼食槟榔是岭南一种传统习俗，它有深厚的文化积淀。这种行为的文化意义比实用意义要大得多，所以用嚼食槟榔的实际意义是无法解释这种民俗现象的延续的。上文已说，本地人的迷狂除了癖嗜外，更多的是地域和身份的认同，而外地人就仅仅只能说是口味问题。

来到岭南的士大夫们，当他第一次尝到槟榔时，真是五味杂陈。在槟榔文学书写中，这种描写是非常普遍的。如郑刚中的一首长诗，标题云：

《广南食槟榔先嚼蚬灰、蒌藤叶，津遇灰藤则浊，吐出一口，然后槟榔继进，所吐津，到地如血，唇齿颊舌皆红。

---

① ［宋］周去非撰，杨武泉校注《岭外代答校注》，中华书局1999年版，第235页。
② ［清］顾炎武《肇域志》卷四八，清钞本。

初见甚骇，而土人自若，无贵贱老幼，男女行坐咀嚼，谓非此亦无以通殷勤焉。于风俗珍贵，凡姻亲之结好，宾客之款集，包苴之请托，非此亦无以通殷勤焉。余始至，或劝食之，槟榔未入口，而灰汁藤浆隘其咽，嗽濯逾时未能清，赋此长韵。》诗曰：

海风飘摇树如幢，风吹树颠结槟榔。贾人相衔浮巨舶，动以百斛输官场。官场出之不留积，布散仅足资南方。闻其入药破痃癖，铢两自可攻腹肠。如何费耗比菽粟，大家富室争收藏。// 邦人低颜为予说，浓岚毒雾将谁当。蒌藤生叶大于钱，蚬壳火化灰如霜。鸡心小切紫花碎，灰叶佐助消百殃。宾朋相逢未唤酒，煎点亦笑茶瓯黄。摩挲蒳孙更兼取，此味我知君未尝。吾邦合姓问名者，不许羔雁先登堂。盘奁封题裹文绣，个数惟用多为光。闻公嚼蜡尚称好，随我啖此当更良。支颐细听邦人说，风俗今知果差别。// 为饥一饭众肯置，食蓼忘辛定谁辍。语言混杂常嗫嚅，怀袖携持类饕餮。唇无贵贱如激丹，人不诅盟皆歃血。初疑被窘遭折齿，又怪病阳狂嚼舌。岂能鼎畔窃朱砂，恐或遇仙餐绛雪。又疑李贺呕心出，咳唾皆红腥未歇。自求口实象为颐，颐中有物名噬嗑。噬遇腊肉尚为吝，饮食在颐尤欲节。酸咸甘苦各有脏，偏受辛毒何其拙。那知玉液贵如酥，况是华池要清洁。// 我尝效尤进薄少，土灰在喉津已噎。一身生死托造化，琐琐谁能污牙颊。[1]

同样是被本地人劝食槟榔，但郑刚中的反应及表现与苏轼大有不

① 《全宋诗》第 30 册，第 19118 页。

同。诗题先介绍了岭南嚼食槟榔之风，以及它在民俗应用的重要性。作者被贬岭南后，本地人就开始劝他品尝一下，但诗人只嚼了蚬灰和蒌藤叶，槟榔还未入口，就赶紧吐了出来，跑去漱口。这首诗前五句描写槟榔奇货可居，备受官场和富室的青睐。“邦人……风俗今知果差别”九句是亲闻，描写本地人的介绍和劝说，诗人因为好奇，所以这时的神态非常专注。“为饥……况是华池要清洁”十句是亲见，描写诗人在当地所看到的现象，“初疑”和“又疑”充分显示出作者当时对嚼食槟榔的心理困惑。但是作者并没有抑制住自己的好奇，而这个尝试也给他留下了永恒的心理阴影。这首长诗就是描写初食槟榔前前后后的特殊感受。如果说郑刚中嚼食槟榔只是让他想到了个人生死问题，那么李纲则是关注到夷夏之防的民族问题。如其《槟榔》诗所说：“当茶锁瘴速，如酒醉人迟。蒌叶偏相称，蠃灰亦谩为。乍餐颜愧渥，频嚼齿愁疲。饮啄随风土，端忧化岛夷。”[①]嚼食槟榔的行为使他担心自己与蛮夷同化，夷夏观念在槟榔文学书写的影响可见一斑。不过，由于岭南人对槟榔的巨大需求，槟榔的商业性越来越强。南宋周去非对当时的贸易和税收情况有一个大致的介绍，他说：“海商贩之，琼管收其征，岁计居什之五。广州税务收槟榔税，岁数万缗。推是，则诸处所收，与人之所取，不可胜计矣。”[②]既然商人和官府都能从中谋取利益，那么这种习俗就无法依靠士大夫的正统理念加以禁止和消除。事实上，元明清三代槟榔嚼食习俗一直都在岭南地区盛行，虽然有的士大夫不认同这种习俗，但大多有容忍的态度。如清代杨澹音《槟榔说》云：

① 《全宋诗》第 27 册，第 17738 页。

② ［宋］周去非撰，杨武泉校注《岭外代答校注》，中华书局 1999 年版，第 293 页。

试比诸烟名曰相思草，一得其味，辄不能离口，虽昏晕蹉跌，裂颅破额，犹声声唤好不绝，殊不思嘘吸入腹，身颤体麻，自谓快矣。呵喷及人，无不掩鼻，惟槟榔之为气也，亦然。然而习俗移人，贤者不免，若欲全然禁止，恐或未能。第吏书则于佥押时，衙役则于禀话时，暂闲一刻之嗑牙，庶免上人之蹙额，至于门子尤宜体贴……本县之于物理，往往细心体察，非止恶人口臭而迁罪于槟榔也。尔民能信而戒之，为益多矣。[①]

凌铭麟评曰："拟之吸烟，甚是酷肖；指出病源，更见婆心。非止憎其秽气触人，实欲望其共跻仁寿，但恐粤人相沿，已成锢习，不能信困苦口之言耳。"这篇应用类的公文虽收在《律例指南》的禁论类内，但其内容是作者本人在岭南地区观风察俗，有切身体验之后，对本县人民循循善诱，以期达到化民易俗的效果，他的方式是温和的，并没有像程师孟那样蛮横粗暴地对待异俗。而且，他的这种看法以及处理方式在古代士大夫中更具普遍性。

综上所述，唐宋以后随着南北的统一、士族的衰落，江南地区的士人之间已不再流行嚼食槟榔。只有当他们重新踏入岭南，他们才会重新关注这个异俗。一般来讲，对待嚼槟榔有两种不同的看法，大致分为入乡随俗派和化民成俗派。前者对异俗持开放的心理，能用理性的态度看待。后者则由于夷夏、口味之别，拒绝认同，而企图开化民众。这两种感受在文学书写中有鲜明的表现，也是了解唐宋以来槟榔文化的一个重要切入点。

---

① ［清］凌铭麟《律例指南》卷一五，清康熙二十七年刻本。

图 20　双榕镇庙。陈灿彬摄。按：图 20—23 均是笔者家乡广东潮州的榕树。

图 21　独榕成荫。陈焕彬摄。

图 22　榕须冉冉。陈焕彬摄。

图 23　独榕荫庙。陈焕彬摄。

第五章　榕树的文学书写

第一节　榕树名实考

榕树（Ficus microcarpa Linn. f.），桑科榕属，南方著名乔木。“榕”字后起，不见《说文解字》等早期字书。由于松榕两字相通，所以在后世产生许多不必要的混淆。明代张自烈在其《正字通》力主“榕松名实各别。《说文》‘松或从容，作寨。’后人误合为一”。在“榕”字条又云：“据诸说，‘寨’非‘枀’、‘寨’明甚。自《说文》误云：松或从容，寨为松重文。后人承讹。”[①]东汉许慎的《说文解字》没有收录“榕”字，却有“松”“寨”，两字是相通的。张自烈证明“寨”和“松”并非一物，似乎想强调寨树（即后来的榕树）在东汉已经进入人们的视野。但是，这一说法并没有太大的说服力。《说文解字》对“容”“松”“寨”三字的解释分别是：“宊：古文容。从公”“松：松木也。从木公声”“寨：松或从容”。段玉裁在“寨”字下注云：“容声也。此如颂同字。”[②]也就说“容”“公”作为声旁时可以互相替换，这也是造成异体字产生的原因。后世认为榕（寨）与松名实有别，只

---

① ［明］张自烈《正字通》卷五，清康熙二十四年清畏堂刻本。

② ［汉］许慎撰，［清］段玉裁注《说文解字注》，上海古籍出版社 1981 年版，第 247 页。

不过是时代变迁造成的误解。所以并不能以今律古，认为东汉之“窠”就是指榕树，甚至认为“窠”字在传抄时，衍生成“容木”，以此来附会“榕”字的产生[①]。

另外，榕，又作榷。宋代严有翼《艺苑雌黄》曾对此发出质疑，其云：“比观余襄公靖诗：‘有语嫌双燕，无虞羡大榷。’注云：‘横阴数亩，斤斧不加。’正说此木。又用榷字。按字书：槗榷，木中箭笴。似非此榕，岂襄公之误欤？”[②]“榷”字指榕树，即导源余靖（1000—1064）《和伯恭殿丞游西蓉山寺》“有语嫌双燕，无虞羡大榷”，西蓉山寺即在今广东韶关芙蓉山，他对“榷”的注释使人马上联想到榕树，而且本意也确指榕树。那么，严氏的怀疑有没有道理呢？在此之前《重修广韵》对榷的解释确实只有“槗榷，木中箭笴”[③]。可见余靖有很大可能是误用。究其原因，就是因为榕与榷两者的中古音是相同的（在今天的粤音仍然相同），所以余靖用榷来指榕，此后相沿成习，“榷”字遂有榕树之义，由于榕音后来发生变化，榷字的就多了［róng］的读法。现存程师孟（1015—1092）的《植榷》：“三楼相望枕城隅，临去重栽木万株。试问国人行往处，不知还忆使君无。”其诗题是后

① 韩琴《福州榕文化新探》（《闽江学院学报》2006年第4期）认为在福州音，榕与松读音相同，遂断论《南州异物志》所载“榕木”就是“容木”，也就是“窠”字的误衍，并以此指出《南州异物志》所载榕木为福州榕树。按：此说不经。明代谢肇淛《五杂俎》卷一〇：“（榕），闽人方言亦谓之松。按松字，古作窠，则亦与榕通用矣。”可见福州音中“榕”与“松”读法相同，但是准确来说，它只能指“松”。而福州音中“榕”字也有另外一个音［yōng］，与潮汕话和粤语非常接近，这才是榕的中古音，也就是指榕树，而不是松树了。福州话用“松”音来称呼榕树之榕，只不过是世代沿袭，约定俗成了。学理上，用［yōng］比较准确。

② ［宋］胡仔《苕溪渔隐丛话后集》卷一一，清乾隆刻本。

③ ［宋］陈彭年《重修广韵》卷一，《四部丛刊》景宋本。

人根据梁克家《三山志》土俗物产类“樠”字条[①]的著录拟定的，梁氏在书中提到别人认为宜以榕名，但他显然没有接受这种说法，而是以“樠”著录。这也就导致了程师孟的诗题为《植樠》而非《植榕》。

关于榕树，现存文献中最早的记载可以追溯到三国吴震的《南州异物志》：“榕木，初生少时，缘榑他树，如外方扶芳藤形，不能自立根本，缘绕他木，傍作连结，如罗网相络，然彼理连合，郁茂扶疏，高六七丈。”[②]由于吴震所描述的榕木，初生时无法自立，是附生在其他树上，并有攀援、缠绕、绞杀的现象，所以缪启愉认为这种榕木是榕属无花果亚属的某些种，并非我们通常所说的榕树（Ficus microcarpa）。闽粤地区常见的榕树是大乔木，冠幅广展，荫庇范围大，枝干生有气根，多而下垂，着地复生成支柱根，其果实成熟时呈黄色或微红色，味甜，鱼鸟喜食。树皮纤维可制鱼网和人造棉；气根、树皮和叶芽作清热解表药；树皮可提栲胶等实用价值。唐宋以降，文献对榕树的著录描写始多，但认识大多不够全面。

第二节　贬谪视野：榕树文学书写的开启和发展

本节以贬谪的视野，选取几个经典的榕树意象，旨在探讨榕树文学书写的开启和发展。

一、榕叶莺啼

榕树真正进入文学视野是在中唐。清代宋长白云：“闽粤之间，

① ［宋］梁克家《（淳熙）三山志》卷四二土俗类四，《影印文渊阁四库全书》本。
② ［后魏］贾思勰撰，缪启愉校释《齐民要术校释（第二版）》，中国农业出版社 1998 年版，第 853 页。

其树榕，有大叶、细叶二种，纷披轮囷，细枝着地，遇水即生，亦异品也。前人取为诗料，始于柳子厚‘榕叶满庭莺乱啼’。”[①]榕树入诗始于柳宗元《柳州二月榕叶落尽偶题》，诗曰：

图24　章士钊，行书柳宗元《柳州二月榕叶落尽偶题》。水墨，纸本。

① ［清］宋长白《柳亭诗话》卷二三，清康熙天茁园刻本。

宦情羁思共凄凄，春半如秋意转迷。山城过雨百花尽，榕叶满庭莺乱啼。

此诗作于元和十一年春——柳氏被贬柳州次年。清代王尧衢曰："子厚之刺柳州，虽非坐谴，然边方烟瘴，则仕宦之情与羁旅之思，自觉含戚而可悲。羁人最怕是秋，今春半而木叶尽落，竟如秋一般，使我意思转觉迷乱。"[①]岭南气候不常，诗人睹物伤秋，贬谪之情思于满庭榕叶和啼莺声中兀然见之。刘永济云："此诗不言远谪之苦，而一种无可奈何之情，于二十八字中见之。"[②]在柳宗元手里，作为殊方异物的榕树，成为感发其情感的媒介。但他只注意到榕叶，而不是榕树其他常见的优点。诗人在柳州的第一个春天，偶然见到风雨过后，百花凋落，榕叶狼藉的景象——这种只有秋天才有的现象，如何不使"秋来处处割愁肠"的他三致意焉？这首诗情景凄伤，自不可堪，极具柳氏体性。"榕叶满庭莺乱啼"一句更是传诵不衰。南宋林希逸看到友人春谷寄来的《榕桥精舍》二十四首诗时，曾戏称道"春谷因榕费苦吟，为怜夹道绿阴阴"，最后追溯榕树文学书写的渊源时，又说："北客未知题咏少，南州莫向字书寻。莺啼庭叶曾留句，独有河东柳赏音。"因榕费苦吟，足以说明宋代文人，尤其是闽粤本土文人对榕树的关注与书写。另外，唐宋时期"北客"的题咏又大多集中在贬谪文人身上，毫无疑问，这个传统是由柳宗元奠定的。

柳宗元《柳州二月榕叶落尽偶题》诗中关于榕树的书写在后世不乏回响，这条接受和诠释的脉络也体现了榕树书写在贬谪视野中的变化。下面略作分析。

---

① 王安国《柳宗元诗笺释》，上海古籍出版社 1993 年版，第 336 页。

② 王安国《柳宗元诗笺释》，第 336 页。

苏轼《次韵江晦叔兼呈器之》诗曰：

横空初不跨鹏鳌，但觉胡床步步高。一枕昼眠春有梦，扁舟夜渡海无涛。归来又见颠茶陆，多病仍逢止酒陶。笑说南荒底处所，只今榕叶下庭皋。（《全宋诗》，第14册，第9585页）

器之即刘安世，元符末年，宋徽宗大赦天下，苏轼和刘安世都获赦北还，两人相遇于虔州（今江西赣州），同样的经历使两人一见如故，相交甚欢。这首诗就是作于两人滞留虔州时，诗中的“颠茶陆”和“止酒陶”都是指刘安世，“笑说南荒底处所，只今榕叶下庭皋”正传达两人共同获赦后喜悦的心情。这一句化用了柳宗元“榕叶满庭莺乱啼”，所以苏轼此诗的写作时间可以确定是在二月。另外他化用的高明之处还在于以其旷达之情消解了柳诗中的愁苦。虽然作者已经获赦不再是谪官，但“笑说”二字提纲挈领，回首往事，都付笑谈中，胸怀何等超迈。同样是写榕叶声音，苏轼是“急雨萧萧作晚凉，卧闻榕叶响长廊”（《连雨江涨二首》其二），可谓“不喜亦不惧”，迥异于柳宗元。苏轼对待贬谪的态度在宋代是具有代表性，也是宋代贬谪文化与唐代的差别。又如郑刚中《辛未中春旦极热流汗暮而风雨如深秋》诗云：

起来流汗对朝曦，暮雨如秋意转迷。信是岭南秋半景，不须榕叶乱莺啼。（《全宋诗》，第30册，第19106页）

其自注云：“柳子厚有‘春半如秋意转迷’，及‘榕叶满庭莺乱啼’之句。”可见诗人也是对它进行了翻新。岭南一日之中，四季均备，正不须榕叶莺啼，郑诗充满了宋人的理性之光，所谓“以筋骨思理取胜”。面对恶劣环境，诗人能够进行心理调节，用理性战胜一切。这是唐宋之别。

值得一提的是，到了清代，胡宽《送郑东谷之任广东》诗云：

> 一官新拜岭南行，多少山程共水程。驿路梅花残雪尽，岐亭杨柳晓烟轻。文犀大贝来殊俗，独鹤孤琴识宦情。想到羊城春正好，满庭榕叶听流莺。①

明清岭南地区的发展，不但不用像柳宗元那样愁思满纸，而且也不用像宋人那样用理性筑造心理防御机制。羊城春好，榕下听莺，何等惬意。作者化用柳宗元的诗句，但情感完全走向柳宗元的对立面。“穷苦之言易好，欢愉之辞难工”，其艺术感染力自然远比不上柳氏，但如果放在对“榕叶满庭莺乱啼”的接受过程来看，胡宽此诗自有其诠释价值——榕树文学书写与地域文化的起伏升降密切相连。

综上可以看出，榕树入诗始于柳宗元，其开创的“榕叶听莺”意象，自唐代以来，随着文人心态的变化，地域文化的发展，所代表的情感内涵也不断衍变。

二、榕下维舟

远在先秦时代，就存在一种树因人彰的现象。《诗经·召南·甘棠》云：“蔽芾甘棠，勿剪勿伐，召伯所茇。蔽芾甘棠，勿翦勿败，召伯所憩。蔽芾甘棠，勿翦勿败，召伯所说。”朱熹在《诗集传》云：“召伯循行南国以布文王之政，或舍甘棠之下。其后人思其德，故爱其树，而不忍伤也。”②召伯南行施惠，有仁政贤德，后人为表纪念，就对他曾经憩息过的棠梨树爱护有加。树木不经人为破坏，往往可以几经沧桑，有极强的绵延性。人们选择古树来纪念贤人，正是基于此种考虑。这个有趣的文化现象，同样也发生在榕树身上。因为榕树同样可以穷年累世，饱历风霜，王建诗云“檐外老榕知几岁，亭亭孤立傲风霜”

---

① ［清］沈季友《槜李诗系》卷一〇，《影印文渊阁四库全书》本。

② ［宋］朱熹集注《诗集传》，中华书局2011年版，第12页。

是也。那么，关于榕树的这个文化现象是如何产生的呢？

明代彭大翼《山堂肆考》“山谷维舟”条云：

> 《南轩文集》：昔黄山谷南迁，维舟榕树下，后人为作榕溪阁。[1]

黄庭坚与榕树极有渊源，他曾在泸州宝山之址，见到古榕树盘结如龙，有感而为其题曰“木龙岩”[2]。“山谷维舟”则是发生在他南贬广西，途经桂林时。山谷于崇宁二年（1103）因“幸灾谤国”的罪名被贬广西宜州，这使他有机会途经桂林（次年五月到达），当时他是由水路登陆桂林城的，由于系缆溪边榕树，后来成就了“榕下维舟”这个经典意象。黄庭坚在桂林停留了几日，只留下一首诗，并没有提到这棵榕树，但后人为了纪念他，就在榕树旁边建了一座榕溪阁。南宋刘克庄云：“榕声竹影一溪风，迁客曾来系短篷。我与竹君俱晚出，两榕犹及识涪翁。”两榕识面，今人识榕，正是后人依榕建阁之意。上引《南轩文集》的作者就是南宋张栻，他有《题榕溪阁》一首，对此事有所记载：

> 寒溪澹容与，老木枝相樛。其谁合二美，名此景物幽。太史昔南骛，于焉曾少休。想当下榻初，清与耳目谋。品题得要领，亦有翰墨留。// 我来访遗址，密竹鸣钩辀。稍令旧观复，还与佳客游。树影散香篆，水光泛茶瓯。市声不到耳，永日风飕飕。所忻簿书隙，有此足夷犹。// 平生丘壑愿，如痼不可瘳。虽知等喧寂，终觉静理优。更思濯沧浪，榕根浮小舟。
>
> （《全宋诗》第45册，第27888页）

---

① ［明］彭大翼《山堂肆考》卷二三六补遗，《影印文渊阁四库全书》本。
② ［清］张英《渊鉴类函》卷四一六木部五，《影印文渊阁四库全书》本。

前五句写黄庭坚榕下维舟之事，接着五句描写榕溪阁现在之景，最后三句抒发作者个人情感。太史即黄庭坚，因朝廷党争而南迁广西，泛舟榕溪，系缆榕根，其情其景，极具清幽。“翰墨”指黄庭坚《到桂州》一诗，云：“桂岭环城如雁荡，平地苍玉忽嵯峨。李成不在郭熙死，奈此百嶂千峰何。”张栻在淳熙元年（1174）起知静江府，由诗中可见，榕溪阁经过几十年的变迁，也只剩下遗址而已。张栻使其稍复旧观，公事之暇，与宾客游宴其中，集中还有《和正父游榕溪韵》，这正是他“丘壑愿”的体现。由于张栻也是受人排挤而来到广西，史载其“在朝未期岁，而召对至六七，所言大抵皆修身务学，畏天恤民，抑侥幸，屏谗谀，于是宰相益惮之，而近习尤不悦。退而家居累年，孝宗念之，诏除旧职，知静江府，经略安抚广南西路”[①]，所以他对黄山谷“榕根浮舟”所表现出的清逸非常向往，这其实就是一种“同是天涯沦落人”的自我体认。张栻对榕溪阁的题咏，引来了许多文人的步韵唱和，如吴儆《次韵南轩先生榕溪阁阁山谷所名也》、杨万里《丁酉初春和张钦夫榕溪阁五言》等；这使榕溪阁的地位和名气大大提升。吴儆诗曰：

绍圣用事臣，党与纷相樛。当代几忠良，一朝咸黜幽。太史坐直笔，愈黜名愈休。消长关否泰，天意匪人谋。累臣谁司城，独为景物留。当时西复南，万里不停辀。// 谁知百年定，欲起九京游。积莽新陈迹，寒泉荐冰瓯。想当千骑临，水木寒萧飕。我公今伊傅，兹焉少夷犹。炎方凋瘵余，公来今已瘳。// 榕溪两甘棠，千载谁劣优。太史后凋松，公如巨川舟。（《全宋诗》第38册，第24061页）

① ［元］脱脱等撰《宋史》卷四二九，中华书局1985年版，第12773页。

图 25　黄庭坚系舟处。网友神行无边摄。

史载张栻“斥异端，毁淫祠，而崇社稷山川古先圣贤之祀，旧典所遗，亦以义起也”[①]，他重修榕溪阁的本意并非只是想建造一个可供游玩的场所，简单地满足其“平生丘壑愿”而已，他更想在同样遭受党争之累的先贤黄庭坚身上找到某种精神慰藉。这一隐晦的用意在吴儆诗中充分展示了出来。两宋党争背景下，黄庭坚与张栻在桂林榕溪阁这个具体空间上遥相呼应。千载之后，后人登临此阁，孰优孰劣，自必如吴儆所说山谷如不凋松，南轩为巨川舟矣。曾丰《至榕溪阁览黄》曾有“精庐千古迹，乐石两公题。造物生贤意，宁图到广西”的感叹，

① ［元］脱脱等撰《宋史》卷四二九，第 12775 页。

正是榕溪阁作为沟通被贬直臣的纽带所具有的文化意义。

三、榕阴默坐

南宋胡梦昱《榕阴图》诗曰：

> 古人遗直今人是，肯效乡原事踽凉。不把危言陈北阙，因何着脚到南荒。排奸斥佞风霜手，耐冷禁寒铁石肠。赢得榕阴浓密处，忘言默坐对炉香。（《全宋诗》第57册，第35973页）

据胡大用《题榕阴图》序云：“伯父竹林先生，因济邸狱贬象郡。其在贬所，尝坐榕阴对炉薰赋咏自适，大端弟笔以成图久矣。今上嘉其忠烈，赐谥刚简。岂胜存殁之光，亟欲镵此图以贻无穷，顾力有所未逮。”[①]可知《榕阴图》为胡大端所画，他曾在贬所亲见胡梦昱坐在榕阴之下啸咏自若，但由于绘画不能把坐与咏更好地结合在一起，所以该图所描绘的景象主要是其在榕阴之下，默坐忘言。如果说泽畔行吟，必然是颜色憔悴，形容枯槁的话，那么焚香清坐，得意忘言，则是一种处变不惊、泰然自若的境界：这正是胡梦昱在贬所中所努力达到的。

嘉定十七年（1224），宋宁宗病死，史弥远矫诏拥立理宗，废除原本的皇位继承人赵竑——济王。宝庆元年（1225），因“湖州之变”——湖州渔民潘壬等人拥立济王，史弥远趁机派人毒死他。“济王之死”便成为理宗朝政治斗争的焦点，如幽灵般挥之不去。“济王不得其死，识者群起而论之，而弥远反用李知孝、梁成大等以为鹰犬，于是一时之君子贬窜斥逐，不遗余力云。”[②]“一时之君子”大多是当时的理学家集团，胡梦昱就身预其中。胡梦昱（1185—1226），字季昭，号

① 《全宋诗》第62册，第39275页。

② ［元］脱脱等撰《宋史》卷四一四，中华书局1985年版，第12418页。

竹林愚隐。据《齐东野语》“巴陵本末”条载：“大理评事庐陵胡梦昱季晦，应诏上书，引晋申生为厉，汉戾太子，及秦王廷美之事，凡万余言，讦直无忌，遂窜象州，翁定、杜丰、胡炎，皆有诗送之……竟殁于贬所。”[①]方大琮评他所上奏疏曰：“胡梦昱一疏，尤为恻怛；贯穿百代之兴亡，指陈天人之感应，读之使人流涕。”[②]胡梦昱写作《榕阴图》的背景大致如此，如诗中所讲他对自己的忠直无怨无悔，而且对古人的遗直和进取非常认同，并不肯像乡愿一般圆融处世，也不愿像狷者那样有所不为。战斗到底，顽强抵抗的他当时只求一死[③]，贬谪对他来说还不算最差的结果，所以说“赢得榕阴浓密处”。作者在榕树之下，“忘言默坐对炉香”，更体现出一种明理见道的精神超越。“坐忘”是极具庄禅意味的。李泽厚曾云：“中国哲学所追求的人生最高境界，是审美的而非宗教的……慷慨成仁易，从容就义难。如果说前者是怀有某种激情的宗教式殉难，固然也极不易；那么后者那样审美式的视死如归，按中国标准，就是更高一层境界了。”[④]李氏这段话可以完美地诠释胡梦昱上言直谏和榕阴默坐这两件事情及其所代

---

① ［宋］周密《齐东野语》卷一四“巴陵本末”条，中华书局1983年版，第253页。

② ［宋］周密《齐东野语》卷一四“巴陵本末”条，第255页。

③ 王夫之《宋论》卷一四：“济王竑之死，真、魏二公力讼其冤，责史弥远之妄杀，匡理宗以全恩，以正彝伦，以扶风化，韪哉其言之也！弗得而訾之矣。虽然，言之善者，善以其时也，二公之言此也，不已晚乎？”王夫之虽然批评真德秀、魏了翁等人言之晚也，不能见微知著，但对他们的气节是持钦佩态度的。理宗朝，理学家所争的济王名分问题，在后代看来似乎是揪着不放的小题大做，并因此来否定当时理学家所作所为——这是缺乏“了解之同情”。笔者以为，这些细枝末节的问题正是理学家信仰的根基，为信仰献身，正是宋人气节的体现。胡梦昱的价值正在于此！

④ 李泽厚《中国古代思想史论》，生活·读书·新知三联书店2009年版，第226页。

表的境界。另外，榕下默坐与释迦摩尼选择在菩提树下悟道有异曲同工之妙。而且，榕树本来就是菩提树的近亲。胡梦昱的选择也许有此微意，但不必求之过深。总之，榕树与晚年被贬的他有极密切的关系，榕下默坐是一种“审美式的视死如归”，一片榕阴使他获得了一份见性成人的从容。

这幅《榕阴图》一直保存在胡梦昱的子孙中，据胡震雷《追和叔祖自述韵》序载：“伯祖刚简公《榕阴图》，先君肯堂翁（胡大用）常欲镵石，因循至今。一日，震雷从家弟震载观，则名公巨笔，联编盈轴，益知我公大节，起敬慕于易世之未歇者如此。虽名光史册，而图不多见，不得无余恨，乃追和自述，并名笔勒之石。”是知此图有刻石流传，惜今不见。

四、结语

明代文人高启曾云：“自古南荒窜逐过，佞臣元少直臣多。”在贬谪的历史语境下，直臣总是占据多数。榕树的文学书写滥觞于柳宗元，他与苏轼、郑刚中等人关于榕叶莺啼的观照显示出唐宋文化的区别；而到了清代胡宪笔下，这个图景更变成了欣悦可喜，贬谪的意味不复存在。三类书写所传达的情感内涵不但体现了文人心态的变化，而且也意味着岭南地区在不断发展：随着时代的推移，它已经不再被人视为畏途。另外，在两宋的党争背景下，榕溪阁的兴衰与黄庭坚、张栻等人的名字联系在一起，“榕下维舟”的经典意象依靠植物景观被建构起来，贬谪文人不断在这个空间里找到与前贤的共鸣。最后，胡大端所画的《榕阴图》给我们展示了胡梦昱在雷州贬所榕下默坐的气象。通过对其生平和题诗的解读，这一行为是富含生命精神和美学意味的。总之，在贬谪视野下的三个经典意象是榕树文学文化史的重要构成部分，他们所观照和开发的榕树，更具有历史价值和文化意义。

第三节　榕树书写中的儒道思想及其文化价值

一、榕树与儒道思想的结合

在榕树的文学书写史上，真正对榕树的功用及其所蕴含的思想价值进行抉发的是李纲的《榕木赋》。此前有关榕树的文学创作，虽然有柳宗元、苏轼等大作家的参与，但由于抒情诗的局限，榕树大多只是作者起兴的媒介，因此对榕树的观照远远不够全面，如柳宗元只注意到了榕叶。李纲则重新选择一种表现力更强的文体——赋，来对榕树进行全面的铺陈描写。“诗缘情而绮靡，赋体物而浏亮”，由于赋体的内在体制要求，李纲的《榕木赋》也与此前的榕树书写大异其趣。

闽广之间多榕木，其材大而无用。然枝叶扶疏，芘荫数亩，清阴人实赖之，故得不为斧斤之所翦伐。盖所谓无用之用也。感而为之赋其辞曰：

南有巨木，其名曰榕。下蟠据于厚地，上荡摩于高穹。雨露之所霶润，雷霆之所震耸，日月之所照烛，乾坤之所含容，与众木均。

夫何赋形禀气之独不同也？

尔其擢干敷条，轮囷离奇，结根植本，拳曲臃肿。口鼻百围之窍穴，龙蛇千尺而飞动。仰视俯察，何规矩绳墨之不中也！高明之丽，非栋梁之资；斲削之工，非俎豆之奉。以为舟楫则速沈，以为棺椁则速腐，以为门户则液，以为楹柱则蠹。薪之弗焰，无爨鼎之功；燎之弗明，无爝火之用。盖枵然之散木，徒万牛之嗟重。宜匠石之不顾，同栎社而见梦。

然而修枝翼布，密叶云浓。芘结驷之千乘，象青盖之童童。夏日方永，畏景驰空，垂一方之美荫，来万里之清风。靓如帷幄，肃如房栊。为行人之所依归，咸休影乎其中。故能不夭斧斤，棓击是免。虽不材而无用，乃用大而效显。异文木之必折，类甘棠之弗翦。立乎无何有之乡，配灵椿而独远。不然则雁以不鸣而烹，漆以有用而割，犀象以齿角而毙，樗栎以恶木而伐。处夫材与不材之间，殆未易议其优劣也[①]。

在李纲之前，榕阴庇人早已得到人们的关注，如北宋程师孟“榕阴落处宜千客”，程氏出任福州郡守时曾命本地人多植榕树，正是注意到榕树这个显而易见的优点。他离开时有诗曰：“三楼相望枕城隅，临去重栽木万株。试问国人行往处，不知还忆使君无。”“国人行住处”正是指榕阴。另如郭祥正“老榕交阴不透日，客袂生寒冰雪洗”“榕阴缺处见西山，步遍墙阴落照间”“深沈榕叶遮烦日，浩荡风头驾晚潮”等都是精彩的描写。李纲同样也注意到榕树这个优点，而且还先突出了其“材大而无用”的缺点。他在赋序中明确表明《榕木赋》所要阐发的中心思想是榕树的无用之用。整篇赋其实就是围绕这一点进行铺张。他是第一个对榕树“无用之用”这个特征进行文学书写的人。在题为嵇含的《南方草木状》“榕树”条云：“树干拳曲，是不可以为器也。其本棱理而深，是不可以为材也。烧之无焰，是不可以为薪也。以其不材，故能久而无伤。其荫十亩，故人以为息焉。”[②]但现存的《南

① 曾枣庄、刘琳主编《全宋文》第169册，上海辞书出版社2006年版，第26页。
② 《南越五主传及其他七种》，广东人民出版社1982年版，第62—63页。

方草木状》已被学者多方质疑，缪启愉认为它是由后人根据类书和其他文献编造，其时间当在南宋（见第一章）。在此之前，文献上关于榕树的著录，如唐代刘恂《岭表录异》，都没有关于榕树“无用之用”的审视。而且从唐代到北宋，榕树这个特征并没有如实反映在文学书写上，所以有理由相信对于榕树“无用之用”的关注是在南宋，至于是不是当时《南方草木状》的记载影响了李纲《榕木赋》的创作，笔者难以断言。但李纲此赋在当时的影响远远超过了《南方草木状》的记载，比如薛季宣的《大榕赋》就是对李纲的摹仿，无论是构思还是遣词，都可以很明显地看出来。

无用而能全身远害是鲜明的道家思想，《庄子·人间世》中有不材之木的寓言，其云：“散木也。以为舟则沉，以为棺椁则腐，以为器则速毁，以为门户则液樠，以为柱则蠹。是不材之木也，无所可用，故能若是之寿。”[①]这里的散木指栎社树，其特征与榕树非常相似。李纲正是从《庄子》的寓言得到启发，其词汇的运用甚至多有雷同，所以《榕木赋》非常鲜明地反映了道家思想。明代王世懋称榕树“其自处暗与道合者”[②]。美国学者薛爱华也说：“《庄子》中并没有提到榕树，但它与里面的不材之木有很大的共同点，这使它成为体现道家思想的绝佳对象。”他称李纲的《榕木赋》就是“一篇押韵的道家寓言”[③]。

李纲写榕树“宜匠石之不顾，同栎社而见梦”，然后又进一步推进，

① ［清］郭庆藩《庄子集释》，中华书局2013年版，第158页。

② ［明］王世懋《闽部疏》，明万历纪录汇编本。

③ Schafer, Edward H. “Li Kang: A Rhapsody on the Banyan Tree.” Oriens 6, no. 2 (1953): 345.

突出榕树“为行人之所依归，咸休影乎其中”的特征，这种“用大而效显”的优点才是它少掊击之害，斧斤之伤的真正原因。这也是李纲对榕阴的观照与前人的不同之处。《庄子·山木》记庄子与弟子的对话：“弟子问于庄子曰：‘昨日山中之木以不材得终其天年，今主人之雁，以不材死，先生将何处？’庄子笑曰：‘周将处乎材与不材之间。’”①在这里，“材与不材之间”显然比一味“不材”更高明。所以榕树是处于“材与不材之间”。薛季宣对这个问题又有进一步的敷衍，他在其《大榕赋》中云：“若夫景升之牛，主人之雁，不善其鸣，服箱孔钝，以不才而烹者何哉？”同样是不才，何以榕树能够生存下来，而景升牛和不鸣雁就惨遭横祸？其原因就在于它们不但没有给人类带来直接利益，而且还需要人类的饲养。榕树则不然：“承天之施，得生于地，不假乎人，不离乎类。不以直节为高，不以孤生为异，凌寒而不改其操，连理而不称其瑞。无庸而庸无尚焉，为其全虚愚之义也②。至于交柯旁薄，分根合枝，异生同命，萦缭相维，倚天成盖，蔽野成帷。迷云而零雨不下，畏日而炎天改色。邑人之依，行人之得，不才而才无似焉，斯其为大通之德也。”正是榕树有“全虚愚之义”“为大通之德”，德义兼备，所以能够“守不才之位，处无庸之地，为物而物莫之陵，比人而人适当其意，其事也无施，其生乃克遂。是生乎通邑大都之间，尚亦躐千龄而几万岁也”。薛季宣虽然是摹仿李纲的《榕木赋》，但他对榕树的思想内涵有明显的扩展。李纲还只着重于榕树与道家的关

① ［清］郭庆藩《庄子集释》，中华书局2013年版，第592页。

② 《全宋文》此句“无庸而庸无尚，焉为其全虚愚之义也”应点为“无庸而庸无尚焉，为其全虚愚之义也”。这样才与下文“不才而才无似焉，斯其为大通之德也”相对。

系，薛季宣则直接提出了榕树是德义兼备，用儒家思想丰富了榕树所代表的思想内涵。

榕树书写与儒道思想相结合在后世的反响极热烈，如南宋刘克庄《门前榕树》，其诗云：

木寿尤推栎与樗，观榕可信漆园书。绝无翡翠来巢此，曾有蚍蜉欲撼渠。五凤修成安用汝，万牛力挽竟何如。山头旦旦寻斤斧，拥肿全生计未疏。（《全宋诗》第58册，第36444页）

“漆园书”就是《庄子》。所谓“观榕可信漆园书”，这种观照方式在南宋之前还没有出现，到了李纲的《榕木赋》才被推上前台，并深深地打进了文人的潜意识里。

综上，李纲是第一个对榕树“材与不材”的特点进行文学书写的文人，他的《榕木赋》把榕树与道家思想相结合；薛季宣的《大榕赋》则进一步提出榕树的德义，把榕树与儒家思想结合。榕树与儒道思想相结合的书写模式在元明清影响甚大，几成窠臼。

二、榕树儒道化的文化价值：“以榕为名”现象的考察

（一）榕树的功用与文人的选择

人们对榕树的认识不断深化，除了榕阴容人之外，尚有许多优点。屈大均曾有一个总结：“榕，离之木也，外臃肿而中虚，离之大腹也。其中常产香木，炎精所结，往往有伽倆焉。粤人以其香可来鹤子，可肥鱼，多植于水际。又以其细枝曝干为火枝，虽风雨不灭。故今州县有榕须之征。其脂乳可以贴金接物，与漆相似，亦未尽为不材也。”[①]屈氏对榕树的认识和总结比前人进了一大步，这也体现了当时的认识

① ［清］屈大均《广东新语》卷二五木语，中华书局1985年版，第617页。

水平。袁翼以此认识为基础，敷衍而成《榕说》，以主客对话的形式进行。作者作为岭外人士，对榕的理解只停留在李纲“材与不材之间”的水平——散木和榕阴的传统认识，但作为岭南人的厮役则给作者重新详述了榕树更为丰富的价值，他说榕树：

> 叶细枝软，垂梢入土，枝复萌枝，抱其故垠，胶粘为一，枝之樛者，旁萦他本，合成连理，悬如车盖，故上可以为巢，下可以为门。闲寻丈而植二三株焉，或四五株焉，离披下垂，束缚其枝以编篱落，功省于墙垣，而风雨不能拔，贫贱者之所用也。曲房缭室，高轩广厦，累石为台，引泉为池，植榕其间，以垂条布荫，炎日当空，而清风徐来，若忘溽暑，富贵者之所用也。须细而韧长，逾数尺可为筐筥，兼及蚕薄，深山幽谷，不足于竹木之器者之所用也。制须为药，固齿牙而拔疔痔，病者之所用也。脂乳若漆，贴金黏翠，助饔饰髹，器皿者之所用也。子落溪中，鱼食而肥，且多鲲鲕，畜鱼者以为用也。细枝曝干，涂以膏油，爇之为炬，风雨不灭，夜行者之所用也。瘿瘤如斗，雨渍成穴，蜂蜜其中，蜜与脂融，千年之久，结成伽倫，是以臭腐为用，而神奇独绝也。①

据此可以看出榕树“上可以为巢，下可以为门”，并能结出奇特名贵的迦南香。贫贱者、富贵者、不足于竹木之器者、病者、器皿者、蓄鱼者、夜行者都能从中获取一定的价值。同样以《榕说》为名的文章，元代朱思本的认识水平就远远低于袁翼，这当然体现了社会在不断进步。但有趣的是，榕树文学书写史中并没有很好地反映出这种科学的

---

①［清］袁翼《邃怀堂全集》文集卷二，清光绪十四年袁镇嵩刻本。

认识水准，文人们似乎有意遗貌取神，只取最直观的印象。袁翼的《榕说》虽然有科学的认识，但其卒章之旨还是“无用之用”的道家思想，并把厮役的这番话称为“类于有道者之托物以讽也”。也就是说，对榕树的认识虽然不断提高，但是人们还是喜欢取其最具传统的印象——无用之用——来对它进行审视。榕树文学书写的这种选择一方面确实是榕树自身特征的体现，但其中更多的是暗含了文人本身的价值取向和审美理想。

（二）符号：价值取向的象征

某学者在研究榕树文化时，曾指出一个现象：不少文人的字号、室名、文集名以榕来命名①。但她过于简单地论述这种现象，只是把榕树作为故乡的象征或是抒发乡情的载体。据笔者所掌握的材料来看，文人以榕为字号的就有榕巢、榕村、榕坛、榕江、榕门、榕庵、榕龛、榕斋、榕坞、榕坉、榕皋、榕园、榕门、榕庄、榕塘、榕堂等。其中有一些人根本就不是闽粤地区，如比较著名的查榕巢查礼就是顺天（今属北京）人、潘汝诚潘榕堂就是归安（今属浙江湖州）人等。这些岭外人士大多是因为仕宦的机会来到闽粤地区，与榕树有所接触，所以才有这些字号。当然，以榕为号的文人大部分是生于斯、长于斯的本地人。他们对榕树的感情诚然是对故乡风物的热爱，但是究其原因，无论是来自岭内还是岭外，对榕树的亲近其实还是对榕树儒道内涵的体认。以榕为名，无疑是他们审美旨趣和生活理想的间接体现。元初文人袁桷（1266—1327）的《榕轩赋》最后写道：

> 客有踵门而言曰：“议物产者必以良。舍所用而求无用，

① 潘婷婷《论榕树作为审美客体的内涵流变及其文化意义》，《闽江学刊》2016 年第 1 期。

将安所向？”先生曰：“多谋者神泣，多才者形伤。维彼阻穷，百虐备尝。蔚然以休，充然以光。四海立贤，匀云其方。穷发之北，殆将骇兮。榕兮榕兮，吾以为楷兮。”①

图26 容祖椿《醉吹横笛坐榕阴》。立轴，纸本，设色。

袁桷是鄞县（今属浙江）人，他之所以以榕命名自己轩室，就在于他对榕树“明哲保身”的精神非常认同。榕树，在这里，就是道家思想的化身。以榕为楷，就是以道家思想来指导自己人生出处。同时代的朱思本（1273—？）《榕说》则表现出完全相反的倾向，岭南本地的樵夫对他说：“是木也，其大蔽天，凤凰不栖焉。其深彻泉，虬龙不亲焉。妖狐鬼魅之所凭依，毒虺之所穴藏，人莫敢睥睨者。今也幸而为雷所震，为材则脆庬而速桡，为薪则潽湁而含洳，无适可用。斯亦控于地，与粪土俱腐而已耳。”于是他有感而曰：“不仁而在高位，豪猾与游，逋逃与归。上以罔其君，下以贼夫民。

① 李修生主编《全元文》第23册，江苏古籍出版社2001年版，第17页。

神怒而不知，人怨而不恤。其不为百粤之榕而踣于雷者几希。吁！”[①]但是这种看法在后世几乎没有反响，因为朱思本对榕树的认识太主观和片面了，而且关键是背离了李纲所代表的传统书写模式。相反，后世如袁桷以榕为楷的大有人在，他们延续了以李纲为代表的话语实践，这不能不说是对道家思想的认同。

如明代都穆《榕岗记》：“松栢杉桧等皆以材而见伐，榕惟为人所弃，故得遂生息，以全其天。噫！此可以观乎人以世之好自用者，逞其智谋，竭其心力，自谓人莫吾若，卒之贻讥笑，蹈灾患者，往往而是。此无他，自用者未见其能用也。处士蓄德器，涉猎书传，善为诗词，然未尝求人之知，今又得雄伟抱时望如户部者为之子。荣名事业，方隆未艾，若有类乎榕者。”[②]处士就是唐尚义，有《榕岗集》四卷；其子唐胄（1471—1539）曾官至户部左侍郎，史称其为“岭南人士之冠”。都穆由榕联想到“自用者而未见其用”，批评那些师心自用的人将会自食其果。相反，唐尚义则能韬光养晦，厚积薄发，最后培养出了唐胄这样优秀的人才，光宗耀祖。“若有类乎榕”正点明了唐尚义行为与榕树的相似性。唐氏始祖唐震为琼州太守时，手植二榕于门，自宋代历数百年而愈硕茂，其家族遂以榕树名，号榕树世家。所以，唐尚义以榕岗为号，一方面是对家族传统的继承，另一方面则是对榕树思想内涵的体认。后者在以榕为名的现象中更具普遍性，也是最值得注意的。

又如沈大成在《榕吟稿自序》云：

余寓斋之北，有榕郁然，优游少托，吟啸其间，观其臃肿支离，不中梁柱，曼衍自放，阂塞行路。此其宜以不材目也。

---

① 李修生主编《全元文》第31册，凤凰出版社2004年版，第386页。

② ［明］唐胄《（正德）琼台志》卷二四，明正德刻本。

若夫暖风扇物，时鸟和鸣，新叶刺天，绿流衣袂，翳高阁之凉景，栖清池之暗芳。或亦少收其用焉。是皆足以状吾诗也。[①]

不材却能稍收其用，这就是沈大成对榕树的认识，也是他对自己诗歌的期许。上面两个例子无论是以榕比人，还是以榕比诗都是同样关注榕树所代表的思想内涵，是“以榕为楷”的书写实践。他们对榕树的认识并没有随着时代而有所丰富，只是延续传统的书写模式，取榕为用，以传统的话语来建构自己价值取向的象征符号。

另外，榕树也是隐逸闲适的代表。曹学佺云：

榕性喜水石，根抱石为刺绣文，每临水则如虬舞状，影冉冉与波俱逝。夫是物有幽人之贞矣。是宜以名从先之集也。[②]

“幽人之贞”，语出《周易》：“九二。履道坦坦，幽人贞吉。《象》曰：‘幽人贞吉，中不自乱也。’”孔颖达疏云：“‘中不自乱’者，释‘幽人贞吉’，以其居中，不以危险而自乱也。既能谦退幽居，何有危险自乱之事。”[③]榕树喜欢高温多雨、空气湿度大的生长环境；其多栽培在水边还考虑到榕子能够肥鱼的实用价值。文人对这些特征进行雅化，称其“性喜水石”，“有幽人之贞”，则俨然一隐士。不过从谦退幽居，明哲保身，性喜水石等特征来看，榕树无愧“幽人”称号。这也是另一股潮流。后人对榕树的体认与书写，不但有无用之用，还有隐逸之趣，如上面提到的沈大成就是“余寓斋之北，有榕郁然，优游少托，吟啸其间”。另外，同样是榕树世家的唐谊方，史载“国

① ［清］沈大成《学福斋集》文集卷六，清乾隆三十九年刻本。
② ［明］曹学佺《石仓文稿》卷一，明万历刻本。
③ ［魏］王弼注，［唐］孔颖达疏《周易正义》，北京大学出版社2000年版，第76页。

朝永乐间，公既致仕，绝迹城府，榕根盘结如座者，公朝夕杖履，诗酒琴棋，其间乡人呼为榕树公"[①]。又如方履篯《榕阴消夏图赞》序曰：

> 既有暇辰，乃得启精庐，展缃帙，究心师法，游艺良侪，探经旨之壸奥，悦风诗之蔚和。日南故多奇木，而榕尤菴蔼。清斋之侧，曲干盘拏，碧荫翳空，明飔纳牖，延憩诵览，郁蒸自消，既逾二载，而境异事迁，欲以纪远游之胜，追谭谶之乐，乃绘其景物，传之咏歌，此榕阴消夏图之所由作也。[②]

《榕阴消夏图》为康兆奎所画。岭南夏天炎热，榕阴为烦闷的生活撑起一片清凉世界，文人在下面徜徉吟咏，可谓是赏心悦事。但究其根源，文人还是想以榕树所具有的隐逸闲适之趣作为一种外在符号来表达自己的价值取向。

综上可以看出，榕树所具有的儒道色彩——全身避害、隐逸之趣、无用之用——使它常常被文人拿来作为表示自己价值取向的象征符号，这也是榕树经过儒道化后，其文化价值的体现。

（三）荫庇万物：无用而用的深化

从李纲以降的书写传统都着力强调榕树的无用之用。"用"一般表现为全身避害，这是它的道。另外还体现在它能荫庇万物上，这是它的仁。在上文，我们分析了文人从榕树中学到全身避害的经验和隐逸闲适的乐趣。但从上面对李纲《榕木赋》和薛季宣《大榕赋》的分析可以看出，榕树要想真正生存下来，最终还是需要其"大用"的发挥——也就是荫庇万物的效用。而从榕树的历史发展来看，北宋三郡守（张伯玉、程师孟、黄裳）植榕为民的佳话就一直为人们所津津乐

---

① ［明］唐胄《（正德）琼台志》卷二四，明正德刻本。

② ［清］方履篯《万善花室文稿》卷五，清《畿辅丛书》本。

道[①]。明代叶春及出知惠安（今惠州），也有植榕之举。他说：

> 邑当南北之道，车毂击，人肩摩矣。列亭少行，无所休息。予甚悯之。榕者容也。其阴大当驰道，植自白水至洛阳。五丈而树，田间恐妨谷，止。凡植几本以报，呜呼。远者种德，近者种树，吾无德且种树。（《植榕》）[②]

种树其实就是种德。叶春及施政有方，等到要调到其他地方时，百姓纷纷乞留。离开前，他还命令驰道再植榕四百二十一本[③]。屈大均在《广东新语》把他与吴廷举、仓振、高芝、刘洵等人的植榕并举，称“此皆仁人之泽”[④]。榕有大用，那就是能荫庇万物，薛季宣把它看作是大德的体现，也就是为榕树注入了儒家思想。但这里从榕树关注到榕树背后的人。植榕当然也是仁德的体现。钮琇《补榕说》云：“唯容善蓄，则仁足庇物；唯容善防，则智足葆生……榕之德备矣，皆居官者所宜取则也。”[⑤]榕树有仁人之风，能容善蓄，足以荫庇万物。钮琇认为这是居官者所宜取法学习的。这同样是以榕为楷，但已经深化为学习榕树儒家的一面，而不仅仅为了明哲保身。榕树与仁德既然紧密地联系在一起，那么，它的文学表现肯定不仅仅只是外在表现，而是文人如何利用它体现自己的价值观和理想。这才是榕树更为重要的文化意义。

如吴宽（1435—1504）《榕江记》曰：

---

① 见［宋］梁克家《（淳熙）三山志》卷四地里类四，《影印文渊阁四库全书》本。

② ［明］叶春及《石洞集》卷九，《影印文渊阁四库全书》本。

③ ［明］叶春及《止百姓乞留》，《石洞集》卷九，《影印文渊阁四库全书》本。

④ ［清］屈大均《广东新语》卷二五木语，中华书局 1985 年版，第 618 页。

⑤ ［清］钮琇《临野堂诗文集》文集卷九，清康熙刻本。

故虽不为宫室之用，而其功与宫室等。岂不犹乡里巨人，厌爵禄，谢民社，而浮沉乎闾井之间，一旦里之人有急焉，投之无不周恤者，岂惟仅全其身以自足而已……孔诚或坐盘石，投竿而钓，悠然有会于心。因自号榕江……所谓榕江者，盖孔诚托此以自譬者，意实有在，岂惟追凉风，弄明月，以为供宾友子弟之乐之计耶。[①]

陈孔诚居室临江，前有榕数十株，他与宾客经常往游其间，弹琴赋诗，投竿垂钓，因自号榕江。首先，“榕性水石”以及陈氏的幽居之趣全都凸显出来，但他知道榕树并非仅仅保全自足而已，他用“榕江”自譬，实有他志。由于陈氏就是一个隐士，这个“志”在这里并没有明显的身体实践，只是纯粹的用世之志而已。但还是可以看出，“榕”作为符号的表现意义以及它所体现的文人思想。

如果上面只是“述愿”，那么必定存在“述行”，也就是真正取法榕树，为官有绩的。这里可举榕巢为例。榕巢即查礼（1716—1783）的号，他曾于乾隆丙子夏（1756）出任广西太平府（今广西崇左市）知府，榕巢就是在这个时候建的，有《榕巢记》述其始末。后来查礼又创作了《榕巢图》，“旧巢宛在命图画，细书作记门生钞。天都传观哦以咏，诸公险句牙须鳌”[②]，此图流传京师，一时名士题咏甚多，如程晋芳《题查丈俭堂榕巢图》、邓显鹤《榕巢图为查俭堂郡守题》三首、顾光旭《查恂叔太守榕巢图》、蒋士铨《查恂叔太守榕巢图》、彭元瑞《为恂叔太守题榕巢图即送之宁远》三首、钱大昕《题查恂叔太守榕巢图》、沈大成《榕巢歌为查恂叔太守作》、吴省钦《题榕巢

① ［明］吴宽《家藏集》匏翁家藏集卷三二，《四部丛刊》景明正德本。

② ［清］朱筠《笥河诗集》卷四，清嘉庆九年朱珪椒华吟舫刻本。

图为恂叔太守》、赵翼《题查恂叔太守榕巢图》、郑虎文《题查太守俭堂榕巢图》、朱筠《书查俭堂太守榕巢图后》等——这些题诗大多是对查礼《榕巢记》的櫽栝和引申，足见当时影响之大。可以说，榕巢故实是榕树文化史上最负盛名的，那么为什么查礼的榕巢会引来如此之多的首肯呢？也就是说，查礼的榕巢有什么特殊性，以及它在什么地方引起了大家的共鸣？

第一，榕巢与其他依榕而建的屋室有所不同。它作为一种人为景观是充分运用了榕树的特点，即“就其桠杈间架巢焉”，凌空结庐，达到了榕屋合一，而其优点也是明显的，“巢既成，幽荫荟萃，翠蔓蒙络，天光云影，浮动于几席闲”。榕上架屋，且又居住在里面，非常像上古时代的巢居。查礼诗云：“上古有民兼穴处，南天惟我独巢居。”（《题榕巢》）[①]巢居正是他自矜之处。他的选择是有缘由的，《榕巢记》云：

> 然古之高人逸士，尚有结巢以居者，如巢父。是巢父耄年，凭树为巢，饮食其上，故以巢父名。我朝如皋冒辟疆构水绘园别墅，中亦因树为巢，自号巢民。康熙乙己王贻上尚书与邵潜夫、陈其年、许山涛、杜于皇诸名宿修禊园中，一时诗酒雅集，传为千载盛事。余生也晚，未尝登陟其地，然心窃契之。[②]

上古的巢父和清代的巢民冒辟疆都是查礼所仰慕且欲追摹的高人逸士；当他来到广西时，因地制宜，取榕为巢，才实现了这个愿望。另外，巢居方式比较特别，而且具有一定的复古精神，与当时社会的汉学思潮密切相关，所以能够引起较大的关注。

---

① ［清］查礼《铜鼓书堂遗稿》卷一四，清乾隆查淳刻本。

② ［清］查礼《榕巢记》，《铜鼓书堂遗稿》卷一四，清乾隆查淳刻本。

第二，查礼建榕巢的理念。太平府衙的西面，地势高峻，多古木池沼，但没有很好地开发。查礼出任知府时，数年之间，就建了十座亭馆，其中以榕巢最有名。这些亭馆的目的，按查礼的话来说，主要是“怡情适性，亦足以消瘴疠之惧，遣远宦之思”（《西岗》）[①]。榕巢作为一个私人空间，则更具个人色彩。赵翼对榕巢的描述是：“明窗净几，掩映绿阴中，退食后，辄梯而上，品书画，阅文史，颇为退闲胜地。”[②]这固然是搭建榕巢的应有之义，但作为一种他者的眼光，其实还无法全面体现查礼的理念。《榕巢记》云：

余之守此郡也，喜时良民安，士习谨，女红勤，风雨甘和，边徼宁谧。余方得以优游于巢处。不然，虽逸置，其身、其胸臆能不彷徨失措哉。每于春秋佳日，坐卧巢中，煮茗焚香，摊书觅句，禽不一声，虫不一语。或小吏捧案牍就判，或博士弟子携诗与文就删改，信笔应之，辄欣然骋望。披朝露而对夕月，俯清流而倚疏风。长啸高歌，翩翩焉若登仙，然其视人世之冠带车骑，劳攘奔驰者为何如也。余居于巢，久久不出，叉手敧身，摇头曳足，日徘徊于其上，亦不自知其为何许人也。其自巢下见者，以余为上古之民也可，以余为孤飞之鸟也可。

查礼建巢的理念是公与私、雅与俗的统一，也就是说，闲适清逸的生活是建立在地方承平的基础上。郑虎文《题查太守俭堂榕巢图》曾对查礼在《榕巢记》自比明末遗民冒辟疆有疑问，他以对话的形式展开描写，诗中想象查礼的答语就是檃栝查文中先公后私的理念。

① ［清］查礼《铜鼓书堂遗稿》卷一四，清乾隆查淳刻本。
② ［清］赵翼《檐曝杂记》卷四，清嘉庆湛贻堂刻本。

总之，作为一个文化行为，榕巢的建造及其理念的实践，都非常符合文人的价值观念与审美理想。榕树不材无用，能够全身避害，这可以说闲逸生活的追求，但其“仁足庇物”“德之备矣”，又是居官者所宜取法。查礼可以说兼顾了二者，所以在榕树文化史上是值得注意的。榕树旧时多栽培在府衙官廨周围（这种说法最早见于刘恂《岭表录异》），它所拥有的儒家特质使它具有强烈的象征色彩。如张云璈《榕阴听鹤图记》描写梁接山的闲居之乐同样是以地方治平为基础，这是山林隐逸之流不可同日而语的，榕与鹤都是隐逸的象征和体现，但榕树的另一个文化属性也与事功紧密结合在一起，所以两者的交叉是榕树文化的拓展与深化。在文学与文化的阐释中，我们可以看出它们这种或明或暗的联系。这种联系首先是基于榕树的地域性——南方才有，且多种在府衙官廨周围；其次才是榕树的文化属性——儒道思想的渗透。

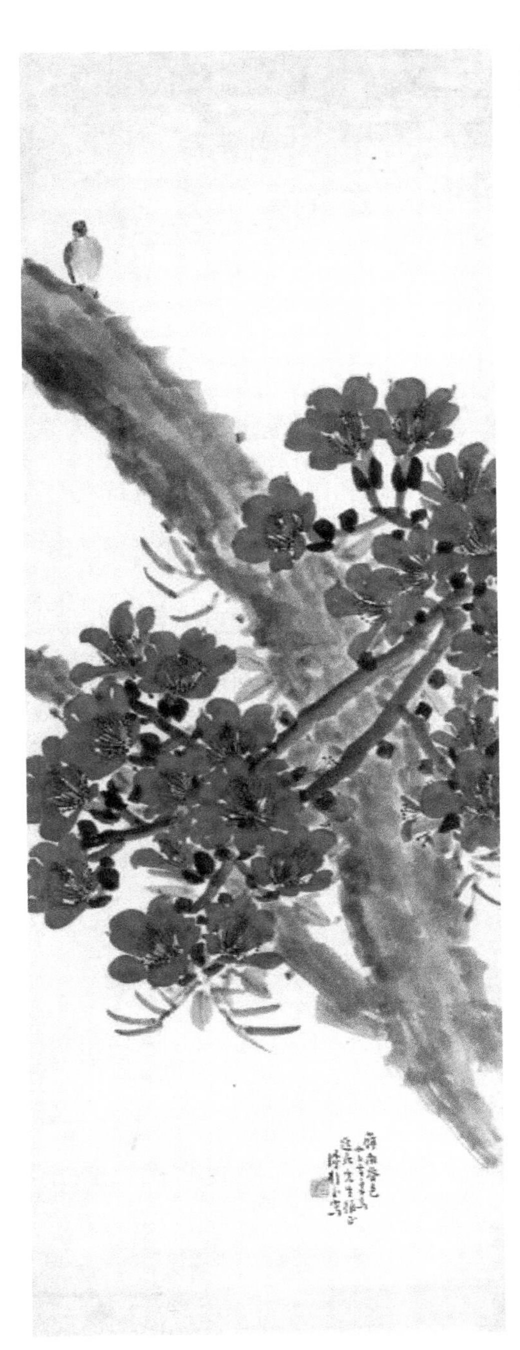

图 27　陈树人《岭南春色》。纸本，设色。题跋：“岭南春色，卅五年夏为。逸民先生雅正。”

图 28　高剑父《红棉白鸠》。纸本，设色。题跋：“碧嶂影斜新雨过，红棉枝上白鸠啼。剑父。”

第六章 岭南木棉的文学书写

棉有草棉和树棉之分，这两种都是棉属植物。而中国南方（广东、广西、海南、云南、福建、台湾等地）另有一种木棉属乔木，称为木棉，也叫班枝花、攀枝花、橦花树。由于中国古代的棉花是从印度及巴基斯坦引进的植物，“引种的路线共有两条：从巴基斯坦通过西域引入中国的，通常称为西路棉，属于Gossypiun herbaceum L. 种；另一条路线是从印度East Bengal经云南永昌地区、广西越南边境，传入闽广，称为南路棉，属于Gossypium arboreum L. 种”[①]，西路棉没有多少争论，南路棉（即木本亚洲棉）则多与南方固有的攀枝花混淆。其中最引起争议的是：班枝花絮究竟能否用以纺织布？而研究成果表明，攀枝花絮是可以纺织的，但由于它不是良好的纺织纤维，纺织起来费时费力，产量有限，随着木本亚洲棉的传入而逐渐被淘汰[②]。虽然已成历史物品，但它在中国纺织史的意义则不容抹除。攀枝花所具有的实用性能也是人们最初关注的焦点，南朝范晔所著《后汉书·南蛮西南夷传》云：“武帝末，珠崖太守会稽孙幸调广幅布献之，蛮不

① J. B. Hutcunson, R. A. Silow and S. G. Steheus, The Evolution of Gossypium, Loudon, 1947. 转引自［美］赵冈《历史文献对班枝花与木本亚洲棉的混淆》，《农业考古》1996年第1期。

② 具体参看［美］赵冈《历史文献对班枝花与木本亚洲棉的混淆》，《农业考古》1996年第1期。

堪役，遂攻郡杀幸。”[①]“广幅布”即“班枝花布”。这是历史文献中对攀枝花出现年代比较明确的记载，也就是说可以上推到汉武帝时期。而《西京杂记》《三辅黄图》所记的“珊瑚树”是否为攀枝花则大可存疑，其云：“积草池中有珊瑚树，高一丈二尺，一本三柯，上有四百六十二条，南越王赵佗所献，号为烽火树，至夜光景常焕然。”[②]木棉树和珊瑚树的联系后来被文人引进诗词中，所以常常造成误会。如熊孺登《曲池陪宴即事上窦中丞》云：

水自山阿绕坐来，珊瑚台上木绵开。欲知举目无情罚，一片花流酒一杯。（《全唐诗》卷四七六）

长安曲池无论气候、环境都不适合南方攀枝花的生长，诗人之所以会把珊瑚台和木绵树联系起来，完全是受了《西京杂记》等书记载的影响。这个误会是很深的，但后人将错就错，也不断在诗词中表现，所以攀枝花就顺理成章地又称珊瑚树、烽火树（见《广东新语》卷二五）。

攀枝花第一次出现在文学作品中，是在左思《吴都赋》。其文曰：

木则枫柙橡樟，栟榈枸桹，绵杬杶栌，文欀桢橿，平仲桾櫏，松梓古度。[③]

绵即是攀枝花。刘渊引《异物志》注云：“木绵树高大，其实如酒杯，皮薄，中有如丝绵者，色正白，破一实，得数斤。广州、日南、交趾、合浦皆有之。”[④]左思在这里排比罗列的都是高大的树木，所以可以

① ［南朝宋］范晔撰《后汉书》，中华书局1965年版，第2835页。
② ［晋］葛洪《西京杂记》，中华书局1985年版，第6页；何清谷《三辅黄图校释》，中华书局2005年版，第268页。
③ ［梁］萧统编，［唐］李善注《文选》，上海古籍出版社1986年版，第210页。
④ ［梁］萧统编，［唐］李善注《文选》，上海古籍出版社1986年版，第210页。

肯定这里的“绵”是指南方的攀枝花。

第一节　木棉：时令和地域的背景

在唐宋的诗文中，攀枝花与亚洲棉大部分是可以区别开来的。两者都是作为南方风物进入文学书写，但攀枝花的实用性没有亚洲棉大，人们注意的点也主要是它所代表的时令和地域。如李商隐《李卫公》诗云：

绛纱弟子音尘绝，鸾镜佳人旧会稀。今日致身歌舞地，木棉花暖鹧鸪飞。

此诗作于大中三年春，是对李德裕晚年被贬岭南的咏叹。清代冯浩说：“下两句不言身赴南荒，而反折其词，与‘旧时王谢堂前燕，飞入寻常百姓家’同一笔法，伤之，非幸之也。”[①]今人刘学锴、余恕诚也称：“三四则伤其置身岭外，即目所见，惟木棉花红，鹧鸪南飞而已。二者均南中具有典型特征之景物，然自远谪者视之，则异乡风物，徒增悲感耳。屈氏谓结用赞皇‘红槿花中越鸟啼’意，固过泥，然二诗意蕴相似则显见（德裕《谪岭南道中作》末联为‘不堪肠断思乡处，红槿花中越鸟啼’）。以景结情，以丽语反衬贬地之荒凉。处境之孤寂，北归之无望，均于言外见之。”[②]可见，木棉花在诗人笔下的意蕴是非常丰富的，它不但是时令的象征，而且还被注入了某种情感，写出李德裕被贬岭南的处境，淋漓尽致地展现出中国诗歌的含

① 刘学锴、余恕诚集释《李商隐诗歌集解》，中华书局2004年版，第973页。
② 刘学锴、余恕诚集释《李商隐诗歌集解》，中华书局2004年版，第974页。

蓄性。同样在李商隐《燕台诗·夏》中，木棉花再一次出现："蜀魂寂寞有伴未，几夜瘴花开木棉。"冯浩注云："木棉花红，借比炎暑。"刘学锴、余恕诚也云："'瘴花木棉'，点明时令与女子现居之地，且以木棉花反衬女子之寂寥。"[①]木棉花在李商隐的笔下虽然不是作为一个独立的客体出现，但作为诗人感情抒发的跳板，木棉花被赋予了强烈的情感色彩，可以说哀感顽艳。这两句诗对后世诗人写木棉影响很大。另如皇甫松《竹枝》：

> 槟榔花发鹧鸪啼，雄飞烟瘴雌亦飞。木棉花尽荔支垂，千花万花待郎归。（《全唐诗》卷八九一）

槟榔花果期和木棉花期都在三四月，早熟的荔枝（火山种）也是这段时间。这首诗的时间背景是非常清楚的。五代孙光宪的《菩萨蛮》，词云：

> 木绵花映丛祠小，越禽声里春光晓。铜鼓与蛮歌，南人祈赛多。　客帆风正急，茜袖偎樯立。极浦几回头，烟波无限愁。[②]

首句极写木棉花之大，也突出时令的背景。《栩庄漫记》称："南国风光，跃然纸上。"俞陛云《唐五代两宋词选释》："铜鼓声中，木棉花下，正蛮江春好之时。忽翠袖并船，惊鸿一瞥，方待回头，顷刻隔几重烟浦，其惆怅何如。'正是客心孤回处，谁家红袖倚江楼'。文人之遐想，有此相似者。"[③]《花间集注》则云："彭羡门《广州竹枝词》云：'木棉花上鹧鸪啼，木棉花下牵郎衣。欲行未行不忍别，

---

① 刘学锴、余恕诚集释《李商隐诗歌集解》，第 91 页。

② 曾昭岷等编《全唐五代词》正编卷三，中华书局 1999 年版，第 622 页。

③ 俞陛云《唐五代两宋词选释》，上海古籍出版社 1985 年版，第 140 页。

落红没尽郎马蹄。’深得此词之意。”[1]彭羡门即清代彭孙遹（1631—1700）。这首竹枝词同样深得皇甫松竹枝之意，可以说，上述三首诗是一以贯之的，都是用木棉花来写南方风情。

再如苏轼《海南人不作寒食，而以上巳上冢。予携一瓢酒，寻诸生。皆出矣。独老符秀才在。因与饮至醉。符，盖儋人之安贫守静者也》结句云："记取城南上巳日，木棉花落刺桐开。"即是一个把木棉与时令色彩相结合的鲜明例子。明代魏濬《西事珥》卷六对此有一个总结云：

> 木绵，一名琼枝。大可合抱，高数丈，花红似山茶，而蕊黄色，瓣极厚，春初叶未舒时，花开满树，望之烂然如锦，又如火之烧空，既结实，大似酒杯，絮茸茸如细毳，半吐于杯之口，与江南（草本[2]）岁艺者异。唐王叡诗："纸钱飞出木绵花。"盖其盛开之时，正与春社相值。又李商隐："木绵花飞鹧鸪啼。"则花尽叶长，春已老矣。[3]

通过木棉花的盛开与衰落来暗示诗歌文本中的时令在早期的文学书写中非常普遍。

综上，唐宋时期写木棉的诗词中只有很少一部分涉及攀枝花，其他都是对亚洲棉及其纺织的描写，比如宋代诗词中经常出现的木绵袍、木绵裘。在对攀枝花的书写又多着重它的时令（春天）和地域（岭南）特点，这也是攀枝花早期文学书写的特征。

---

① 华钟彦《花间集注》，中州书画社 1983 年版，第 221 页。

② 《唐音癸签》引此一条衍这两个字，见［明］胡震亨《唐音癸签》卷二〇，《影印文渊阁四库全书》本。

③ ［明］魏濬《西事珥》卷六，明万历刻本。

第二节　木棉花歌：审美认识的深化

开始全面对木棉进行审美观照和发掘是在明清两代——岭南文化快速发展的时期。在此之前，人们对攀枝花的认识和书写还大都是把它当成时令和地域的象征。不过，偶尔也有一些对攀枝花本身的物色、形状进行挖掘描写。如南宋杨万里《曲湾放船》："木绵吐焰满江头。"这是对木棉花开放时红艳的场景进行工致的描写。又如刘克庄《潮惠道中》：

春深绝不见妍华，极目黄茅际白沙。几树半天红似染，居人云是木绵花。（《全宋诗》第58册，第36301页）

同样也极写木棉之巍峨和艳丽。到了明清，人们对木棉花有了更深刻的认识，它的文学书写也如雨后春笋。明初汪广洋的《班枝花曲》首开风气，诗云：

班枝花，光烨烨，照耀交州二三月。交州人家花满城，满城花开未抽叶。焜煌隔水散霞彩，幂历缘空张锦缬。信非韩郎丹染根，恐是杜宇啼成血。啼成血，著树枝，点缀秾芳也自奇。岭南到处足种此，岭北居人稀见之。秾芳晓落花时雨，东家西家具鸡黍。当门笑拾玛瑙钟，持向城南踏春去。交州地暖春归早，一夕东风为谁老。翠苞半拆渐吐绵，雪花填满行人道。越娃携筐争采绵，采绵盈筐胜万钱。搓就琼簪腻如茧，丝成冰缕细如烟。细如烟，千万缕，绵绵到底知几许？的的灯煤夜结花，轧轧机声暗相语。停梭掩袂那得眠，吉贝相将下机杼。并刀裁剪秋江云，与郎为衣白且新。乡社年丰载春酒，郎试新衣赛海神。从今只种班枝树，开花结子两成趣。劝郎切莫种垂杨，引惹长条系愁绪。[①]

作者所使用的班枝花一名，也是现存文献中最早的。李时珍在《本草纲目》云："今人谓之斑枝花，讹为攀枝花。""班"通"斑"。可见班枝花之名早于攀枝花，后来攀枝花之名才流行于吴中地区。屈大均《广东新语》对攀枝花名字的解释则显得附会穿凿，他说："树易生，倒插亦茂，枝长每至偃地，人可手攀，故曰攀枝。其曰斑枝者，则以枝上多苔文成鳞甲也。"[②]所以，斑枝花（班枝花）名字由来是因为树枝上多文理，如鳞甲一般，但后来班枝花音讹为攀枝花，却不能把它说成是枝长偃地，人可手攀。此不可不明。汪氏所写的班枝花大部分是符合木棉花的特征的，但最后写到木棉花絮裁剪为衣服，则显然与亚洲棉相混，徒为木棉花增光而已。这虽然是瑕疵，但后来屈大均、陈恭尹等人写木棉，几乎都落这个窠臼。如屈氏《南海神祠古木棉花歌》："还怜飞絮白如霜，织为緤布作衣裳。"陈恭尹《木绵花歌》结句："愿为飞絮衣天下，不道边风朔雪寒。"汪氏写木棉制衣，使全诗变得更加风情旖旎；陈恭尹则体现其民胞物与、"广厦万间"的诗人情怀。虽不科学，却只能以文学想象和文学真实看待，把它当成木棉文化的一部分。汪氏这首诗对后世木棉书写的影响极大，因为他着力关注和倾心描写的是木棉之花，所以明清笔记小说如杨慎、宋长白等人所著，谈到班枝花都会加以称引，这也使《班枝花曲》流传更广、影响愈深。《班枝花曲》虽然形象地写出木棉花的物色形态，木棉的内在精神及其比德意义却还未充分体现。明中后期，广东南海人庞尚鹏（1524—

---

① ［明］汪广洋《凤池吟稿》卷二，明万历刻本。

② ［清］屈大均《广东新语》卷二五木语，中华书局1985年版，第615页。

1580）的《木棉行》则写出木棉之傲，使木棉的审美价值和意义进一步提高，诗云：

槎牙古树海天涯，长与东风竞岁华。翻见白头人易老，独留疏影傲烟霞。昔年自幸栽培早，岁月几何今合抱。仰看皮骨正苍苍，肯随樗栎同枯槁。托身不入百花丛，屹立乾坤秋复冬。雪里奇葩千万簇，春来云锦烧天红。繁华尽付风尘外，惟有丹心长不改。纷纷百卉竞销沉，姚黄魏紫今谁在。飞絮漫天东复西，零落残红逐马蹄。片片直随流水远，渔人争讶武陵溪。君不见园陵多植冬青树，森森丛棘知何处。又不见柏梁高架承露台，金茎露冷旋成灰。何如深根著南土，长年饱历冰霜苦。参天咫尺日月光，肯为人间作栋梁。[①]

庞尚鹏，史称其：“忠介慷慨，有才有胆。其立朝，知有法纪，而不顾一身利害；其当官，知恤民艰，而不避一时谗疑。海内缙绅倚重焉。”[②]这首《木棉行》的诗眼即在一“傲”字，所谓“独留疏影傲烟霞”，也是诗人性格的写真。诗中写木棉树龄之古邈、皮骨之苍老、枝干之笔直、花朵之烧红，无不“著我之色彩”。秋去冬来，饱经艰辛；繁华落尽，丹心不改。不肯折腰为人间栋梁，不但点出木棉之孤傲，同样也是作者守正不阿、刚毅不屈的人格象征。《广东新语》载：“自春仲至孟夏，连村接野，无处不开，诚天下之丽景也。其树易长，故多合抱之干，其材不可用，故少斧斤之伤，而又鬼神之所栖，风水

① 中山大学中国古文献研究所编《全粤诗》第11册，岭南美术出版社2010年版，第305页。

② ［明］何乔远《名山藏》卷八一臣林记，明崇祯刻本。

之所藉，以故维乔最多与榕树等。”[1]木棉树材质差，所以少斧斤之伤，庞尚鹏在此却赋予木棉主体性，不是无用，而是不肯低眉下首。庞氏还有《木绵飞絮歌》，同样可以从中看出其人格的傲岸，最后两句曰：

簸扬何必怨东风，年去年来万古同。自信若非杨柳质，春来依旧满枝红。[2]

总之，木棉在岭南诗人庞尚鹏笔下完成了一大跳跃，其比德意义和审美价值都得到很大的提升，为明清之交的木棉文学书写树立了新的坐标。

最后，值得注意的是在明清之际木棉树英雄形象的确立。最早把木棉与英雄联系起来，应是明末李云龙的《木棉花歌》，其四曰：

旧苑昌华吸紫氛，宫娃曾斗石榴裙。枝头犹是英雄血，无奈流花不待君。[3]

李云龙，字烟客，番禺人。少补诸生，慷慨重节义，一时名士多严事之。后北往塞上，入袁崇焕幕。天启七年（1627），袁崇焕遭魏忠贤党人弹劾，乞休归去，李云龙对此痛愤抑郁，遂作归隐罗浮之计。与梁元柱、黎遂球、陈子壮等人都有交往。后袁崇焕死（1630 年），祝发为僧，号二严。明亡（1644 年）后，更不知所终。这组《木棉花歌》可能即作于大明王朝华屋丘墟后，所谓“亡国之音哀以思”也。每逢朝代更迭，咏物诗词都是遗民诗人寄托其黍离麦秀之悲的首选体裁。上引这首诗，基调与一般的木棉书写大相径庭，不是豪放恣肆，

---

① ［清］屈大均《广东新语》卷二五木语，中华书局 1985 年版，第 616 页。

② 中山大学中国古文献研究所编《全粤诗》第 11 册，岭南美术出版社 2010 年版，第 308 页。

③ 中山大学中国古文献研究所编《全粤诗》第 20 册（未刊），卷七〇六。

雄奇巨丽，而是婉转多情，悲哀感伤。所以，李云龙虽然把木棉与英雄联系起来，但更多是由花色之红联系到英雄之血，充满着悲剧性色彩。如果要强作解事，昌花苑与宫娃可能是影射亡国之君崇祯皇帝，而英雄之血则必是诗人的幕主——袁崇焕。袁崇焕对李云龙有知遇之恩。诗人在其死后选择在罗浮山华首台出家，可见当时触动之大。史载他“尝与张穆同旅塌，谓穆曰：‘君血性男子，独不知豪杰不能为之事，当一回头，英雄技俩皆痴也。’”[①]英雄伎俩即指反清复明之事，张穆大概拳拳于此，但在诗人看来却都是痴——佛家认为一切烦恼由“痴”而起。明末遗民普遍存在一种幻灭感，而李云龙的幻灭感则是经历了“英雄血溅”后逐渐形成的，以致诗人入清之后，销声匿迹，不知所终。所以，伟岸的木棉树使他自然而然地联想到英雄的形象，但他着重突出的是英雄无力回天的悲剧。

而到了陈恭尹手上，木棉的英雄形象变得更具生命力，它不再是奄奄一息的，而是救饥拯溺、道济天下。《木绵花歌》云：

> 粤江二月三月来，千树万树朱华开。有如尧时十日出沧海，又似魏宫万炬环高台。覆之如铃仰如爵，赤瓣熊熊星有角。浓须大面好英雄，壮气高冠何落落。后出棠榴枉有名，同时桃杏惭轻薄。祝融炎帝司南土，此花无乃群芳主。巢鸟须生丹凤雏，落英拟化珊瑚树。岁岁年年五岭间，北人无路望朱颜。愿为飞絮衣天下，不道边风朔雪寒。[②]

“浓须大面好英雄，壮气高冠何落落”“愿为飞絮衣天下，不道

---

① 九龙真逸辑《胜朝粤东遗民录》卷四（《清代传记丛刊》第70册），明文书局1985年版，第417页。

② ［清］陈恭尹《独漉堂诗文集》诗集卷三，清道光五年陈量平刻本。

边风朔雪寒”两句，一扫英雄颓唐不振之气，重树神采飞扬之姿。丘逢甲《棉雪歌》结句“英雄心性由来热，待竟苍生衣被功”即是对陈恭尹这两句诗的综括。他在诗中自注云：“红棉花，别名英雄树，干高花伟。”[①]陈氏所塑造的英雄形象更符合人们对木棉的审美期待，所以英雄树的称呼才正式确定下来。陈衍《石遗室诗话》曾谈到木棉树的雄丽，他说：

> 如《木棉与他树并植，必高出之，俗谓为英雄树，又称曰省花，余特赏其高标劲节，冠绝凡卉，因成是咏，以志心仪》云：“绿崖附木入云霄，脆葛纤藤也自豪。依傍一空扶植绝，似君标格始真高。”又《木棉》云：“刻画红棉不易真，熊熊赤焰烧苍旻。此花若肯夸雄丽，宇内群芳孰敢春。”君（引者按：陈树人）善画，于花木最爱木棉，常绘之。余喜其红，君喜其高，诗中所谓“雄丽”也。盖诸花丽则不雄，雄则不丽，如马缨则红而淡矣。又云：“岭南春色丽兼雄，用旧句。并在繁棉密梳中。宛似翠屏开八面，高烧桦烛万枝红。”真是木棉。[②]

“岭南春色丽兼雄”，陈树人有《岭南春色》图即是以木棉树为题材，曾获国际大奖。雄丽就是他所理解的岭南春色，而代表这雄丽的春色非木棉而何？所谓“宇内群芳孰敢春”也。雄丽是木棉树的美学风格，也是人们对木棉树的审美期待。所以陈恭尹为木棉塑造的英雄形象深得人心，后世谈起木棉，鲜有不联想到英雄的。方濬颐《德畬送折枝红棉介以洋蛱蝶二盆戏作短歌》云：

---

① ［清］丘逢甲《岭云海日楼诗钞》卷五，民国本。

② 陈衍《石遗室诗话》，人民文学出版社 2004 年版，第 776—777 页。

荔枝湾头园丁来，海山拘取赤玉杯。花中豪杰绝无比，生面特为炎荒开。亭亭百尺凌霄艳，嘉名不许茗华占。难得英雄伴美人，小样春驹下坛坫。碎琼弄影双蹁跹，柔姿媚态殊可怜。宛似虬髯对红拂，即色即空宜悟禅。①

前六句写木棉。赤玉杯、花中豪杰、英雄、虬髯，皆木棉之比。春驹、美人、红拂，则是洋蛱蝶。因其酷似蝴蝶，所以称“碎琼弄影双蹁跹，柔姿媚态殊可怜”。自古英雄配美人，结句生新。方濬颐此诗虽云戏作，也可看作对木棉英雄形象的深化。另如丘逢甲则从木棉本身出发，认为英雄树有儿女气，“绝世英雄儿女气，不嫌绮绪更缠绵”。（《东山木棉花盛开坐对成咏三首》其一）②这种儿女气指的就是木棉花谢之后，缱绻缠绵的飞絮，正因为木棉花的这个特点，所以历来木棉书写能够在雄丽之外别立清婉。值得注意的是，这种清婉的风格往往是在牺牲科学性的前提下完成，如认为木棉花絮可以制作成衣等。总之，木棉的英雄形象的塑造虽然是在陈恭尹手上完成的，但后世文人的书写依旧对它进行了丰富和深化。

第三节　南花之王：南海神庙与木棉文学书写

一、南海神庙木棉的题咏

明代以来，用七言古诗的形式来写木棉花逐渐形成一种传统。其中可注意的是诗人们对南海神祠前面十余株木棉古树的题咏。南海神

---

① ［清］方濬颐《二知轩诗钞》卷一三，清同治五年刻本。

② ［清］丘逢甲《岭云海日楼诗钞》选外集，民国本。

庙位于广州，是我国四大海神庙之一，由于庙中植有波罗树，所以又称波罗庙。但在历史上，两棵波罗神树早就销声匿迹，重新长出来的波罗树则“薛萝纠缠，枝柯臃肿”，显然无法与巍峨挺拔的木棉树相比，况且波罗树有实无花，观赏性不足。所以，在南海神庙的题咏中，木棉树可以独占暄妍。在某种意义上，它不但是木棉文化的重要组成部分，而且也是岭南地域文化的代表。沈大成就说：“波罗庙中木棉花，南人恒向北人夸。”[1]那为何会有这种现象的产生呢？

图 29　广州南海神庙。网友归去来兮摄。

我们且看屈大均《广东新语》的记载：

（南海神）庙在扶胥江北岸，其南岸有最高峰，曰烟管

① ［清］沈大成《南海神庙木棉花歌》，《学福斋集》诗集卷三啖荔诗钞，清乾隆三十九年刻本。

冈，正与庙对。冈左右乱峰环叠，海树如城。翁山有书屋在其下。倚南面北，扶桑晓赤，罗浮晚青，山海之胜，甲于百粤，北海东海之滨，未易有此。村民千户，耕渔为业，皆屈大夫之流裔。田肥美而水苦咸，屋后小峰，甘泉涓涓，一村饮足焉。翁山之庐，倚烟管冈为屏，临南海为溪。想其扶桑日生，中夏犹夜，独登山阁，以受晓华，真神仙境界，岂人世王侯所能梦见。予为之作《海阁日华图》，题其上曰："天以布衣存日月，海滨山阁著藏书。"阁旁多木棉。其种自海外来，树高数十尺，喜温恶寒，莫能过岭以北。花类玉兰，色正赤而无香，结实如酒杯。老而飘絮，著土自生，盛于荒滩闲址。集其絮可席以坐，柔而少温，若芦花然。翁山谓广民种木，多择实之易售者，若荔支、龙眼之属，非是则不贵。以故木棉为弃种，而任其自生。若收之园林，当亦佳观也云。[①]

南海祠前，有十余株最古，岁二月，祝融生朝，是花盛发。观者至数千人，光气熊熊，映颜面如赭。花时无叶，叶在花落之后，叶必七，如单叶茶。未叶时，真如十丈珊瑚，尉佗所谓烽火树也。予诗："十丈珊瑚是木棉，花开红比朝霞鲜。天南树树皆烽火，不及攀枝花可怜。南海祠前十余树，祝融旌节花中驻。烛龙衔出似金盘，火凤巢来成绛羽。收香一一立华须，吐绶纷纷饮花乳。参天古干争盘挐，花时无叶何粉葩。白缀枝枝胡蝶茧，红烧朵朵芙蓉砂。受命炎洲丽无匹，太阳烈气成嘉实。扶桑久已摧为薪，独有此花擎日出。"[②]

① ［清］屈大均《广东新语》卷一七宫语，中华书局1985年版，第474页。
② ［清］屈大均《广东新语》卷二五木语，中华书局1985年版，第615—616页。

据此可知，南海神祠前十余株古木棉，种子来自海外。每年二月举行南海神诞庙会时，恰逢木棉花盛开，庙前观者如云，猩红映面，俨然一大赏花盛事。既可说庙会，也可云赏花，盖美事成双也。虽然木棉作为木材无利可图，但屈大均认为木棉具有非功利性的审美价值，有无用之用，是绝佳的园林观赏植物。由于屈氏就是定居在南海神庙旁，不但与这些木棉朝夕相对，而且每年都能见证如此盛大的木棉花事，所以他对木棉有一种审美的看法，并不足怪。其诗文集中，如“岁岁祝融节，祠前照绮罗”（《木棉》）、“春暖春寒二月天，祝融祠畔冶游遍”（《木棉》）、“朵朵中心含火凤，一春飞满祝融宫”（《木棉》）：这些诗句都与南海神庙木棉及其花事有关，从中也可略窥屈大均木棉书写的渊源。书中所引“十丈珊瑚是木棉，花开红比朝霞鲜……扶桑久已摧为薪，独有此花擎日出”即是他所作《南海神祠古木棉花歌》的前半部分。盛极一时的南海神祠庙会使庙前古木棉进入人们的观赏视野，屈大均的吟咏更让它成为岭南诗坛的热点。不但同时代的陈子升（1614—1692）、成鹫（1637—1722）、陈恭尹（1631—1700）等人都有《南海神祠古木棉花歌》，就是在此之后，依旧有人追和创作，如沈大成（1700—1771）的《南海神庙木棉花歌》等。方濬颐在其《次恢垣院中木棉韵》“昔登镇海楼，徒怀作诗意”句有自注云：“咸丰辛亥二月（1851）登镇海楼，得见南海祠红棉，欲吟不果。”[①]据此可见，南海神祠的红棉引发了多少文人骚客的遐想，这种同题竞胜的现象，也折射出诗人争奇斗艳的创作心理，堪称木棉文学书写史的一大焦点。

在七言诗之外，也有以词来写庙前木棉。如张九钺（1721—1803）《水

① ［清］方濬颐《二知轩诗续钞》卷三，清同治刻本。

龙吟·南海庙前木棉花》，词曰：

> 红云烧海新晴，火龙睡起牙须吐。祝融开宴，万条桦烛，鲛宫齐举。日轮浴罢，葳蕤霓盖，缤纷凤羽。映扶胥口外，山光水色，讶一片、珊瑚树。　揽伴珠娘蚬女。拔金钗竞敲铜鼓。宝灯摇曳，绣帷飞飏，枝枝低舞。自敛帉巾，垛香暗拜，背人私语。愿郎如吉贝，棉浓长不，散风前絮。[1]

在木棉书写的大传统下，鲜有用词的形式来书写，因为木棉树的形象决定了它的文体属性，所以这首词在整个大传统下属于另辟蹊径，别开生面，对木棉审美意境的开拓具有一定的意义。词的上阕描绘木棉，继承吸取了前代写南海木棉的精华；下阕则勾画出与木棉相关的社会风情，这一点近于竹枝遗响，如上文提到的彭孙遹的《广州竹枝词》。因此，这首词既写出木棉树磅礴而婉转的韵味，又呈现出南海神庙旁的风土人情，在南海庙前木棉的书写传统中具有别样的风貌。

二、南海神祝融与木棉文学书写

从上可知，写南海神庙的木棉往往绕不过祝融，也正因为木棉与南海神庙的关系，使后世文人就算不写庙前木棉，也有这个文化意象萦绕脑中。南海海神之名，据韩愈《南海神庙碑》载：

> 考于传记，南海神次最贵，在北东西三神、河伯之上，号为祝融。[2]

而韩愈所依据的传记就是太公《金匮》一书所载。海神祝融之名实昉于此。

---

① ［清］张九钺《紫岘山人全集》诗余卷下，清咸丰元年张氏赐锦楼刻本。

② ［唐］韩愈撰，马其昶校点，马茂元整理《韩昌黎文集校注》，上海古籍出版社 2014 年版，第 486 页。

> 太公《金匮》云：“南海之神曰祝融，东海之神曰勾芒，北海之神曰颛顼，西海之神曰蓐收。”今按：东海神名阿明，南海祝融，西海巨乘，北海禺强。亦见《养生杂书》。然公言“南海神次最贵”，则是据太公之书。[①]

但祝融在古代具有多种身份，其中之一就是南方火神。南海海神与南方火神，势成水火，何以能够调和在一起呢？屈大均的解释是：

> 南海之帝实祝融，祝融，火帝也，帝于南岳，又帝于南海者。石氏《星经》云：“南方赤帝，其精朱鸟，为七宿，司夏，司火，司南岳，司南海，司南方是也。”司火而兼司水，盖天地之道，火之本在水，水足于中，而后火生于外，火非水无以为命，水非火无以为性，水与火分而不分，故祝融兼为水火之帝也。[②]

屈大均认为水火为天地之道，所以它们并不是相互排斥的。他在《南海神碑》也云：“故祝融之职，司火而兼司水也。天地之道，水与火而已。民非水火无以为性命，则其事祝融也，以其帝乎水火也。其事帝乎水火也，以其帝乎性命也。”[③]他的阐释是通过水火的一体性——民众需要仰仗水火生存——来完成的。这种说法显得有点牵强，虽然也能够自圆其说，但并未真正落到实处。

在这里，我们也承认南海海神祝融是身兼二职，完美地把水与火协调统一起来这种传统说法。但现在问题是在海神庙中，祝融的身份定义和社会认同还是以海神为主。如果这样，火帝的身份岂非无所着落？这里有必要重新找到一种合理的文化阐释，而答案就在庙前木棉

---

① ［唐］韩愈撰，马其昶校点，马茂元整理《韩昌黎文集校注》，第486页。

② ［清］屈大均《广东新语》卷六神语，中华书局1985年版，第207页。

③ ［清］屈大均《翁山文钞》卷三，清康熙刻本。

身上。郑绩曾说："红棉，又曰木棉，二月花开，红焰如火，南方离明之象，故北地无之。"[①]《周易》云："离为火，为日。"红棉正是火和日的象征。木棉树又称烽火树[②]，其花通常被认为是南方火德的结晶，所谓"自是炎天德，全钟大绛花"[③]、"祝融以德火其木，雷电成章天始春"[④]。可见，南海海神祝融火神身份的外在体现可以在神庙前十余株古木棉树身上找到，屈大均即云："越王烽火树，多在祝融前。"[⑤]所以，庙前栽植的木棉树具有很强的文化象征意义。这种若隐若现的文化意蕴大多表现在木棉的文学书写上。屈大均在其《南海神祠古木棉花歌》就有"高高交映波罗东，雨露曾分扶荔宫。扶持赤帝南溟上，吐纳丹心大火中"的描写，而木棉树于南海扶持赤帝祝融的文学构思显然要比他前面的论述更有可接受性，所以对于这种想法，后代文人不断进行发挥。陈恭尹《木绵花歌》称：

祝融炎帝司南土，此花无乃群芳主。巢鸟须生丹凤雏，落英拟化珊瑚树。岁岁年年五岭间，北人无路望朱颜。[⑥]

陈氏已经是有意识地将祝融的火帝身份与木棉结合起来，并通过祝融与木棉的关系，把木棉的地位拔高到为（南土）群芳之主。另外，他在《南海神祠古木绵花歌》写道：

祝融帝子天人杰，凡材不敢宫前列。挺生奇树号木绵，

① ［清］郑绩《梦幻居画学简明》梦幻居画学简明卷三，清同治三年刻本。

② 木棉树与烽火树，两者之附会即见于《广东新语》，另外屈大均《攀枝花》云"越王烽火树，多在祝融前"，均可参证。

③ 屈大均《攀枝花》其三，见《翁山诗外》卷八，清康熙刻凌凤翔补修本。

④ 宋湘《木棉花二首》其二，见［清］刘彬华《岭南群雅》，清嘉庆十八年玉壶山房刻本。

⑤ 屈大均《攀枝花》其一，见《翁山诗外》卷八。

⑥ ［清］陈恭尹《独漉堂诗文集》诗集卷三，清道光五年陈量平刻本。

特立南州持绛节。拔地孤根自攫拿，排空直干无旋折。生气长资渤澥宽，老鳞不受冰霜裂。青春二月当艳阳，观者千人皆叹绝。繁英贯日下无阴，丽色烧天炙能热。堂堂正正势莫当，密密疏疏随所设。落瓣全铺细草青，飞须欲满游丝缬。似闻昨日铜鼓鸣，海神鼪鼯朝天阙。玉女三千笑口开，电光一夜枝头掣。受命扶桑捧日车，旌旗片片裁虹蜺。六龙战胜各归来，髭髯尽化玄黄血，不尔花红何太烈。君不见四照之枝不可寻，赤松渺矣火井深，为君岁岁呈丹心。①

“祝融帝子天人杰，凡材不敢宫前列”，正因为木棉是南土群芳之主，所以木棉才有资格生长在海神祝融庙前，这也可以说古木棉代表着海神祝融的另一种身份——火帝。陈恭尹一往一复的两次书写，从南海神庙木棉与南海神祝融的文化联系出发，重新赋予了木棉南花之王的地位。木棉是南方花中之王——这种认识也得到后人的响应和认可。方濬颐在其诗中就云：“牡丹称王洛阳土，尔亦雄豪偏霸主。”②另如晚清丘逢甲写木棉花有“闰位群芳惭紫色”“天扶赤运花应帝”等句，无不是让木棉花“南面称王”。再看他的《拜大忠祠回咏木棉花二首》其一：

枯木寒鸦吊大忠，力回阳九气熊熊。化身待挽芙蓉劫（花能解鸦片烟毒），洒血疑开杜宇宫。铜鼓哀歌春庙古，铁椎奸魄满庵红。扫除冰雪持炎运，合率群花拜祝融。③

大忠祠所祭祀的是南宋三大忠臣：文天祥、陆秀夫、张世杰。此

① ［清］陈恭尹《独漉堂诗文集》诗集卷三，清道光五年陈量平刻本。
② 方濬颐《木棉花歌和陈元孝韵》，见《二知轩诗续钞》卷一，清同治刻本。
③ ［清］丘逢甲《岭云海日楼诗钞》卷五，民国本。

诗生气灌注，木棉的正气可以说就是文天祥等人的象征。在此，我们关注的是诗人对木棉身份的体认，“扫除冰雪持炎运，合率群花拜祝融”也即是屈大均“仙种珍奇世希见，受命天南绝霜霰”之意，不同之处在于木棉已经晋封为南方群花之主。但祝融又不是花神，为何木棉要率群花拜见它？其中的奥妙就在于木棉树与南海神庙有一种空间和文化上的联系，而这种联系也逐渐演化成文化记忆影响后代认知。所以，木棉花成了南花之王，并在某种程度上是岭南文化的代表和象征。

综本节所述，南海神庙木棉的题咏自屈大均以来逐渐形成一个传统，这种同题竞胜的现象是木棉文学书写史上的一大焦点。另外，南海海神祝融与木棉的关系也逐渐在这些题咏之中被建构起来，它们之间的联系使木棉的文化象征意义更加突出，并在最后完成了南方花中之王的加冕，成为岭南文化的代表和象征。

图 30 ［清］黎简《碧嶂红棉》。1796 年作，立轴。

图 31 ［清］黎简《碧嶂红棉》。1782 年作，立轴。

图 32　[清]黎简《为菊湖写各家山水图册三·碧嶂红棉》。1782 年作，绢本，设色，广州艺术博物院藏。

图 33　[清]谢兰生《仿各家山水图册·二樵先生碧嶂红棉图页》。广州艺术博物院藏。

第四节　木棉题材绘画与文学书写：以黎简《碧嶂红棉》图为中心

木棉树入画，相比于其他岭南植物，并不算早，却是最有特色的。据谢兰生（1769—1831）《题海珠图》云："楼上高枝乃木棉也，花谢絮飞，嫩绿初吐，亦殊有风韵。吾粤画人，自二樵山人始以红棉入山水，第俱用朱点花而不叶，写叶则自里甫始也。"①二樵山人即黎简（1747—1799），里甫则是谢兰生之字。木棉花有一个特点，就是开放的时候没有叶子，所谓"此花开时一叶无，炎官火伞空中擎"（德保《木棉花歌》）②。所以，画木棉一般就只能在花和叶之间任选其一。谢兰生的《海珠图》就是描绘木棉花谢之后，漫天飘絮，而嫩叶初长。因此，他颇为自负地称吾粤人画木棉花自黎简开始，而画木棉叶则从他作古。这一点说明岭南本土文人对木棉的欣赏和书写又前进了一大步，因为木棉叶相对于木棉花，关注度要小很多，甚至都比不上木棉花絮。此外，最可注意的还是谢氏认为黎简是第一个以木棉入画的岭南画家。事实是否如此呢？

据黄钊（1778—？）《至厂肆见陈章侯所画红棉急购归为题其帧》云：

> 虬枝铁干缀朱果，有柯无叶蒂衔火。此是南交倔强花，白絮丹须自包裹。燕台三月花如绣，华毂雕鞍炫春昼。碧嶂红棉好画图，流落风尘问谁购。风尘岂必无物色，此花至竟

① ［清］谢兰生《常惺惺斋书画题跋卷下》，见《常惺惺斋日记（外四种）》，广东人民出版社 2014 年版，第 521 页。

② ［清］德保《乐贤堂诗钞》卷中，清乾隆五十六年英和刻本。

无人识。典衣买得趣提壶，鹧鸪由来是南客。章侯章侯听鹧鸪，越王城外看春芜。此花本是红珊瑚，海女献此同火珠，悬之明堂有意无。君不见榑桑日出大海红，明堂图障悬当中，圣人正坐蓬莱宫。①

陈章侯，即明末清初著名画家陈洪绶（1599—1652），章侯其字也，浙江诸暨人。如果黄钊看到的是陈洪绶的真迹，那么木棉入画的时间就可以上推至明末。黎简作于1781年的题跋云："碧嶂红棉……此景岭海人习见，而少画之。"作于1782年《为菊湖写各家山水图册三》题跋也云："碧嶂红棉。此南海真景也。余颇喜为此图，而南士少画之。然都变态不一。"玩绎句意，在黎简之前，岭海人以木棉入画并非没有，只是数量较少，而且艺术水平不高，所以没有引起人们的注意。黎简虽然注意到这些画作，但对其艺术水准心生不满，有意进行改进，故而肆力创作红棉图。结合黄钊所言，可以肯定的是，黎简并没有亲眼见过陈洪绶的红棉图。陈氏所画木棉，当时流传未广，所以当黄钊在琉璃厂见到此作时，欣喜若狂，马上就买回来，并加以题诗。黄钊诗言"碧嶂红棉好画图，流落风尘问谁购"，可见他对陈氏红棉图的理解和欣赏是有潜在意识存在的，那就是黎简的《碧嶂红棉图》。这从侧面反映了黎简的红棉图在当时是岭南木棉题材绘画的一个代表，而陈洪绶红棉图虽然成画时间更早，但由于没有流传开来，其文化影响力就大大下降。人们对于木棉图的印象和记忆还是黎简的《碧嶂红棉图》。所以，准确来说，木棉入画时间可以上推至明末，而黎简则是第一个大量以木棉入画，并对木棉题材绘画产生重大影响的画家。

① [清]黄钊《读白华草堂诗二集》卷一一，清道光十九年刻本。

黎简长于十八世纪下半叶，经过明末清初的动荡，此时广东的经济和文化正在迅速复兴——标志性的事件就是粤海关（广州）在乾隆二十二年（1757）成为全国唯一的通商口岸。经济地位的提升和社会的繁荣使本土文人更具文化自信力。本土意识的觉醒在此时的岭南画坛表现得相当明显。黎简大量创作岭南特色植物木棉题材的绘画即是其中之一。这是从时代文化背景的角度来看。

另外，对于黎简本人来说，又有什么特殊原因促使他大量创作《碧嶂红棉图》呢？首先，当然是他酷爱木棉。史载其“尝为市肆画纱灯人物，所作人物绝工，而画人无不着色作红衣者，故其《画郭山人扇》诗‘朱衣钓石泉’、《题画扇》诗‘要与江山助秋色，赤滕滇仗蒨红衣’是也”[①]。可见他对红色有一种特殊的癖好，所以面对猩红的木棉花，黎简如何能够抗拒其色彩的诱惑呢？他的《木棉花（家君子命作禁体诗）》云：“沧洲开木棉，开处掩春天。粗野何论态，纵横不受怜。极南宜正色，壮观殿诸妍。碧嶂来仙客，朱衣薄装绵。”[②]此诗结句出现的碧嶂仙客就是穿红衣的，红衣与红花结合，红上加红，诗人对红色可谓情有独钟。在其题红棉画诗，也有“碧山云热炙春空，日到木棉红处红”之句，同样讲的是这种“双红”的效果，不同的是上面是红衣与红棉，这里是红日与红棉。需要强调的是，木棉花是黎简心目中的“海外第一花”，他在作于1796年的《碧嶂红棉图》的题跋中写道：“木棉为吾粤东花之独冠，故余常作此图。今又拟此帧以待博览者辨焉。”所以，木棉花理应成为黎简大力渲染的对象。其次，他所创作的《碧嶂红棉图》

① 《达神惜斋随笔》，转引至汪兆镛等撰《岭南画征略：附续录、岭南画人疑年录》，广东人民出版社1988年版，第125页。

② ［清］黎简《五百四峰堂诗钞》卷一七丁未年，清嘉庆元年刻本。

大部分是用来赠送给友人的，换言之，红棉图在他手上具有非常强的交际职能。虽然其创作带有很大的现实功利性，但这一举动实际上包含着更深广的文化意义，值得作一讨论。写于1783年的《送别赵孝廉渭川希璜还惠州题碧嶂红棉图》云：

病后残年劳此身，秋还三度送夫君。萝烟药气沾衣在，别浦寒城落日曛。绘事明春木棉树，花期归袖紫宫云。中原他日思南卧，或有兹图到见闻。近年四方之士来游粤，索予画。予多以此图贻之，三年以来，此图度岭几数十本矣。[①]

黎简生平不出岭南，但名声在外，海内人士想望其风采，求诗、书、画者，络绎不绝，日填其门。诗的自注云：近年来岭外人士到粤游玩，经常向他索画。他则多以《碧嶂红棉图》赠送。这三年，此图度岭已有数十本了。诗画酬酢本是古代文人重要的文化活动。书画作品作为视觉艺术，更具有直观的冲击性。黎简以红棉图作为赠送岭外人士的礼物，不仅仅是单纯为了社交应酬，而且也表现出他强烈的本土意识，这实际上间接地向外宣传了自己的乡邦文化。在此，木棉树不仅仅是一种植物，而且也是岭南文化的载体。对于岭外人士，《碧嶂红棉图》有助于他们了解岭南风土人情；对于本土人士，此图则能稍解思乡之情，即黎简所谓“中原他日思南卧，或有兹图到见闻”也。据赵希璜同年所作《自题白雪红棉图》序云：

壬寅（引者按：1782年）岁杪，由羊城返棹，连日风雨作恶。维舟江渚，木棉始放，因追忆年来行路，两度江南，万树芦花，一天白雪，此大江风景也，惜无红棉一二树为之点缀。

① ［清］黎简《五百四峰堂诗钞》卷一三癸卯年，清嘉庆元年刻本。

尔新年无事，牵合作此小景，得四绝句。异日以示中原人士，其以为田山叟绛雪丹否？①

赵氏对岭南木棉是一份痴爱。作为岭南人的他两度游宦江南，看见芦花飞雪的大江风景，却深以无木棉树点缀其中为一大憾事。黎简“或有兹图到见闻”云云，大概是针对赵氏这种奇想而发，但对出岭怀乡的粤人也具有一定的普遍意义。木棉树是“岭南到处足种此，岭北居人稀见之”，在一定意义就是地域的符号、文化的载体。江南芦花飞雪之景，其实有两种：其一是芦花随风飘扬，弥望如白雪；其二是大雪皑皑与芦花相映成趣。因为木棉花絮是白色的，花谢后漫天飞絮，也能产生第一种效果。丘逢甲有《棉雪歌》，其序云：“红棉飞絮，满天如雪，此南荒奇景也。不可无诗。”②所写的就是这种现象。而赵氏创作的《白雪红棉图》则是要创造出第二种奇景，即木棉与白雪珠联璧合，其题诗云：“牵合江南到岭南，长江风雪木棉酣。”（《自题白雪红棉图》其二）从艺术渊源来看，是上法王维《袁安卧雪图》中雪里芭蕉之景。两者同样是“牵合”南北之景，以艺术想象加以熔冶陶铸，细究起来，不尽合事理，却别有一种视觉冲击力，能给人带来审美的享受。沈括说：“书画之妙，当以神会，难以形器求也……予家所藏摩诘画《袁安卧雪图》，有雪中芭蕉。此乃得心应手，意到便成，故造理入神、迥得天意。此难可与俗人论也。”③移此语来评价赵希璜的创造，不亦可乎？赵氏对自己的画作也很满意，称对于中

① ［清］赵希璜《四百三十二峰草堂诗钞》卷六，清乾隆五十八年安阳县署刻增修本。

② ［清］丘逢甲《岭云海日楼诗钞》卷五，民国本。

③ ［宋］沈括《梦溪笔谈》卷一七，《四部丛刊续编》景明本。

原人士来说，此图无异于田山叟的绛雪丹。田山叟即是申元之，其绛雪丹能使人死而复生，“非唯去疾，兼能绝谷”。[①]自我评价不可谓不高，其中也可看出他对本土文化的自信。赵希璜画红棉的技法深受黎简影响，而且也喜欢画红棉图赠送友人，其集中有《十月十六日作木棉图送大庾杨田郇进士之湖南》（作于1784年）[②]即是一证。

在当时的岭南画坛，以黎简为中心的诗画家群形成了以红棉图赠送岭外人士的风气，而诗书画不分的文化传统也深深影响了木棉的文学书写。作画必然会有题跋文字，从黎简现存的《碧嶂红棉图》中就有大量叙事性文字和题画诗，可以说是图文并茂。如1781年为谢景卿（1735—1806）所作的《碧嶂红棉图》，其题跋云：

> 碧嶂红棉。余去年（引者按：1780年）以碧嶂红棉一纸，日作此画藏于家，子孙保之，携以示颜子。颜子寻家遘难，此画遂失。此景岭海人习见，而少画之。忆戊戌（按：1778年）尝为李吏部作一纸，题曰《海外第一花》。今吏部已去，此颜子又北滞幽燕。独为云隐作此景，回思人事种种，可胜太息。诗曰：“一度花时廿度风，朱亭紫槛一时空。惟有攀枝耐风力，年年骄恣烧天红。”[③]

谢景卿即云隐，乃上面提到的谢兰生之父。这个题跋信息量大，为谢氏作画而回思年来人事种种，他共提到此前两幅红棉图的来龙去脉。而题送之对象：李吏部（李调元）、颜子（颜斯缉）今皆不在岭南，

① ［宋］李昉等撰《太平广记》第2册，中华书局1961年版，第429页。

② ［清］赵希璜《四百三十二峰草堂诗钞》卷八，清乾隆五十八年安阳县署刻增修本。

③ 《碧嶂红棉图》，纸本设色，25.5厘米×32厘米，藏广州艺术博物院。

是可浩叹。所题绝句也传神地写出了木棉的风骨气韵，与画作相得益彰。黎简的《碧嶂红棉图》对当时及后代的影响极大。黄丹书（1757—1806）《为胡秋筠题二樵红棉碧嶂图即送归山阴》云：

> 祝融衔命行海壖，灵旗宝纛高插天……南方草木此奇观，纷纷红紫徒争妍。山樵画笔通诗禅，胸罗幽怪穷雕镌。丹青偶尔出新意，真迹过岭人人传。君归浙东携此本，轻装包裹充寒毡……炎州回首忆旧雨，何由遽集兰亭贤。官斋冷绝空见画，暮云春树增凄然。他时雪棹访安道，定许襟期同郑虔。[1]

黄丹书与黎简交好，而且非常欣赏他。据《岭南画征略》载：“初，黎简还自西粤，声誉未广，丹书为之揄扬，盖弘奖名流，天性然也。”[2]此诗就是以《碧嶂红棉图》为中心对黎简的绘画艺术进行揄扬，其中更谈到红棉图在当时的流传状况，所谓“真迹过岭人人传”，足见此图影响之深。谢兰生虽然说画木棉叶自他始，但他画红棉也深受黎简影响。如《红棉溪阁图》[3]就是对黎简《碧嶂红棉图》的忠实模仿。岭南其他画家如叶梦草、郭适、张深、秦祖永、丁暠、陈树人等都擅长创作木棉题材的作品，而且基本都要追溯到开山鼻祖黎简的《碧嶂红棉图》。它是木棉文化的重要组成部分，从另外一个角度讲，木棉题材绘画的兴起不但说明岭南文化在清中叶的兴盛，也极大地反哺了木棉题材的文学书写。

综上所述，木棉入画时间可以上推至明末，而黎简是第一个大量

---

① ［清］刘彬华《岭南群雅》，清嘉庆十八年玉壶山房刻本。

② 汪兆镛等撰《岭南画征略：附续录、岭南画人疑年录》，广东人民出版社1988年版，第113页。

③ 香港中文大学出版社编《仿各家设色山水册》，《黎简谢兰生书画》，香港大学出版社1993年版，第246页。

以木棉入画，并对木棉题材绘画产生重大影响的画家。从时代背景看，清中叶岭南经济的复兴增强了本土文人的乡邦意识。另外，黎简本人对红色情有独钟，而且他的木棉图的最大功能是用于交际酬赠。这些都是他大量创作《碧嶂红棉图》的原因。正因为黎简的木棉图是为了酬赠，所以它们不仅仅只是一幅幅画，而是配备了许多具有叙事和抒情功能的诗文。在这个酬赠行为中，木棉扮演着两种功能：一是作为岭南文化的代表和象征，向岭外人宣传地域文化；二是让在外游子得慰思乡之情。与此同时，对于此图的仿作以及题诗和赠图的文化活动也逐渐在士人之间流行开来。总而言之，木棉题材绘画与木棉文学书写两者的互动构成了岭南木棉文化的一大部分。

图 34 ［清］叶梦草《碧嶂红棉》。1821 年作，纸本，设色，广州艺术博物院藏。

图35 ［清］秦祖永《碧嶂红棉》。1878 年作，绢本，设色。

图 36 ［明］胡正言《雅友（茉莉）》。见《十竹斋笺谱》。

图 37 广州外销画《茉莉》。纸本，水彩画，英国维多利亚阿伯特博物院藏。

图 38 ［宋］马麟《茉莉舒芳图》（团扇）。绢本，设色。

第七章 茉莉素馨的文学书写

第一节 茉莉素馨名实考

一、茉莉素馨入华时间

由于茉莉和素馨这两种植物涉及中外交流史等诸多问题，所以海内外学者都很关注，由此产生了一系列研究成果。今人刘家兴《“素馨”考辨》一文综合大陆、台湾、日本、美国等地学者之说，重新把素馨、茉莉名实捋了一遍，条理清晰，结论也非常中肯。但刘氏虽然把前人之说搜罗殆尽，却偏偏遗漏一篇比较重要的文献——薛爱华（Schafer Edward）的《耶悉茗考》[①]。这篇文章发表于1948年，其中对素馨和茉莉的考证都比今人，特别是大陆学者，要清楚得多，而且也提出了一些今人未注意的问题[②]。由于这篇文章年代久远而且是英文写成的，所以大陆学者在做这方面的研究时往往无视它的存在。在这里综合薛

① Schafer, Edward H. “Notes on a Chinese Word for Jasmine.” Journal of the American Oriental Society 68, no. 1 (1948): 60-65.

② 国内学者讨论茉莉和素馨时，往往点出素馨与美人的关系时便不做深入。薛爱华则提供了另外一个思考的视角。他认为由宫女（公主）、坟墓、茉莉组成的故事情节可以在古印度找到原型，由此推测南汉素馨的故事也是跟“茉莉”一词一样由印度传入。然后用《晋书》三吴女子为织女簪素奈的例子说明这是早期受印度故事影响的结果。其说可参，但不必求之过深。

爱华和刘家兴两人的研究，对这一问题略作增补。

本文的研究对象是素馨（Jasminum grandiflorum L.）和茉莉（Jasminum sambac (L.) Ait.），两者均是重要的外来植物，在岭南地区有着广泛的种植和应用。今人研究这两种植物的最初记载往往要溯源到题为嵇含的《南方草木状》，但学者对今本的真伪性已多争论（见第一章），所以笔者把《南方草木状》视为代表南宋人观点的文献，力求谨慎。况且劳费尔在研究茉莉、素馨的起源时，通过语言学的证据已经对嵇含的记载有所怀疑①，这使我们更难相信今本的著录。

唐代段公路《北户录》云：

> 耶悉弭花、白末利花（红者不香）皆波斯移植中夏，如毗尸沙金钱花也，本出外国，大同二年始来中土。今番禺士女多以缕贯花卖之。愚详末利乃五印度花名，佛书多载之，贯花亦佛事也。②

这一段记载有茉莉入华的明确时间说明，即南朝梁大同二年（536），但学者们往往以《南方草木状》予以反驳，把这两种植物的入华时间向前推。但是，除了《南方草木状》的记载之外无明确的文献依据，只是依靠汉晋时中外交流的文献记载就臆测茉莉、素馨当在这些交流中移栽引进，未免失之武断。因为，茉莉素馨在唐宋以前几乎没有任何文献记载的影响，故为保守，可存而不论。至于明代杨慎把《晋书》中三吴女子所簪的柰花当成末利花③，则不过是杨氏一千年后想当然

① ［美］劳费尔撰，林筠因译《中国伊朗编》，商务印书馆 2001 年版，第 154—159 页。

② ［唐］段公路《北户录》卷三，广陵书社 2003 年影印本，第 16 页。

③ 见［明］杨慎《丹铅总录》卷四“末利”条，《影印文渊阁四库全书》本。

耳。《晋书·成恭杜皇后传》云：

先是，三吴女子相与簪白花，望之如素柰，传言天公织女死，为之着服，至是而后崩。[1]

首先吴地白花不止茉莉一种，其他如栀子花、白兰花也同样具有这种功能，而且在当时更具普遍性。所以，杨慎的推测不可引以为据。究其原因还在于杨氏误读《南方草木状》的记载。《丹铅总录》“陆贾素馨”条云：

陆贾《南中行纪》云：“南中百花，惟素馨香特酷烈。彼中女子以采丝穿花心绕髻为饰。”梁章隐《咏素馨花》诗云：“细花穿弱缕，盘向绿云鬟。”用陆语也。花绕髻之饰，至今犹然。予尝有诗云：“金碧佳人堕马妆，鹧鸪林里采秋芳。穿花贯缕盘香雪，曾把风流恼陆郎。”姜梦宾笑谓予曰；“不意陆贾风流之案，千年而始发耶！”[2]

今本《南方草木状》“耶悉茗”条的记载是：

陆贾《南越行纪》曰：“南越之境，五谷无味，百花不香。”此二花特芳香者，缘自胡国移至，不随水土而变，与夫橘北为枳异矣。彼之女子以彩丝穿花心，以为首饰。[3]

可见，杨慎把《南方草木状》作者的叙述部分误读为陆贾的记载，因而导致许多人据此断定汉代已有茉莉和素馨的传入。今人已有辩正。实际上，关于穿花之俗，唐代段公路已有记载（见上所引），但可以肯定段氏的史料来源不是今本《南方草木状》，因为他明确提出耶悉

① ［唐］房玄龄等撰《晋书》卷三二，中华书局1996年版，第974页。
② ［明］杨慎《丹铅总录》卷二〇，《影印文渊阁四库全书》本。
③ 《南越五主传及其他七种》，广东人民出版社1982年版，第57页。

茗和茉莉入华时间，如果他见到今本的记载，就必定不会这样说。所以，今本《南方草木状》关于穿花的记载有可能是宋人从段公路那里搬抄过来，略加整理的。杨慎这条记载以及他的题诗对茉莉素馨的文学书写影响极大。陆贾与茉莉素馨的关系成为一个诗歌故实，清人吟咏时经常会化用，这也是一个弄假成真的文学文化现象。

综上，笔者认为茉莉素馨入华时间定在南朝时较为稳妥。

二、茉莉素馨的异名

茉莉和素馨是现代约定俗成的写法。在古代文献中它们都有许多异名。归纳起来，异名存在两种类别。第一种是音译名；第二种是汉化名。前者如李时珍所说："本胡语，无正字，随人会意而已。"这些名字读音相近，写法不同。如何书写其实体现人们的理解和认识。后者则是根据植物本身的特征另取一个更具有中国特色的名字。不过有趣的是，茉莉最终保留了音译名，素馨则汉化成功。这种现象非常值得阐释。

据《事物异名录》载：

> 茉莉，鬘花、奈花、抹厉、没利、抹利、末利、末丽、暗麝、雅友、远客、狎客、小南强、萼绿君、狗牙、雪瓣。
>
> 素馨，耶悉茗、耶悉蜜、韵客、蕃巷花、花�嬖幸。[1]

其实，异名还不止这些，如茉莉还有玉香、幼女等称呼；素馨则有野悉蜜、耶悉弭等不同写法。但要其指归，均可用上面音译名和汉化名进行归类。

关于耶悉茗和茉莉的语源，美国学者劳费尔已有不容置喙的研究。

① ［清］厉荃《事物异名录》卷三三花卉部，清乾隆刻本。

他认为：

（一）耶悉茗 ya-sit(sid)-min= 帕拉菲语的 yāsmīn，新波斯语 yāsamīn，yāsmīn，yāsmūn，阿拉伯语 Yasmin 或野悉蜜 ya-sit-mit（见于《酉阳杂俎》）= 中古波斯语 yāsmir（？）。从语言学的证据看来，《酉阳杂俎》和李时珍既然都这植物的原产地为波斯，我们似乎应该承认它是由波斯传到中国的。

（二）末利或茉莉，mwat(mwal)-li=malli，梵语 mallikā（Jasminum sambac）的译音，西藏语 mal-li-ka，暹罗语 ma-li，吉蔑语 māly 或 mlih，占语 molih。马来语 melati 是来自梵语 mālati，指素馨（Jasminum grandiflorum）。

（三）散沫，san-mwat（福建方音 mwak）……显然符合阿拉伯字 zanbaq（茉莉），植物学名称 sambac 就是从这个阿拉伯字来的。

（四）鬘花，见于佛经里，显然是梵语 sumanā（Jasminum grandiflorum）的缩写，sumanā 采用到波斯语成为 suman 或 saman。①

据《中国植物志》载，耶悉茗（Jasminum officinale）、素馨（Jasminum grandiflorum）和茉莉（Jasminum sambac）三者在品种上还是有区别的。但在宋代之前，耶悉茗和茉莉经常成对出现在文献上，其指称性还很模糊，尤其是茉莉，这时的茉莉大概还可以指今天的素馨（Jasminum grandiflorum）。上面所引劳费尔之说，马来语

① ［美］劳费尔撰，林筠因译《中国伊朗编》，商务印书馆 2001 年版，第 157—158 页。

melati 就是专指素馨，可见其最初的指称可能包括素馨（Jasminum grandiflorum）和茉莉（Jasminum sambac）两种，后来人们才把范围加以限定的。而我国自宋代以来，素馨一名逐渐流行，并成功取代了耶悉茗。但这种取代并不是在同一品种的名字置换。如前所述，宋前茉莉可能还包括素馨一种，宋后则两者各管各的，也就是茉莉指 Jasminum sambac，素馨指 Jasminum grandiflorum。究其原因可能是因为耶悉茗（Jasminum officinale）一种的衰落，其影响也逐渐淡化。然而，古代一般认为耶悉茗与素馨是同一个品种，而茉莉又是另一种，所以著录异名时常常把耶悉茗和素馨归为一类。查考《中国植物志》的记载，耶悉茗（Jasminum officinale）和素馨（Jasminum grandiflorum），相比于素馨和茉莉，区别要小得多。所以宋代以后的人一般都把耶悉茗和素馨等量齐观。但是，这里还有一个要回答的问题。为什么耶悉茗衰落了，而素馨异军突起？学者们一般认为耶悉茗是外来词，且拗口难读，所以用更符合中国审美的素馨来替代，如南宋吴曾就说："岭外素馨花，本名耶悉茗花。丛脞幺么，似不足贵。唯花洁白，南人极重之。以白而香，故易其名。"[①]他们的回答还是建立在耶悉茗和素馨是同一品种的基础上，其实如果知道耶悉茗与素馨是不同品种的话，那么耶悉茗一种的衰落也同样可以用音译的拗口以及素馨一名被广泛接受来解释。正因素馨被大众认可，所以素馨一种能够异军突起取代耶悉茗。

那么，我们不禁要问，为什么素馨一名能够汉化成功，而茉莉却依然使用音译的称呼？学者一般认为素馨便于记忆，符合植物的特点，

① ［宋］吴曾《能改斋漫录》卷一五，《影印文渊阁四库全书》本。

又认为与南汉政权和大理国等传说有关[①]。这基本是正确的，但必须强调的是历史语境的丰富才是素馨能够迅速传播并被人接受的重要原因。人们记住素馨已经不是单纯的花名，或者说白色芳香的意义，而是一个真实存在的历史人物。当然，这些历史都是后人的文化想象，不必言之凿凿，所以，有关素馨的传说，流传版本众多，说法不一（详见下文）。另外，在中国古代一直有一个“物名类人名”[②]的传统，素馨正是在这个意义上被建构和接受的。

明代田艺蘅曾想为茉莉重取一个更加中国化的名字，他说：“茉莉花，字本从末从利。客有病其名不雅者，余更命之曰玉香花。”[③]另外清代曹溶也说：“至于茉莉，《洛阳名园记》作抹厉，王梅溪作没利，朱元晦作末利，不若《本草纲目》名为雪瓣者，最雅大都。”[④]玉香、雪瓣以及茉莉其他汉化的名字都没有得到后人的广泛响应和认可。我想，一方面可能是因为这只是文人趣味的体现——素馨一名其实也体现这种趣味；另一方面则是缺乏历史语境的支撑。玉香、雪瓣等名都能够根据植物特点进行定义的，但它们都缺乏历史的厚度和文化的意义，所以不可能像素馨一名一样广泛流传。而且，最为重要的还是“茉莉”本身在解释上有很强的自足性，人们根据音译来组词常常有许多望文生义，但讲得通的解释。如“抹丽”是掩盖群芳的意思，“没利”为闻香而无好利之心，等等。耶悉茗就不能像茉莉这样缘音生训，所以最终被素馨取而代之。

---

① 刘家兴、刘永连《“素馨”考辨》，《暨南史学》2015 年第 2 期。

② 详参［清］董含《三冈识略》卷三“物名类人名”条，作者举了许多例子。

③ ［明］田艺蘅《香宇集》初集卷四诗，明嘉靖刻本。

④ ［清］曹溶《倦圃莳植记》倦圃莳植记卷中，清钞本。

第二节　茉莉素馨与宋元文化

一、书写的开始

茉莉自从海外移植进来后，刚开始还只是扎根岭南，对中土的影响还不是很大。现存文学文献中，唐代以茉莉为题材的作品并不多见；素馨由于是后起之名，更不可能有。任群说："《全唐诗》中提到茉莉花的诗歌只有李群玉《法性寺六祖戒坛》、皮日休《吴中言怀寄南海二同年》、赵鸾鸾《檀口》等少数作品。就时间而言，这几位诗人已经步入晚唐；就内容而言，茉莉花并不是作为独立的审美对象存在。"①今人的《全唐诗补编》也没收录咏茉莉的作品②。现存最早（能确定系年）把茉莉花作为独立审美对象的作品是余靖的《酬萧阁副惠末利花栽》云：

> 素艳南方独出群，只应琼树是前身。自缘香极宜晨露，勿谓开迟怨晚春。栏槛故将宾榻近，丹青重整画图新。移根得地无华裔，从此飞觞不厌频。（《全宋诗》第4册，第2673页）

萧阁副即萧注（1013—1073），字岩夫，临江新喻（今江西新余）人。"皇祐四年（1052）以权广州番禺县令萧注为礼宾副使，仍权发遣番禺县事，赏捕系蛮贼之劳也。"③阁副即礼宾副使的简称，可见这首诗的系年上限为1052年。但当时侬智高叛乱还没有完全平息，赠花这种雅事应该不会存在。平定叛乱后，萧注又知邕州，而余靖则是

---

① 任群《论宋代的茉莉诗》，《阅江学刊》2011年第4期。

② 一些学者据《历代花鸟诗》所收唐代张劭《茉莉》一诗称唐代已经有独立吟咏，实是以讹传讹。

③ ［宋］孙逢吉《职官分纪》卷四四，《影印文渊阁四库全书》本。

当时的广南西路经略安抚使，此诗的创作时间当在这个阶段，萧注所赠之茉莉可能就是邕州（今广西南宁）的茉莉。另如陶弼的《茉莉花》两首也是北宋较早的作品，其一曰：

重译新离越裳国，一枝都掩桂林香。养成崖谷黄蜂蜜，羞死江湖白藕房。（《全宋诗》第8册，第4999页）

陶弼（1015—1078），仁宗庆历（1041—1048）中曾为桂州阳朔（今广西桂林）主簿和县令。从“一枝都掩桂林香”来看，此诗似乎作于桂州任上，如果孤证能立，那么这首诗的创作时间将比余靖更早。现在姑且两存，以俟后考。

宋代现存最早提到茉莉花的作品是蔡襄《移居转运宇别小栏花木》：“素馨出南海，万里来船舶。团团末利丛，繁香暑中拆。”据诗中“三年对小栏”可知这首诗当作于庆历六年（1046）秋，作者从福州知州（1044）改任福建路转运使时。蔡襄这首诗虽然出现素馨和茉莉，但他似乎并没有把它们分别对之，而是把素馨视为末利的代称。茉莉与素馨分指是后来的事（已如上考），这时还没有清晰界定。在当时的福建，茉莉并不易得。蔡襄另一首诗《寄南海李龙图求素馨含笑花》云：

二草曾观岭外图，开时尝与暑风俱。使君已自怜清分，分得新条过海无。（《全宋诗》第7册，第4810页）

从上面可知，蔡襄在福州知州任上有花园专门栽种茉莉素馨一类花木。这首诗是作者向南海友人李龙图索求素馨和含笑花，所以此诗可能作于刚出任福州知州（1044）时。如果考虑到蔡襄用素馨来代指茉莉，那么严格来说这首诗是更早提到茉莉花的。但这首诗的意义还在于它表明了茉莉花在宋初的福建并不普及，人们为了得到它，还需要求之岭南。

二、茉莉与宫廷的关系及文人的书写态度

据陶谷（903—970）《清异录》“小南强”条记载：“南汉地狭力贫，不自揣度，有欺四方，傲中国之志。每见北人，盛夸岭海之强。世宗遣使入岭馆，接者遗茉莉，文其名曰小南强。及本朝鋹主面缚，伪臣到阙，见洛阳牡丹，大骇叹。有搢绅谓曰：此名大北胜。”[①]这是南汉（917—971）与茉莉花有密切联系的较早记载，也许正是因为这件事，影响了后世对南汉素馨传说的建构。此是后话，暂且不表。但陶谷卒于970年，而后主刘鋹是在971年投降的，所以“大北胜”之说是否是陶谷本人亲见亲闻颇有可疑。不过应该注意的是，南汉人称茉莉为小南强在当时有一定的流传，其事并非生造，而陶谷卒前恰逢宋朝与南汉的交战，所以夷夏之防的观念（“中国”的用语）使他完全有可能杜撰出牡丹为“大北胜”，从而体现中国“傲蛮夷之志”。在南汉，茉莉花成为“岭海之强”的象征，并在与中土交流中发挥重要作用，由此可以看出它在当时岭南（尤其是南汉宫廷）的地位。而在北方，如洛阳等地，私家园林已经开始种植茉莉，李格非《洛阳名园记》中记道：“远方奇卉如紫兰、茉莉、琼花、山茶之俦，号为难植，独植之洛阳，辄与其土产无异。”[②]虽然李氏说洛阳已经可以栽培茉莉，但可以肯定的是茉莉需要靠南方的供应来维持，其次种植范围只是局限于少数人（达官贵人）。北宋末年，茉莉素馨成为宫廷消费的重要花卉。崇宁四年（1105），宋徽宗设立应奉局、造作局等机构，专事搜罗南方地区的奇花异石。在皇家园林中，大量南方草木成为宫廷的

---

① ［宋］陶谷《清异录》卷二，《宋元笔记小说大观》第1册，上海古籍出版社2001年版，第37页。

② ［宋］李格非《洛阳名园记》，明《古今逸史》本。

消费品。当时的艮岳有所谓的“八草”，即“金蛾、玉羞、虎耳、凤尾、素馨、渠那、茉莉、含笑之草”①，茉莉素馨均名预其中。另如琼林苑，如孟元老所写：“苑之东南隅，政和间创筑华觜冈，高数丈，上有横观层楼，金碧相射，下有锦石缠道，宝砌池塘，柳锁虹桥，花萦凤舸，其花皆素馨、末莉、山丹、瑞香、含笑、射香等闽、广、二浙所进南花。”②可以说，在宋徽宗的影响下，当时开封的皇家园林大量栽植茉莉素馨。这次“花石纲”也大大提高了茉莉素馨的名气，犹如被钦定一样，后来在南宋宫廷中更是属于常见的消费品，如周密《武林旧事》“禁中纳凉”条云：“禁中避暑，多御复古、选德等殿，及翠寒堂纳凉……又置茉莉、素馨、建兰、麝香藤、朱槿、玉桂、红蕉、阇婆、薝蔔等南花数百盆于广庭，鼓以风轮，清芬满殿。”③宋末叶寘认为：

> 此花由（一作生）西国而南产久矣，乃复越南而北，盖尤盛于宣和。李仁父侍郎诗序云：茉莉花素馨，皆岭外海濒物，自宣和名益著。④

李仁甫即李焘，他的这首诗已佚。但从以上记载可以看出宋徽宗朝是茉莉素馨向北推广极重要的阶段，后人吟咏茉莉素馨也不断提这个话头，如“宣和时节始名扬”（《浣溪沙·茉莉》）⑤、“一自宣和名著后”（《真珠帘·茉莉》）⑥等。当时，花石纲的影响极大，

① ［清］秦缃业、黄以周辑《续资治通鉴长编拾补》卷四四，清光绪浙江书局刻本。

② ［宋］孟元老撰，伊永文笺注《东京梦华录笺注》卷七，中华书局2006年版，第676页。

③ ［宋］周密《武林旧事》武林旧事卷三，民国景明《宝颜堂秘籍》本。

④ ［宋］叶寘《爱日斋丛抄》，中华书局2010年版，第126页。

⑤ ［清］汪懋麟《锦瑟词》，清康熙刻本。

⑥ ［清］邵瑸《情田词》卷一，清乾隆十七年石帆花屋刻本。

吕本中有诗《邵伯路中途遇前纲载茉莉花甚众，舟行甚急，不得细观也，又有小盆榴等，皆精妙奇靡之观，因成二绝》，其一曰：

图 39　［清］李鱓《花卉册页》之一。1753 年作，题跋：“广州茉莉建州兰，开向江南盛最难。十两白金方买得，破悭写出与君看。李鱓。”

花似细薇香似兰，已宜炎暑又宜寒。心知合伴灵和柳，不许行人仔细看。（《全宋诗》第 28 册，第 18087 页）

一纲即由十艘船组成，诗人所见正是当时装载茉莉花、开往汴京的船只。

但从作者的态度来看，似乎没有特别强烈的批判，相反却是被茉莉等花的精妙奇靡所吸引，而且因为船速太快，诗人竟以“不得细观”惋惜不已。“花石纲”在当时及后世都有人强烈反对和指责，吕本中这种态度非常值得琢磨。首先，他在诗中并没有关注“花石纲”一事，而是体现在对茉莉等花的玩赏中。其次，诗人是以一种不得相见的遗憾来抒发情感，原因即在茉莉花在当时主要是宫廷的消费品，一般人并不多见。另外据现存文献看，宋代文人对茉莉和素馨的文学书写大多发生在南方，尤其是两广之地。南北宋之交，茉莉素馨的吟咏突然多了起来，除了“花石纲”一事的影响外，还要得力于南迁、贬谪等因素使文人有机会踏入岭南，接触到在北方被当成奇花名卉的茉莉素馨，所以作品更多。但是诗人吟咏茉莉素馨基本没有着眼于它与宫廷和政治的关联，而是如吕本中一样持玩赏的态度。吕本中另一首咏茉莉诗云：“香如含笑全然胜，韵比酴醾更似高。所恨海滨出太远，初无名字入风骚。”诗人依然喟叹茉莉离中土太远，而且在《诗经》《楚辞》中并没有出现[①]。他并没有把眼光投到茉莉与花石纲的联系上。所以，当南来的文人有机会真正接触到茉莉素馨时，他们就大多会以玩赏的态度来书写。

① 这种书写其实是吟咏花卉果木的常用套路——以不入诗骚为恨。后来罗大经《鹤林玉露》列举许多花草，如：“木犀、山矾、素馨、茉莉，其香之清婉，皆不出兰芷下，而自唐以前，墨客椠人，曾未有一语及之者，何也？”后世也很常见。

第三节 茉莉的商业性及其书写

一、茉莉的商业性色彩

茉莉花的商业性色彩非常强。在宋代就深受皇家贵族的青睐，随着经济贸易的繁荣，茉莉逐渐在江浙一带流通起来。民间对茉莉的消费显然是受到宫廷文化的刺激。以南宋临安为例。据周密《武林旧事》载：

> 熙春楼、三元楼、五间楼、赏心楼……已上皆市楼之表表者。每楼各分小十余，酒器悉用银，以竞华侈。每处各有私名妓数十辈，皆时妆袨服，巧笑争妍。夏月茉莉盈头，香满绮陌。凭槛招邀，谓之“卖客”。[①]

周密对杭州酒楼妓女“卖客”的场景描写得栩栩如生。当时的妓女犹如今天的明星，都是引领一时之潮流者。所以她们的穿着及簪戴都代表着当时的时尚追求。头簪茉莉花就是其中之一。他对当时茉莉的贸易情况也有描写，卷三载：

> 茉莉为最盛，初出之时，其价甚穹，妇人簇戴，多至七插，所直数十券，不过供一饷（引者按：疑为晌）之娱耳。[②]

这种情况在文学作品中多有反映。如元代顾瑛（1310—1369）《西湖口占三首》其三：

> 十九韦娘著绛纱，金杯玉手载春霞。清歌未了船头去，笑买新妆茉莉花。（右戏赠杜姬）[③]

① ［宋］周密《武林旧事》武林旧事卷六，民国景明《宝颜堂秘籍》本。
② ［宋］周密《武林旧事》武林旧事卷三，民国景明《宝颜堂秘籍》本。
③ ［清］顾嗣立《元诗选》初集卷六四，《影印文渊阁四库全书》本。

屠性《西湖竹枝词》云：

二八女儿双髻丫，黄金条脱银条纱。清歌一曲放船去，买得新妆茉莉花。[①]

可见宋元杭州地区的簪花以及贸易之风。而且还有女性诗人现身说法，如元代嘉兴名妓罗爱卿《凌虚阁避暑玩月四首》其三云："手弄双头茉莉枝，曲终不觉鬓云欹。珮环响处飞仙过，愿借青鸾一只骑。"[②]正因为民间女子对簪花的需求，而且在江浙一带，茉莉还无法大面积种植，也无法自然越冬，所以必然刺激了茉莉贸易的发展。宋代张邦基云：

闽广多异花，悉清芬郁烈。而末利花为众花之冠……今闽人以陶盎种之，转海而来，浙中人家以为嘉玩，然性不耐寒，极难爱护。经霜雪则多死，亦土地之异宜也。

另外应孟明：

茉莉之生宜于闽而不宜于浙。闽之地，篱旁舍下，山樊水崖，如刺如藤，不植自繁。浙之好事者远而求之闽，既得之，则辛苦培之。不敢植地上与群花偶，瓦以为缶，木以为斛，植其中，求迁徙便。夜归于室内，昼出之庭下，时而寒之则昼夜不出，居火之近。然犹十植而八九不生，而六七不繁。[③]

以上都可以看出茉莉的市场需求，以及在江浙一带比较难栽植的情况。宋代如此，明代亦然。于若瀛云：

茉莉自夏首至秋杪皆花，开必薄暮，半□□□作奇香。

① ［清］陈衍《元诗纪事》卷八，清光绪本。

② ［清］陈衍《元诗纪事》卷二〇藩属，清光绪本。

③ 曾枣庄、刘琳主编《全宋文》第257册，上海辞书出版社2006年版，第47页。

次晨则香减。霜后犹生，朵但渐小耳。经大寒无不萎者，即金陵亦然。向余得一本，根下有铁少许，盖鬻者利其必萎，彼钻核者又何足异？余去其铁，易土而植之，灌以腥汁，开甚盛，遇大寒藏之暖室。历三岁犹花，但干老苍疏，总之风气，不宜也。金陵易得，每岁购二三本，霜后辄弃之，不复藏矣。[1]

这些材料都表明，古代茉莉最大的消费市场——江浙地区，因气候和技术的原因，无法大量种植茉莉，本地供不应求，只能靠闽广两地的供应，所谓“低徊粤客田边雨，消受吴娘鬓底风”。值得注意的是，明清两代已经不仅仅依靠闽粤两地的生产，而是又发展了另一个新产地——江西。赣产茉莉后来占据了江浙一带的茉莉花市场，也对文学书写产生了极大的影响。

二、赣产茉莉

清代王谟（约 1731—1817）《江西考古录》云：“按耶悉茗，今素馨也。本出广东，而茉莉则盛出于赣。《通志》云：‘赣产茉莉，业之者以千万计，舫载以达江湖，岁食其利。’正陆贾当日所见也。贾凡再使南越，必取道赣上，故《行纪》云尔。然则赣产茉莉，由来远矣。”这条考证并不准确，是王氏误读《南方草木状》的记载。但从这条记载来看，清代江西的茉莉种植和贸易都非常发达，影响力大大超过广东，所以王氏以今况古，认为赣产茉莉一定由来已久。这是错的。赣产茉莉比较明确的书写是南宋赵师侠《沁园春·信丰赋茉莉》一词。信丰即今江西赣州。但这首词所写的茉莉是赣产还是粤产无法一言断定，但可以肯定的是，闽粤茉莉除了通过东南沿海的海运输入

① ［明］于若瀛《弗告堂集》卷四，明万历刻本。

江浙地区外，还有越过大庾岭经由江西运到江浙一带的选择。宋元两代几乎不见赣产茉莉的身影，直到明清，江西的花卉种植业才独领风骚。究其原因，首先是明清时有大量闽粤流民涌入赣南地区，其中大多是破产小农和商人[①]；其次是赣南地区适宜栽培茉莉等植物，而且有强大的地缘优势。“所谓天府江西号产米乡，岁漕数百万石，巨航鳞次北发，惟章水是赖。”[②]综上，闽粤地区的流民带来了种植技术和商业思维，打破赣南地区原有的经济结构，大力栽培经济作物、观赏花卉，如蓝靛、甘蔗、兰花等，茉莉即是其中之一。然后依靠商船，经由赣江、鄱阳湖、长江运往吴中地区。据方志载，通过茉莉的种植岁食其利，业之者以千万计。这种现象也极大地影响了明清茉莉的文学书写。如清代方文《茉莉谣》五首：

章贡交流处，种花如种田。家家千百本，争附下江船。

炎方霜雪少，花叶四时青。一过江东去，交秋叶即零。

藤本多而贱，木本少而贵。朱夏花偏繁，玄冬叶不替。

风寒是所忌，干燥亦非宜。三冬藏密室，隔日记浇期。

井泉令叶烂，蚁穴令根伤。秋分须换土，乌豆汁为良。[③]

方文把当时赣州种茉莉的情景生动地描写出来，“种花如种田”正表明其茉莉的利润非常大。下面还谈到茉莉种植之法，可见这几首诗既真实再现种植和贸易的盛况，也对种植有实用性的方法指导。这可能是其文体“谣”的内在规定。另外，赣产茉莉主要销往江浙地

---

① 可参曹树基《明清时期的流民和赣南山区的开发》，《中国农史》1985 年第 4 期。

② 董榕《章源神庙记》，［清］黄鸣珂修《（同治）南安府志》卷二三，成文出版社 1974 年版，第 2041 页。

③ ［清］方文《嵞山集》续集西江游草，清康熙二十八年王槩刻本。

区，清初江西士子杨弱生就曾从赣江载花入吴以换购图书，并拜访了钱谦益。牧斋为他作序云："泰和杨弱生，不远二千里，访余干江村。问其何以治行？曰：潭（章）江多茉莉花，吴中多书，载花满棹，易书盈车，谒夫子而还，吾事办矣。"这是一个非常有趣的叙述，它既体现了当时江西人的贸易思维，也昭示了茉莉在吴中的市场前景。同样，茉莉贸易也深刻地影响到茉莉文学书写。如明代王穉登（1535—1612）《茉莉曲》六首：

赣州船子两头尖，茉莉初来价便添。公子豪华钱不惜，买花只拣树齐檐。

花船尽泊虎丘山，夜宿娼楼醉不还。时想簸钱输小妓，朝来隔水唤乌蛮。

满笼如雪叫栏街，唤起青楼十二钗。绣箧装钱下楼买，隔帘斜露凤头鞋。

乌银白镴紫磨金，斫出纤纤茉莉簪。斜插女阿崎㛹髻，晚妆朝月拜深深。

卖花伧父笑吴儿，一本千钱亦太痴。侬在广州城里住，家家茉莉尽编篱。

章江茉莉贡江兰，夹竹桃花不耐寒。三种尽非吴地产，一年一度买来看。[①]

邓原岳称王穉登《茉莉曲》"翩翩竹枝余响"[②]，正是因为六首诗包含大量民俗信息，传神地表现了当时卖花买花的场景。而且还可

① ［清］钱谦益《列朝诗集》丁集卷八，清顺治九年毛氏汲古阁刻本。
② ［明］邓原岳《荔枝曲十四首有引》，《西楼全集》卷一〇，明崇祯元年邓庆寀刻本。

以看到当时赣州花船的主要集散地是苏州虎丘，这里的花市以及花卉贸易非常有代表性。最可注意的是，这里第五首提到广州，但广州的茉莉却不是这里的主角，取而代之是赣江运来的江西茉莉。关于虎丘花市的茉莉贸易，当时有所谓“山塘日日花成市，园客家家雪满田”[①]的描写，顾禄在《清嘉录》记道：

> 珠兰、茉莉花，来自他省。薰风欲拂，已毕集于山塘花肆。茶叶铺买以为配茶之用者，珠兰辄取其子，号为“撇梗”；茉莉花则去蒂衡值，号为“打爪花”。花蕊之连蒂者，专供妇女簪戴。虎丘花农，盛以马头篮，沿门叫鬻，谓之“戴花”……百花之和本卖者，辄举其器，号为“盆景”。折枝为瓶洗赏玩者，俗呼“供花”。[②]

可见茉莉并不仅仅只是簪戴而用，还有许多功能和应用。如经济价值的开发——配茶；观赏价值的应用——盆景、插花。其中经济实用功能应该更是消费的主要点。虎丘花市的茉莉贸易对茉莉文学书写的影响如前揭《茉莉曲》六首外，还有钱希言《茉莉曲》十首，不过已佚。但宋懋澄《和钱大虎丘茉莉曲十首》和彭孙贻《和钱象先茉莉曲十首》——这二十首和作却都流传了下来。这些诗歌在内容上基本都是继承王穉登的传统，描写赣产茉莉对苏州虎丘的影响以及当地卖花买花簪花等情景，具有极高的民俗史料价值，也是茉莉文学一个重要的书写模式。

三、茉莉的乡愁

所谓“商人重利轻别离”，茉莉花的商业色彩使它不得不远走他乡，

① ［清］沈德潜《清诗别裁集》卷一六，清乾隆二十五年教忠堂刻本。

② ［清］顾禄《清嘉录·桐桥倚棹录》，中华书局2008年版，第136页。

这就给文人留下了极大的想象空间。茉莉文学书写的另一个特色就是抒发茉莉的乡愁，这一点恰恰是它商业性的鲜明体现，也是人们一个特殊的审美观照。早在宋代，陈宓《素馨茉莉》就有“移根若向清都植，应忆当年瘴雨乡”的句子。但此后应者寥寥，原因可能是花卉的商业性色彩还未充分展现出来。到了明清，乡愁书写成了一个非常重要的组成部分。如曹亮武《爪茉莉·茉莉》云：

> 记得岭南，在蛮娘之圃。飘流过、章江湓浦。冰肌玉魄，销受了，许多炎暑。试看他、月上栏干，芳心也曾漫吐。摘来绡帐，色蒙蒙、尚沾露。须念汝、远抛乡土。洛妃解珮，想依然、恁丰度。到夜深、隐隐冷香无数。应都是，牵惹处。①

茉莉从岭南到江西，从赣江到湓浦（今江西九江），词人有非常清晰的路线说明，下阕就对茉莉的乡愁进行设想揣摩，但还只是隐隐约约，充满着没有完全说透的惆怅。而与曹氏齐名的陈维崧（1625—1682）《金明池·茉莉》就完全捅破这层纸，其词曰：

> 海外冰肌，岭南雪魄，销尽人闲溽暑。曾种在、越王台下，记着水、和露初吐。遍花田、千顷玲珑，惹多少、年小珠娘凝觑。奈贾舶无情，茶船多事，载下江州湓浦。姊妹飘流离乡土，怅异域炎天，黯然谁与。燕姬戴、斜拖辫发，朔客嗅、烂斟驼乳。望夜凉、白月横空，想故国帘栊，旧家儿女。只鹦鹉笼中，乡关情重，相对商量愁苦。②

这首词主题非常鲜明，就是围绕茉莉的乡愁来构思的。上阕写岭南茉莉在家乡的情景，但是由于“贾舶无情，茶船多事”，茉莉作为

① ［清］曹亮武《南耕词》卷二，清康熙刻本。
② ［清］陈维崧《迦陵词全集》卷二九，清康熙二十八年陈宗石患立堂刻本。

商品就流离乡土，然后引发出无限的乡愁。这种描写只有在商业化程度高的社会才会大量出现，所以陈维崧这种明确的构思在此后的茉莉文学书写不断出现。岭外文人见到商业化了的茉莉，首先映入脑中的就是它的原产地，然后就会把诗词常见的乡愁主题赋予给无生命的茉莉花。这是文学与商业交叉影响后自然而然的事情。

另外，除了岭外人会注意商业化茉莉的乡愁之外，本土文人由于身份的不同，他们在观照茉莉乡愁时往往会打入自己的乡邦意识，所以显得更加情深意挚，如冯询（1792—1867）《谢王小初太守惠茉莉》：

> 君知我思乡，为我致乡卉。南海第一株，移自波斯始。彻夜女儿香，惟素馨与尔。尔干似槎枒，尔花实绮靡。忆昔珠江游，花船烂筵几。珠串绕成围，银丝插作珥。酒阑人散后，花意转竟起。芳生笑语余，腻入魂梦里。颇谓温柔乡，毕生住亦喜。讵料轻别离，商人重利市。衣香抛一园，捆载逐千里。薰菸媚人鼻，薰茶媚人齿。如蝶干可怜，如麝馥自毁。安用逞南强，未免厌北鄙。憔悴滞天涯，嗟予今老矣。欣欣见花来，爱比遗簪履。培植纵有人，岂及故园美。聊复酒一杯，赏花酌行止。珍重谢良朋，惠我意无已。①

冯询是广东人，诗中茉莉的乡愁就是诗人的乡愁，虽然主题是表达感谢惠花之举，但仅仅在诗末进行点题而已，通篇其实都是借花说愁，远走他乡而“媚人鼻”“媚人齿”，可能也表达作者仰人鼻息的心情，当然友人所惠茉莉花让诗人有如他乡遇故知一样欣喜若狂。这种感情更具个人色彩，所以也就更令人感慨。总之，茉莉书写中乡愁的色彩

① ［清］冯询《子良诗存》卷一八，清刻本。

大部分是由其商业性所造成的，它是古代茉莉文化的重要组成部分。

四、结语

茉莉在江浙地区拥有巨大市场，但由于本土气候和种植技术的影响，不得不依赖闽粤地区的供应。明清两代，闽粤流民大量涌入江西，为该地带来了新的种植技术和商业思维，打破了原有的种植结构，大力生产经济作物。由于地缘的优势，赣产茉莉逐渐占领了江浙市场，取代了闽粤的地位。在此时的茉莉文学书写中，赣产茉莉也独占鳌头，描写卖花买花的场景成为一个重要书写的模式。另外，因为茉莉所具有的商业性色彩，文人对它们进行观照和书写时，时常会赋予其一种特殊的乡愁话语。这种乡愁的想象是茉莉商业性的体现，也是其文学书写的重要特色。

第四节　素馨的历史性及其文学书写

上文讲到，素馨名字的历史语境才是它被广泛接受的重要原因，但素馨之名的产生并非和它的传说同步而至；而且，最早提到素馨的蔡襄也是把它当成茉莉的代称。所以，首先要把这层层累积的历史一层一层地剖开。比较明确地把茉莉素馨视为两物的是南宋文人郑刚中（1088—1154）。他的诗题如小序一般，云：“或问茉莉素馨孰优？予曰：‘素馨与茉莉香比肩，但素馨叶似蔷薇而碎，枝似酴醾而短，大率类草花，比茉莉其体质闲雅不及也。’”诗曰：

> 茉莉天姿如丽人，肌理细腻骨肉匀。众叶蔟蔟开绿云，小蕊大花气氤氲。素馨于时亦呈新，蓄香便未甘后尘。独恨

雷五虽洁清，珠玑绮縠终坐贫。（《全宋诗》第30册，第19120页）

末句化用柳宗元《马室女雷五葬志》一文所记雷五事，柳氏写道："雷五生巧慧异甚，凡事丝纩文绣，不类人所为者，余睹之甚骇。家贫，岁不易衣，而天姿洁清修严，恒若簪珠玑，衣纨縠，寥然不易为尘垢杂。"[①]在郑刚中眼里，素馨比不上茉莉，他之所以把素馨比喻为马室女雷五，是因为素馨与雷五一样，虽然洁清，但没有富贵之气（贫）。与之相对，茉莉花具有富贵之态，所以诗人称它"小蕊大花气氤氲"。这种审美观很像唐人对牡丹、荔枝等花果的欣赏，尤其想捉住它们的富态。然而根据现代植物学的研究，素馨的花一般要比茉莉的花大[②]。但郑氏可能是着眼于花瓣的形状，因为素馨花瓣显得尖瘦，而茉莉是圆瓣（这在明代已有明确的认知），这样就可以解释为什么素馨会与贫联系起来，而茉莉是"肌理细腻骨肉匀"。后代文人常常会吟咏茉莉的丰韵而不是素馨，很大程度上是基于对它们花瓣的认识。郑刚中是现存文献中较早把素馨和茉莉拿来比较的，但他并没有谈到任何有关素馨的历史传说（包括其他素馨诗）。在这首诗中，更值得注意的是，他把素馨花与一个天资洁清，喜欢簪戴珠玑的女子联系起来。笔者认为，这个比拟开了后人想象的法门。

吴曾《能改斋漫录》云：

岭外素馨花，本名耶悉茗花。丛脞幺么，似不足贵。唯

---

① ［唐］柳宗元《柳宗元集》，中华书局1979年版，第349页。

② 如《中国植物志》卷六一对素馨花的描述："花冠白色，高脚碟状，花冠管长1.3—2.5厘米，裂片多为5枚，长圆形，长1.3—2.2厘米，宽0.8—1.4厘米。"对茉莉花："花冠白色，花冠管长0.7—1.5厘米，裂片长圆形至近圆形，宽5—9毫米，先端圆或钝。"

花洁白，南人极重之。以白而香，故易其名。[①]

吴氏此书，据其子吴复的作跋时间来看，应该成于绍兴二十七年（1157）之前。也就是说，在1157年之前，素馨花之名只是因为它的洁白芳香得名的，并没有什么历史传说与其挂钩。另外，蔡戡（1141—1182）有《重九日陪诸公游花田》四首，他是淳熙五年（1178）十二月至淳熙七年九月在广州任上，这四首诗当作于这段时间内。此时的花田已经是素馨花的天下，所以蔡戡四首诗的内容基本都是在吟咏素馨花。但有一个非常奇怪的现象就是，蔡诗中一句也没提到南汉美人、花冢等历史传说。而后世文人一写到花田或素馨，首先映入脑海的必定是南汉美人素馨的传说。由此可以推断，这些传说在1179年之前还不存在或没有流传开来。到了12世纪末，素馨题材的作品已经开始出现南汉美人、花冢等历史典故，如傅伯成（1143—1226）的《素馨花》、许及之（？—1209）的《咏史》、方信孺（1177—1222）的《花田》；加上董嗣杲（宋末元初人）的《素馨花》，《全宋诗》所收录的素馨题材作品与这个典故有关就都在这里了。

昔日云鬟锁翠屏，只今烟冢伴荒城。香魂断续无人问，空有幽花独擅名。（傅伯成《素馨花》，《全宋诗》第48册，第30369页）

南汉倾颓宫女亡，风流争睹一花香。香名认取素馨字，玉树琼花一样妆。（许及之《咏史》，《全宋诗》第46册，第28453页）

傅伯成还只是隐隐约约点出云鬟、香魂以及烟冢，但可以肯定他对这个传说已有耳闻；在许及之笔下，素馨花书写已经变成明确的历

① ［宋］吴曾《能改斋漫录》卷一五，《影印文渊阁四库全书》本。

图 40 ［清］李鱓《盆兰茉莉图》。题跋与图 39 略同，落款为“复堂懊道人李鱓”。

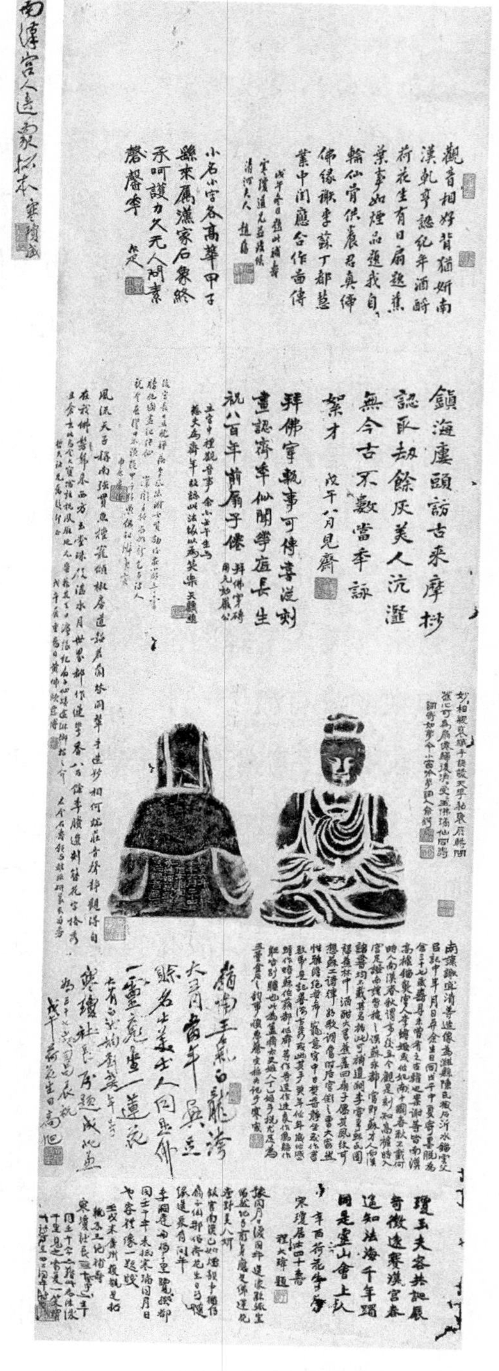

图 41 赵藩、黄佛颐、杨千里、蔡哲夫等人题跋的《南汉宫人造像拓本》。

史书写，即为咏古的形式。相比于傅、许二人，方信孺一诗提供了更多信息。《花田》是方氏《南海百咏》中的一首，诗及其序曰：

在城西十里三角市。平田弥望，皆种素馨花，一名那悉茗。《南征录》云：“刘氏时，美人死，葬骨于此。至今花香异于他处。”

千年玉骨掩尘沙，空有余妍剩此花。何似原头美人草，樽前犹作舞腰斜。（《全宋诗》第 55 册，第 34746 页）

《南海百咏》是方信孺的少作，阮元在《四库未收书提要》称：“是编乃其官番禺县[1]尉时所作，取南海古迹，每一事为七言绝句一首，每题之下各记其颠末。注中多记五代南汉刘氏事，所引沈怀远《南越志》、郑熊《番禺杂志》，近多不传。”[2]刘克庄《宝谟寺丞诗境方公行状》云：“京西公［其父方崧卿（1135—1194）］服阕，授番禹县尉，诸公争致之幕下，才望倾一府。”[3]由上可知，方信孺大约 1197 年出任番禹县尉，《南海百咏》正作于此时。另外，方氏在序中清楚标明其素馨花传说的史料来源是《南征录》。《南征录》不见公私家书目著录。但《南海百咏》曾多次引用，在《越台井》序中就称：“何公异所作《南征录》……何公乾道中入南……”[4]又洪迈《夷坚支志》：“乾道初，何同叔以广府节度推官督赋惠州，因游罗浮，逢一道人，与语良久，殊为契合。”[5]据此可知，《南征录》为何异所著。何异（1129—1209），字同叔，江西人。乾道（1165—1173）初，曾以广府节度推官入南。《南征录》

---

① 原本作“漫”，误。

② ［清］阮元《四库未收书提要》卷三，清刻《揅经室外集》本。

③ ［宋］刘克庄《宝谟寺丞诗境方公行状》，《全宋文》第 330 册，第 361 页。

④ 《全宋诗》第 55 册，第 34744 页。

⑤ ［宋］洪迈《夷坚支志》辛卷三，清景宋钞本。

一书所记内容当是此时之见闻，其成书时间也不能上推。这个时间与笔者上面所考的在1179年之前花田与南汉美人事并不存在或没有流传开来大致吻合。因为方信孺到了1197年左右才正式引用《南征录》，而且后来又佚失，不见征引和著录，可见此书在当时的影响力其实不大。另外，何异所记"花田"事也比较简单，只是说因为刘氏美人死葬于此，所以此地（不仅仅是坟冢上）素馨花香异于他处。可见他并没有认为刘氏美人名字为素馨。由于花田阑入了历史因素，特别是美人死葬、花香等因素，方信孺构思此诗自然而然会联想到青冢，即昭君墓，传说昭君墓上草青青（这也是后人缘词生训，虚构捏造的）。这首诗就是用何异所记刘氏美人事与昭君的典故杂糅而成，如第三句"何似原头美人草"，原头即原野，也就是花田，而美人草则是脱胎于昭君墓上的传说。这样不就把后人"花冢生花"的想象激发出来了吗！

再者，宋代《全芳备祖》所引《龟山志》云："素馨旧名那悉茗，一曰野悉蜜。昔刘王有侍女名素馨，其冢上生此花，因以得名。"[①]《龟山志》一书，《宋史·艺文志》有著录，题为"黄晔《龟山志》三卷"，但具体成书时间不明。不过南宋王象之（1163—1230）《舆地纪胜》已有引用此书，但作黄晔《鼍山志》，去之未远，应为同书。又阮元："今考其（《舆地纪胜》）成书之年在南宋嘉定十四年（1221）……又《宫阙殿门·寿康宫》下引《朝野杂记》云'宁宗始受禅'云云，则是作序在嘉定，全书之成又在理宗时矣。"[②]可见黄晔《龟山志》当在《舆地纪胜》成书之前，而在何异《南征录》之后。他发展和丰富了何异和方信孺的想象，把素馨花的得名归到南汉侍女身上，并强调突出了

① ［宋］陈景沂《全芳备祖》前集卷二五花部，明毛氏汲古阁钞本。

② ［清］阮元《四库未收书提要》卷五，清刻《揅经室外集》本。

冢上生花一事。

综上，素馨花刚开始并没有历史传说与之相附会，它的名字是假借本身物色香味的特点。而郑刚中在其素馨书写中化用柳宗元《马室女雷五葬志》一文的记载，把素馨花与一个天资洁清，喜欢簪戴珠玑的女子联系起来。这很可能是后来南汉美人传说的早期想象或者说中国原型（印度原型见上举薛爱华论文）。南汉美人传说在何异《南征录》一书才有明确文献记载，但这时（1179年之前）影响还不够，直到十二世纪末方信孺才把它推到前台，并在自己的书写中糅合了昭君的传说。而在方氏后不久（十二世纪初），黄晔的《龟山志》才把这些想象整合起来，变成一个更有逻辑、关联性更强的故事。

图42　广州外销画《扶桑花》。纸本，水彩画，英国维多利亚阿伯特博物院藏。

素馨、花冢、花田的历史传说基本定型于宋代黄晔的《龟山志》，后世的书写和想象大部分是在这个框架上添枝加叶。不过有一个例外的记载，清代冯甦《滇考》云：

> （段）素兴年幼好佚游，广营宫室于东京，筑春登、云津二堤，分种黄白花，其上有绕道金棱、萦城银棱之目，每春月挟妓载酒，自玉案三泉，溯为九曲流觞，男女列坐，斗草簪花，以为乐时，有一花能遇歌则开，遇舞则动，素兴爱之，

命美人盘髻为饰，因名素兴花，后又讹为素馨。①

图43　广州外销画《木槿花》。纸本，水彩画，英国维多利亚阿伯特博物院藏。

清人写北宋时大理国段素兴事，其可信度自然大打折扣。所以这段记载要么是作者孤陋寡闻，从未听过花冢之事，要么是以前见过而自己另外改编以欺后人。清人撰叙在《隙光亭杂识》已经指出其说之诬。除此之外，素馨传说大致是依照黄晔《龟山志》所代表的故事框架进行增益的。

素馨花的历史想象其实很大程度上要得益于文学话语，所以它自始至终就是文学书写中的焦点，而且也依靠文人们的踵事增华，不断发展和丰富。素馨花的历史性需要三个因素来完成，一是具体空间：花田、花冢；二是实物：素馨花；三是历史时空：南汉美人传说。文学书写就是以素馨花为纽带，通过具体空间——花田、花冢的呈现，诗人会进入一个全新的历史文化想象中。这个创作机制就催发了无数篇咏古诗、怀古诗的诞生。虽然这种书写可以细分为在场和不在场，但殊途同归。在没见到素馨花或者花田之前，人们往往已经具备递相祖述的前背景

① ［清］冯甦《滇考》卷上，《影印文渊阁四库全书》本。

或者前知识，在这种集体无意识的笼罩下，素馨花、花田、花冢都可以以历史意象出现。当文人踏足花田、花冢时，实际经验根本无法战胜历史知识，而是屈服于它，变成历史想象的一个触发点。明清两代，岭南本土诗人的诗社集会地点多选择在一些历史古迹上，而且也非常流行以古迹为吟咏对象的竞赛。所以这都不可避免地加强了素馨花的历史色彩。素馨文学书写中厚重的历史感正是它区别于茉莉的首要特点，其次才可以谈其他。

第八章　朱槿花的文学书写

朱槿，常绿灌木，是锦葵科木槿属，产于岭南之地。花大色艳，四季常开，主供园林观赏之用，是易活常见的花，被称为“南国牡丹”“中国蔷薇”。在古代繁荣的花文化氛围下，文人墨客也喜欢对其观赏吟咏。但由于朱槿花来自岭南，地僻山远，加之名字繁多，人们存在许多误解。本文首先对它的名字的流变进行厘清，并进一步考论朱槿花在中国古典文学的发现和吟咏及其特殊的意蕴生成。

第一节　朱槿名实考

中土的木槿花比岭南的朱槿花更早地见诸于史籍，而且特点相差无多，兼之名字繁杂，所以后世多有相混。许慎《说文解字》：“蕣，木堇，朝华莫落者。从艸，舜声。《诗》曰：‘颜如蕣华。’”[①]此外，“椴”“榇”“王蒸”都是木槿独特的名字。由此可见，木槿花在汉代以前已经非常普遍地存在。所以，当同是木槿属的朱槿花被人注意时，由于特点类似，人们往往疏于分辨或者把二者同化，比如，“朝开暮落花”和“日及”都可用来形容这两种植物。虽然如此，朱槿花和木槿花还

① ［汉］许慎撰，［清］段玉裁注《说文解字注》，上海古籍出版社 1981 年版，第 37 页。

图44　佛桑花。王珏摄。

图45　佛桑花。王珏摄。

是有一些细微的差异。据《中国植物志》载[①]，朱槿和木槿的差别有，一是产地的不同：朱槿产岭南，木槿产岭北；二是花期的不同：朱槿花期全年，木槿花期基本在六到十月（视地域而定）；三是花色不同：朱槿最大特点是亮眼的红色，即玫瑰红，木槿花的红色大部分是比较淡的，如淡红、浅红、粉红等。

朱槿见载于典籍中，大都以题为嵇含（262—306）的《南方草木状》为最早，如明代李时珍的《本草纲目》。现代学者也多沿用这种说法。但今本《南方草木状》成书于宋代（已如上述），所录"朱槿"一条，内容详备，不似晋人的认识水平。所以，排除掉嵇含的著录之外，最早应该是《艺文类聚》所引《罗浮山记》的记载，即"木槿，一名赤槿。花甚丹，四时敷荣"[②]。此条虽然附在"木槿"条下，但可以肯定这个记载是后来人们所说的朱槿花。这时人们对朱槿的称呼除了木槿之外，就是赤槿。据章宗源的《隋书经籍志考证》，《罗浮山记》为东晋袁宏（约328—约376）所著[③]。可是，古籍中也有把袁宏所著题为《罗浮山疏》，而且关于木槿此条，历代著录都没有直接题写名字，所以归属难以一时遽定。不过，我们还是可以发现，把朱槿等同于木槿应该算是早期不成熟的认识。另外，刘宋时期颜延之（384—456）已经有《赤槿颂》专写朱槿花。可见《罗浮山记》的记载有很大的可能是出于比颜氏稍早一点的袁宏之手。《艺文类聚》"木槿"条还引

① 中国科学院中国植物志编辑委员会编《中国植物志》第49卷第2分册，科学出版社1984年版，第61页。

② ［唐］欧阳询《艺文类聚》卷八九木部中，《影印文渊阁四库全书》本。

③ ［清］章宗源《隋书经籍志考证》卷六，清光绪元年湖北崇文书局刻三十三种丛书本。

了晋人郭义恭《广志》称："日及，木槿也。"[1]这个记载也极有可能是指朱槿花，而且是在袁宏之前。另外南朝江总（519—594）对朱槿的称呼也没有用"赤槿"，而是称为"南越木槿"（详见下文）。由此可见，早期（晋代）对朱槿的认识是把它与木槿相混，后来（南朝）才逐渐区别开来，但此时的称呼还是"赤槿"或是"南越木槿"，没有"朱槿"的称呼。

"朱槿"一词的出现应在唐代。如王维"黄鹂啭深木，朱槿照中园"（《瓜园诗》）、皇甫冉"朱槿列摧墉，苍苔遍幽石"（《曾东游以诗寄之》）等诗句，但这里应该不是指岭南朱槿花。因为木槿也有红花，不过较淡而已，诗人在诗中称之为"朱槿"，亦无可厚非。而真正明确地用"朱槿"一词来指岭南的朱槿花是在晚唐时期，如李商隐的《朱槿花》二首、段成式《酉阳杂俎》、段公路的《北户录》、刘恂《岭表录异》等。

重台朱槿，似桑，南中呼为桑槿。（《酉阳杂俎》）[2]

岭表朱槿花，茎叶者如桑树，叶光而厚，南人谓之佛桑。树身高者，止于四五尺，而枝叶婆娑。自二月开花，至于仲冬方歇。其花深红色，五出如大蜀葵，有蕊一条，长于花叶，上缀金屑，日光所烁，疑有焰生。一丛之上，日开数百朵，虽繁而有艳，但近而无香。暮落朝开，插枝即活，故名之槿，俚女亦采而鬻，一钱售数十朵，若微此花红妆，无以资其色。（《岭表录异》）

岭南红槿，自正月迄十二月常开，秋冬差少耳。（孟琯《岭

① ［唐］欧阳询《艺文类聚》卷八九木部中。

② ［唐］段成式《酉阳杂俎》续集卷九，《四部丛刊》景明本。

南异物志》）[1]

段成式所说“似桑”与刘恂一样，同是指其茎叶，而不是花朵。而且，此时的“朱槿”并非岭南佛桑花的正名，如孟琯称之为岭南红槿；段成式指出重台朱槿，南人称为桑槿；刘恂则要在朱槿花前面加上“岭表”两字以示区别。这些细节都体现了唐人惯以朱槿称中土的木槿花，而不是岭南的佛桑花。

从《岭表录异》可以看出，佛桑这时也被用来指称朱槿。在此之前《酉阳杂俎》虽然已有佛桑一词，如：“处士郑又玄云：‘闽中多佛桑树，树枝叶如桑，唯条上勾。花房如桐花，含长一寸余，似重台状。花亦有浅红者。’”[2]但此佛桑树应该指的同是木槿属的黄槿（Hibiscus tiliaceus Linn.），此种为常绿灌木或乔木，高4—10米，叶为革质，近圆形或广卵形，先端突尖或短渐尖，与桑叶非常相似。另外，黄槿的花冠是钟形，与白花泡桐（Paulownia fortunei (Seem.) Hemsl.）的管状漏斗形也有可比性。而黄槿花的雄蕊柱长约3厘米，也是木槿属的特点，但段成式说到“花亦有浅红者”，则显然把黄槿与朱槿混同。所以，早期“佛桑”一名也不是专指朱槿，而是与黄槿混同。刘恂的《岭表录异》才说南人把朱槿称为佛桑花。

明代李时珍《本草纲目》卷三六“扶桑”条：“[释名]佛桑（《霏雪录》）、朱槿（《草木状》）时珍曰：东海日出处有扶桑树。此花光艳照日，其叶似桑，因以比之。后人讹为佛桑，乃木槿别种，故日及诸名亦与之同。[集解]时珍曰：扶桑产南方，乃木槿别种。其枝柯柔弱，叶深绿，微涩如桑。其花有红、黄、白三色，红者尤贵，呼

① [宋]李昉等撰《太平广记》第9册，中华书局1961年版，第3317页。
② [唐]段成式《酉阳杂俎》续集卷九，《四部丛刊》景明本。

为朱槿。嵇含《草木状》云：（略。所引与今本文字略异）”[1]李氏释名的出处，在今天看来，都是不准确的。《霏雪录》是明人的著作，而佛桑一名早在唐代就出现。另外，李时珍认为是扶桑讹为佛桑，也是没有弄清楚历史沿革。事实上，扶桑指朱槿比佛桑要晚出，显然是佛桑讹为扶桑。宋代有题为佛桑花的诗歌，却没有题为扶桑花的，可为一证。杨万里“陈生赠我绀叶纱，乃是金鸦脚底扶桑花”（《送药者陈国器》）、白玉蟾“急呼南海神，采采扶桑花”（《明发石壁庵），这里所说的“扶桑花”都不是专指朱槿花。值得注意的是，宋代诗人姜特立《佛桑花》诗曰：

> 东方闻有扶桑木，南土今开朱槿花。想得分根自旸谷，至今犹带日精华。（《全宋诗》第38册，第24104页）

这首诗把佛桑花与扶桑木放在一起，虽然不是等同，却是两者关联最紧密的一次。因为按照姜特立的说法，无论是东方的扶桑木，还是南方的朱槿花，它们都有一个特点，那就是“犹带日精华”。这又要如何解释呢？据《山海经·海外东经》云：“汤谷（引者按：即前诗所说“旸谷”）上有扶桑，十日所浴，在黑齿北。”郭璞注：“扶桑，木也。”[2]《齐民要术》“桑”条所引《十洲记》曰：“扶桑，在碧海中。上有大帝宫，东王所治。有椹桑树，长数千丈，三千余围。两树同根，更相依倚。故曰‘扶桑’。”《玄中记》云：“天下之高者，‘扶桑’无枝木焉，上至天，盘蜿而下屈，通三泉。”[3]由上可见，此扶桑树

---

① ［明］李时珍《本草纲目》下册，华夏出版社2008年版，第1427页。

② 袁珂《山海经校注（增补修订本）》，巴蜀书社1992年版，第308页。

③ ［后魏］贾思勰撰，缪启愉校释《齐民要术校释（第二版）》，中国农业出版社1998年版，第839页。

与朱槿花除了枝叶像桑树之外，相差颇大。但扶桑的另一条含义是代指太阳。传说日出于扶桑之下，拂其树杪而升，因谓为日出处。《楚辞·九歌·东君》：“暾将出兮东方，照吾槛兮扶桑。”王逸注：“言东方有扶桑之木，其高万仞，日出，下浴于汤谷，上拂其扶桑，爰始而登，照曜四方，日以扶桑为舍槛。”[1]陶渊明《闲情赋》：“悲扶桑之舒光，奄灭景而藏明。”逯钦立校注：“扶桑，传说日出的地方。这里代指太阳。”[2]后代有许多诗词写到“扶桑日红”，比如戴叔伦“忧心悄悄浑忘寐，坐待扶桑日丽天”（《二灵寺守岁》）、施肩吾“扶桑枝边红皎皎，天鸡一声四溟晓”（《海边远望诗》）、陈搛“朝来掩映扶桑红，车马飒沓西复东”（《临川桥歌》）、王炎“吹开六出花数点，转盼杲杲扶桑红”（《喜晴行呈陈宰》），虽然这些扶桑所指与朱槿花没有太大关系，但是后来人们因为朱槿花颜色与太阳相似而产生联想，再加上扶桑与佛桑枝叶像桑树，而且两者音近，所以宋以后才逐渐用扶桑花指代佛桑和朱槿。

综上所述，朱槿花的名字演变脉络基本是木槿——赤槿——朱槿——佛桑——扶桑。

第二节　文人的观赏吟咏

《诗经》一书早有槿花的文学书写。《有女同车》篇曰：“有女同车，颜如舜华……有女同行，颜如舜英。”舜华、舜英就是指木槿

---

① ［宋］洪兴祖《楚辞补注》，中华书局1983年版，第74页。

② 逯钦立校注《陶渊明集》，中华书局1979年版，第157页。

花。朱槿花是岭南植物，它的审美发现远晚于木槿花。如上所述，朱槿的最早记载应在晋代，但彼时只有观赏，尚无歌咏朱槿花的文学作品流传，到了南北朝时，文人们才开始对它进行观照，如颜延之的《赤槿颂》：“日御北至，夏德南宣。玉蒸①荣心，气动上玄。华缫闲物，受色朱天。是谓珍树，含艳丹间。”②“日御”即为太阳驾车的羲和，“夏德”应为华夏之德。这是把朱槿花与太阳联系起来最早的文学作品。诗赋向来有“多识草木虫鱼”之用。对于这种南来植物，由于中土难见，所以以稀为贵，一经诗人的审美发掘，就付诸文学书写。而且槿花之朱、赤、艳相比于中土槿花的淡色就显得更具冲击性。再稍微往后，有入岭经验的江总又为其揄扬，《南越木槿赋》曰：

日及多名，蕣宾肇生。东方记乎夕死，郭璞赞以朝荣，潘文体其夏盛，嵇赋悯其秋零。此则京华之丽木，非于越之舜英。南中新草，众花之宝；雅什未名，骚人失藻。雨来翠润，露歇红燥，叠萼疑檠，低茎若倒。朝霞映日殊未妍，珊瑚照水定非鲜；千叶芙蓉讵相似，百枝灯花复羞燃。暂欲寄根对沧海，大愿移华厕绮钱；井上桃虫难可杂，庭中桂蠹岂见怜？乃为歌曰：啼妆梁冀妇，红妆荡子家；若持花并笑，宜笑不胜花。赵女垂金珥，燕姬插宝珈；谁知红槿艳，无因寄狭邪？徒令万里道，攀折自咨嗟！③

---

① 郭璞注木槿曰：“似李树，华朝生夕陨，可食。或呼为日及，亦曰王蒸。”见《尔雅注疏》，北京大学出版社 2000 年版，第 257 页。可见《赤槿颂》“玉蒸”当为“王蒸”之误。

② ［清］严可均辑《全宋文》，商务印书馆 1999 年版，第 364 页。

③ ［清］严可均辑《全隋文》，商务印书馆 1999 年版，第 105—106 页。

如果今本《南方草木状》的记载属实[①]，那么颜延之、江总绝无没有看到的理由，而且也不会只使用赤槿、南越木槿等名字。所以，今本《南方草木状》的记载非常可疑，此是一证。不过，江总本人也没有使用“赤槿”一名，而且可以很肯定他没有看到颜延之的《赤槿颂》。所以他称“雅什未名，骚人失藻”，也就是没有人对朱槿进行文学书写。此赋开头列举了前人各种关于木槿的诗词歌赋，如东方朔《与丞相公孙弘借车马书》、郭璞的《尔雅图赞》、潘尼《朝菌赋》、嵇含的《朝生暮落树赋》[②]。但诸人所写都是中土的木槿，而不是岭南的朱槿。江总在梁末侯景之乱后曾避难岭南，此赋当作于此时。蛮荒之地的花让人耳目一新，所谓“南中新草，众花之宝”，也使作者禁不住用诗赋把它描绘出来。后文便是对岭南朱槿花的各种特点进行描写，尤其是捉住了朱槿之红艳，如“朝霞映日”“珊瑚照水”都是极恰当的比喻，而且与其他花（芙蓉、灯花）相比，突出其花美之外，重点还是花红。作者在文中还思考了朱槿花的命运：如此艳丽的花朵，却因为道途遥远，无法为中土人士所欣赏和利用。这让身在岭南的作者，攀折复叹息。虽然朱槿在岭南地区是“插枝即活”的，跟中土的木槿和杨柳一样是“断

---

① 今本的记载：“朱槿花，茎、叶皆如桑，叶光而厚，树高止四五尺，而枝叶婆娑。自二月开花，至中冬即歇。其花深红色，五出，大如蜀葵，有蕊一条，长于花叶，上缀金屑，日光所烁，疑若焰生。一丛之上，日开数百朵，朝开暮落。插枝即活。出高凉郡。一名赤槿，一名日及。”与前面《岭表录异》的著录基本相同，刘恂也有可能抄他的。但在此之前，段成式也没有提到《南方草木状》的记载。而且《太平广记》也只引了《酉阳杂俎》和《岭表录异》的记载。如果晚唐和北宋初已经存在《南方草木状》关于朱槿的记载，馆臣不应该舍远求近，只著录这两家。所以，今本《南方草木状》关于朱槿的著录是抄刘恂的《岭表录异》的。

② 除了郭璞所写的赞佚失之外，其余几篇都在今本《艺文类聚》卷八九木部中。

殖之更生，倒之亦生，横之亦生”[1]，是一种极易存活、随处可见的植物，但朱槿在中土是属于罕见之物。

先唐文人已经以一种审美的眼光去审视它，到了唐宋时期，据笔者统计，唐宋文人以朱槿、红槿、佛桑为题创作的诗歌有13首，列表格如下。

作者	题目	出处
唐・戎昱	《红槿花》	《全唐诗》卷二七〇
唐・徐凝	《夸红槿》	《全唐诗》卷四七四
唐・李绅	《朱槿花》	《全唐诗》卷四八三
唐・李商隐	《朱槿花二首》	《全唐诗》卷五四一
唐・薛涛	《朱槿花》	《全唐诗补逸》卷七
宋・张俞	《朱槿花二首》	《全宋诗》卷三八二
宋・蔡襄	《耕园驿佛桑花》	《全宋诗》卷三八八
宋・文同	《郡斋水阁闲书・朱槿》	《全宋诗》卷四四六
宋・姜特立	《佛桑花》	《全宋诗》卷二一三五
宋・陆壑	《朱槿花》	《全宋诗》卷三二八四
宋・董嗣杲	《朱槿花》	《全宋诗》卷三五七三

在浩瀚的唐宋诗词中，朱槿花大部分是作为诗词的一个意象出现的，文人单独着墨进行歌咏尚不多，但是其丰富的意蕴已经被开发出来，后文详述。到了元明清，由于有了前代诗人的传统，以及岭南地区的进一步开发，朱槿花开始大量进入文人的审美视野中，如李梦阳的《朱槿赋》。值得注意的是，在元明清时代，人们似乎更关注朱槿花的物色美。

① 王明《抱朴子内篇校释》，中华书局1985年版，第243页。

岭南朱槿的红艳与中土木槿的淡雅相比是一大差别，也是先唐文人最早体验的美感。但在唐宋阶段，文人们主要对朱槿花进行多维审视，注意它的各种特性，并进行文学书写，全面生成其意蕴。自宋代苏轼诗句“涓涓泣露紫含笑，焰焰烧空红佛桑”一出，其对朱槿花颜色的颂扬，受到了后世的追捧，可谓是“沾溉文林”。元明清三代诗人对佛桑花的歌咏，都非常关注佛桑花的颜色，而且大部分不离苏轼这个比喻。如元代姚燧的《赏花吟十首·其十》、明代桑悦的《咏佛桑花》、清朝孙元衡的《咏佛桑花》、清汤右会的《佛桑》都是如此。更有甚者，为了鼓吹佛桑花的颜色，而把朱槿和佛桑误认为两物，写出“朱槿差堪窥色相，石榴那敢斗容姿”[①]这样令人啼笑皆非的诗句。由此可见，“佛桑”一词在文学书写中应用比朱槿、扶桑广泛。

第三节　朱槿花的意蕴生成

在唐宋时期，虽然专题歌咏不多，但在那些作为意象的朱槿花，其短暂寿命和长久花期的对立构成了强大张力，因此文人在比兴之中形成了非常丰富的意蕴，而这种意蕴一经生成，就成为一种传统深刻地影响后人。

一、一天的寿命，朝不保夕

槿花（朱槿、木槿）的寿命只有一天，因为这个特点，它经常被当成反面例子来使用，或衬托其他花草，表达一时之荣不足恃；或比拟人物，感叹青春不常在，富贵不常有。皇甫松：“寄言青松姿，岂

① ［明］孙继皋《宗伯集》卷一〇，《影印文渊阁四库全书》本。

羡朱槿荣。”（《古松感兴》）朱槿与青松比，无姿。白居易：“万里携归尔知否，红蕉朱槿不将来。”（《种白莲》）朱槿与白莲比，廉价。李咸用：“牡丹为性疏南国，朱槿操心不满旬。”（《同友生题僧院杜鹃花（得春字）》）朱槿与杜鹃比，短命。王毂：“秾英斗火欺朱槿，栖鹤惊飞翅忧烬。”（《刺桐花》）朱槿与刺桐比，逊色。在这些诗词中，朱槿花成为绿叶，只是为了衬托他人。

由于它自己的习性，花团锦簇，容易成活，但是朝开暮落，所以并不怎么招人待见。刘克庄《暮春》：“燕子来时春事空，杖藜来往绿阴中。静怜朱槿无根蒂，开落惟销一阵风。”张俞《朱槿花二首》：“风雨无人弄晚芳，野桥千树斗红房。朝荣暮落成何事，可笑纷华不久长。”“朝菌一生迷晦朔，灵蓂千岁换春秋。如何槿艳无终日，独倚栏干为尔羞。”两个诗人对朱槿花朝不保夕的习性，或显出遗憾，或感到羞耻。古人有“三不朽”之说，“太上有立德，其次有立功，其次有立言”。槿花这种习性显然不符合古代士子的审美期待和自我认知。所以一旦进入“香草美人”的比兴传统，就是一个赤裸裸的反面教材。刘希夷诗曰：“与君相向转相亲，与君双栖共一身。愿作贞松千岁古，谁论芳槿一朝新。”（《公子行》）女主人公自比松柏，希望长长久久陪伴下去，而不愿像槿花一样只保一天新鲜。可以说，女主人公是诗人的化身，为他代言，以男女之事来比拟君臣关系。王諲诗“借问南山松叶意，何如北砌槿花新”（《后庭怨》）也是如此。槿花一朝得宠，松叶之意无人解，诗人之情也就无人会。又如王安石《君难托》：“槿花朝开暮还坠，妾身与花宁独异。”元稹诗曰：“乍可为天上牵牛织女星，不愿为庭前红槿枝。”（《古决绝词》）牵牛织女还能一年一见，红槿花却只有一天的寿命，以此说明红颜薄命、仕途坎坷。

综上，朝开暮落是朱槿花和木槿花的共同特点，所以诗人大而论之，常不做特别的区分，故时有相混。

二、四时的芳菲，新陈代谢

一天的寿命和四时的芳菲是朱槿花作为意象最大的张力所在。前者，笔者称为小花期，后者为大花期。岭南地处热带和亚热带地区，气候温暖，很多花草树木就大花期来说都是四季不谢，所谓“花到岭南无月令”（屈大均诗）。比如颇令苏东坡惊讶的岭南菊，冬天依旧盛放，比之中土，花期更长。朱槿花也是如此。吴震方《岭南杂记》：“扶桑，粤中处处有之，叶似桑而略小，有大红、浅红、黄三色，大者开泛如芍药，朝开暮落，落已复开，自三月至十月不绝。”[①]大花期的特征也成为许多诗人歌咏朱槿花的切入点。杨万里诗曰：“佛桑解吐四时艳。”又唐代张登《小雪日戏题绝句》：“甲子徒推小雪天，刺梧犹绿槿花然。融和长养无时歇，却是炎洲雨露偏。”诗人以游戏的态度，揶揄了制定二十四节气的徒劳无功，因为在闽粤之地（诗人曾被贬漳州）小雪节气并不下雪，刺桐花和朱槿花都是翠绿如初、红艳依旧，说好的雪也只是小雨飘扬。诗人借助朱槿花四时常开的特性，寄寓自己放荡不羁的情怀。又如李绅的《朱槿花》：“瘴烟长暖无霜雪，槿艳繁花满树红。每叹芳菲四时厌，不知开落有春风。”诗人首先交代了地点及其气候，长年温暖无雪，并把它花团锦簇，红红火火的特点模写出来。结句也因而发出喟叹，如朱槿花这样四时不败，并不知花开花落都是由春风来主宰的。再如李白的《咏槿》“岂若琼树枝，终岁长翕艴”、

---

① ［清］赵学敏《本草纲目拾遗》，中国中医药出版社 2007 年版，第 240 页。

卢纶《秋夜同畅当宿藏公院》“风萤方喜夜，露槿已伤秋”，从其短暂的大花期可看出这些描写都是针对北地的槿花，而非岭南朱槿。晋成公绥《日及赋序》说木槿花“荣于仲夏，讫于孟秋”[①]。大花期是中土和岭南花卉最大的区别，也是朱槿花能够保持张力的原因所在。杨凌《阁前双槿》诗曰：“群玉开双槿，丹荣对绛纱。含烟疑出火，隔雨怪舒霞。向晚争辞蕊，迎朝斗发花。非关后桃李，为欲继年华。”这跟戎昱《红槿花》“花是深红叶麹尘，不将桃李共争春”句有异曲同工之妙。桃李只能在春天开放凋谢，朱槿花却不然，花期长，可以后来居上，并不需要与它们争夺春天，由此也寄托作者不与人同流合污，乐观处世的人生态度。另外，蔡襄著名的《耕园驿佛桑花》写道：“溪馆初寒似早春，寒花相倚醉于人。可怜万木凋零尽，独见繁枝烂熳新。清艳夜沾云表露，幽香时过辙中尘。名园不肯争颜色，的的夭红野水滨。”万木凋零，繁枝独新。十六年后，蔡襄再回到这里看到佛桑花盛开如故，又写了一首《耕园驿有序》，追感昔游。佛桑花旺盛的生命力使它成为蔡襄人生变迁的见证者，而它那种不和光同尘的品格也是作者所企慕的。徐凝《夸红槿》诗云：“谁道槿花生感促，可怜相计半年红。何如桃李无多少，并打千枝一夜风。”崔道融《槿花》：“槿花不见夕，一日一回新。东风吹桃李，须到明年春。”前人大都喜欢捉住槿花朝开暮落的特点（朱槿和木槿共有）大加贬谪，如前所述，但崔道融和徐凝等就要和主流唱反调，做翻案文章，他们把槿花和桃李对比，虽然槿花朝开暮落，但是它比桃李强多了，它一直开花，不比桃李一夜就凋零萎靡，只能等来年再开。这些都是诗人自己生活态度和人生追

① ［唐］欧阳询《艺文类聚》卷八九木部中，《影印文渊阁四库全书》本。

求的反映。虽然所写不一定是朱槿，如徐凝所云“半年红”，但朱槿花大花期之长，则是人们在观察中可以捕捉得到，也是极力想突出的。所以，朱槿花在大小花期的对立中体现出的张力也是最为明显的。

综上，文人对岭南植物朱槿花四时红艳的情意比兴，其实也是对它一种新的审美体认，是岭南植物特色的文学彰显。大小花期的对立则是它意蕴形成的基础，也是文学张力所在。

第四节　结　语

屈大均在《广东新语》写道：“广东为长春之国，虽涸阴冱寒，花开不辍，月贵其一也，佛桑亦然。”[①]月贵就是月季，俗称月月红，是一代名花。李渔谈到此花时，曾说：“俗云‘人无千日好，花难四季红。’四季能红者，现有此花，是欲矫俗言之失也。”[②]朱槿花作为岭南植物，受众面小，但其四时红艳，易生易活，可以说丝毫不减月季，对它的认识和书写其实意味着岭南文化逐步进入人们的视野。当然，朱槿花有很多实用价值和文化意义，它既是观赏类植物，也具有药用价值（润容补血）；既可以当篱槿，又可入酒[③]；既可簪在帽子上成为“红槿帽”[④]，又是粤地簪花风俗的一部分（屈大均有诗：“佛桑亦是扶桑花，朵朵烧云如海霞。日向蛮娘髻边出，人人插得一枝斜。”）。本章只

---

① ［清］屈大均《广东新语》卷二五木语，中华书局 1985 年版，第 644 页 .

② ［清］李渔《闲情偶寄》卷五种植部，浙江古籍出版社 1991 年版，第 279 页。

③ 刘商《送王贞》：“槿花亦可浮杯上，莫待东篱黄菊开。”（《全唐诗》卷三〇四）

④ ［宋］李昉等编《太平广记》第 5 册，中华书局 1961 年版，第 1560 页。

是通过梳理岭南植物朱槿花作为文学题材和文学意象的流变史，首先厘清它多变的名字及其与文学的关系，其次是汉魏六朝文人对它的审美发现以及歌咏，最后在唐宋文人笔下的意蕴生成。朱槿花朝开暮落和四时芳菲两大特点构成巨大的反差，并因此形成极大的文学张力，这也是它作为题材和意象的魅力所在。

征引文献目录

说明：

一、凡本学位论文征引的各类专著、文集、资料汇编及学位论文、期刊论文均在此列，其他一般参考阅读文献见当页页脚注释；

二、征引文献目录按书名首字汉语拼音排序；

三、学位论文及期刊论文以作者姓名首字母排序。

一、书籍类

1.《爱日斋丛抄》，[宋]叶寘撰，中华书局2010年。

2.《抱朴子内篇校释》，[晋]葛洪撰，王明校释，中华书局1985年。

3.《本草经集注（辑校本）》，[南朝梁]陶弘景撰，尚志钧辑，人民卫生出版社1994年。

4.《北史》，[唐]李延寿等撰，中华书局1974年。

5.《北户录》，《风土志丛刊》第62册，[唐]段公路撰，广陵书社2003年影印本。

6.《本草纲目》，[明]李时珍撰，华夏出版社2008年。

7.《本草纲目拾遗》，[清]赵学敏撰，中国中医药出版社2007年。

8.《贬谪文化与贬谪文学：以中唐元和五大诗人之贬及其创作为中心》，尚永亮撰，兰州大学出版社2004年。

9.《楚辞补注》，［宋］洪兴祖补注，中华书局 1983 年。

10.《重修广韵》，［宋］陈彭年等撰，《四部丛刊》景宋本。

11.《（淳熙）三山志》，［宋］梁克家撰，《影印文渊阁四库全书》本。

12.《传习录注疏》，［明］王阳明撰，邓艾民注，上海古籍出版社 2012 年。

13.《尺冈草堂遗集》，［清］陈璞撰，清光绪十五年刻本。

14.《常惺惺斋日记（外四种）》，［清］谢兰生撰，广东人民出版社 2014 年。

15.《草木缘情：中国古典文学中的植物世界》，潘富俊撰，商务印书馆 2015 年。

16.《东观余论》，［宋］黄伯思撰，宋刻本。

17.《东坡乐府笺》，［宋］苏轼撰，龙榆生校笺，上海古籍出版社 2009 年。

18.《东京梦华录笺注》，［宋］孟元老撰，伊永文笺注，中华书局 2006 年版。

19.《丹铅总录》，［明］杨慎撰，《影印文渊阁四库全书》本。

20.《独漉堂诗文集》，［清］陈恭尹撰，清道光五年陈量平刻本。

21.《读白华草堂诗二集》，［清］黄钊撰，清道光十九年刻本。

22.《滇考》，［清］冯甦撰，《影印文渊阁四库全书》本。

23.《地域文化与国家认同：晚清以来广东文化观的形成》，程美宝，生活·读书·新知三联书店 2006 年。

24.《尔雅注疏》，［晋］郭璞注，［宋］邢昺疏，北京大学出版社 2000 年。

25.《二知轩诗钞》，[清] 方濬颐撰，清同治五年刻本。

26.《凤池吟稿》，[明] 汪广洋撰，明万历刻本。

27.《弗告堂集》，[明] 于若瀛撰，明万历刻本。

28.《广东新语》，[清] 屈大均撰，中华书局 1985 年。

29.《宫中档雍正朝奏折（第八辑）》，国立故宫博物院印行 1979 年。

30.《汉书》，[汉] 班固撰，[唐] 颜师古等注，中华书局 1962 年。

31.《华阳国志校补图注》，[晋] 常璩撰，任乃强校注，上海古籍出版社 1987 年。

32.《后汉书》，[南朝宋] 范晔撰，中华书局 1965 年。

33.《韩昌黎文集校注》，[唐] 韩愈撰，马其昶校点，马茂元整理，上海古籍出版社 2014 年。

34.《鹤林玉露》，[宋] 罗大经撰，《宋元笔记小说大观》第 5 册，上海古籍出版社 2001 年。

35.《合肥学舍札记》，[清] 陆继辂撰，清光绪四年兴国州署刻本。

36.《花间集注》，华钟彦集注，中州书画社 1983 年。

37.《汉唐方志辑佚》，刘纬毅辑，北京图书馆出版社 1997 年。

38.《汉魏六朝岭南植物"志录"辑释》，缪启愉、邱泽奇辑释，农业出版社 1990 年。

39.《虎、米、丝、泥：帝制晚期华南的环境与经济》，[美] 马立博撰，王玉茹、关永强译，江苏人民出版社 2011 年。

40.《金楼子》，[南朝梁] 萧绎撰，清《知不足斋丛书》本。

41.《晋书》，[唐] 房玄龄等撰，中华书局 1996 年。

42.《旧唐书》，[后晋] 刘昫等撰，中华书局 1975 年。

43.《建炎以来系年要录》，[宋] 李心传撰，中华书局 1956 年。

44.《家藏集》，［明］吴宽撰，《四部丛刊》景明正德本。

45.《倦圃莳植记》，［清］曹溶撰，清钞本。

46.《锦瑟词》，［清］汪懋麟撰，清康熙刻本。

47.《迦陵词全集》，［清］陈维崧撰，清康熙二十八年陈宗石患立堂刻本。

48.《金明馆丛稿初编》，陈寅恪撰，生活·读书·新知三联书店2001年。

49.《孔子家语》，［三国魏］王肃撰，《四部丛刊》景明翻宋本。

50.《洛阳伽蓝记校释》，［北魏］杨衒之撰，周祖谟校释，中华书局1963年。

51.《洛阳名园记》，［宋］李格非撰，明《古今逸史》本。

52.《柳宗元诗笺释》，［唐］柳宗元撰，王安国笺释，上海古籍出版社1993年。

53.《柳宗元集》，［唐］柳宗元撰，中华书局1979年。

54.《柳亭诗话》，［清］宋长白撰，清康熙天茁园刻本。

55.《李商隐诗歌集解》，刘学锴、余恕诚集解，中华书局2004年。

56.《岭外代答校注》，［宋］周去非撰，杨武泉校注，中华书局1999年。

57.《岭南群雅》，［清］刘彬华撰，清嘉庆十八年玉壶山房刻本。

58.《岭云海日楼诗钞》，［清］丘逢甲撰，民国本。

59.《岭南画征略：附续录、岭南画人疑年录》，汪兆镛等撰，广东人民出版社1988年。

60.《岭南文化》，李权时撰，广东人民出版社1993年。

61.《岭南文学史》，陈永正撰，广东高等教育出版社1993年。

62.《岭南诗歌研究》，陈永正撰，中山大学出版社 2008 年。

63.《岭南古代方志辑佚》，骆伟、骆廷辑注，广东人民出版社 2002 年。

64.《岭南文献史》，乔好勤主编，华中科技大学出版社 2011 年。

65.《冷斋诗话》，[宋]释德洪撰，《宋元笔记小说大观》第 2 册，上海古籍出版社 2007 年。

66.《荔枝谱（外十四种）》，[宋]蔡襄等撰，福建人民出版社 2004 年。

67.《荔枝谱》，[清]陈鼎撰，《粟香室丛书》本。

68.《律例指南》，[清]凌铭麟撰，清康熙二十七年刻本。

69.《临野堂诗文集》，[清]钮琇撰，清康熙刻本。

70.《乐贤堂诗钞》，[清]德保撰，清乾隆五十六年英和刻本。

71.《黎简谢兰生书画》，香港中文大学出版社编，香港大学出版社 1993 年。

72.《列朝诗集》，[清]钱谦益撰，清顺治九年毛氏汲古阁刻本。

73.《梦溪笔谈》，[宋]沈括撰，《四部丛刊续编》景明本。

74.《闽中荔支通谱》，[明]邓庆寀撰，明崇祯刻本。

75.《闽部疏》，[明]王世懋撰，明万历纪录汇编本。

76.《名山藏》，[明]何乔远撰，明崇祯刻本。

77.《梦幻居画学简明》，[清]郑绩撰，清同治三年刻本。

78.《南越五主传及其他七种》，[汉]杨孚等撰，广东人民出版社 1982 年。

79.《南史》，[唐]李延寿等撰，中华书局 1975 年。

80.《能改斋漫录》，[宋]吴曾撰，《影印文渊阁四库全书》本。

81.《南耕词》，[清] 曹亮武撰，清康熙刻本。

82.《南岭国家级自然保护区植物区系与植被》，王发国等主编，华中科技大学出版社 2013 年。

83.《南朝文学与北朝文学研究》，曹道衡撰，江苏古籍出版社 1998 年。

84.《曝书亭集》，[清] 朱彝尊撰，《四部丛刊》景清康熙本。

85.《全上古三代秦汉三国六朝文》，[清] 严可均辑，商务印书馆 1999 年。

86.《钦定四库全书总目》，[清] 纪昀等撰，中华书局 1997 年。

87.《齐民要术校释（第二版）》，[后魏] 贾思勰撰，缪启愉校释，中国农业出版社 1998 年。

88.《琼台会稿》，[明] 丘濬撰，《影印文渊阁四库全书》补配《文津阁四库全书》本。

89.《全唐五代词》，曾昭岷等编，中华书局 1999 年。

90.《全汉赋校注》，费振刚等校注，广东教育出版社 2005 年。

91.《全唐文》，[清] 董诰等编，中华书局 1983 年。

92.《全唐诗》增订本，中华书局编辑部编，中华书局 1999 年。

93.《全宋文》，曾枣庄、刘琳主编，上海辞书出版社 2006 年。

94.《全宋诗》，傅璇琮等编，北京大学出版社 1998 年。

95.《全元文》，李修生主编，凤凰出版社 2004 年。

96.《全粤诗》，中山大学中国古文献研究所编，岭南美术出版社。

97.《全芳备祖》，[宋] 陈景沂撰，明毛氏汲古阁钞本。

98.《清异录》，[宋] 陶谷撰，《宋元笔记小说大观》第 1 册，上海古籍出版社 2001 年。

99.《齐东野语》，［宋］周密撰，中华书局 1983 年。

100.《情田词》，［清］邵瑸撰，清乾隆十七年石帆花屋刻本。

101.《清诗别裁集》，［清］沈德潜撰，清乾隆二十五年教忠堂刻本。

102.《清嘉录·桐桥倚棹录》，［清］顾禄撰，中华书局 2008 年。

103.《遂初堂集》，［清］潘耒撰，清康熙刻本。

104.《史记》，［汉］司马迁撰，中华书局 1982 年。

105.《四库提要辨证》，余嘉锡撰，中华书局 1980 年。

106.《四库未收书提要》，［清］阮元撰，清刻《揅经室外集》本。

107.《三辅黄图校释》，何清谷撰，中华书局 2005 年。

108.《世说新语笺疏》，余嘉锡撰，中华书局 1983 年。

109.《宋元明诗概说》，［日］吉川幸次郎撰，李庆等译，中州古籍出版社 1987 年。

110.《隋唐制度渊源略论稿·唐代政治史述论稿》，陈寅恪撰，商务印书馆 2011 年。

111.《苏轼诗集合注》，［清］冯应榴辑注，上海古籍出版社 2001 年。

112.《四书章句集注》，［宋］朱熹注，中华书局 1983 年。

113.《苏轼文集》，［宋］苏轼撰，孔凡礼点校，中华书局 1986 年。

114.《事物异名录》，［清］厉荃撰，清乾隆刻本。

115.《说文解字注》，［汉］许慎撰，［清］段玉裁注，上海古籍出版社 1981 年。

116.《诗集传》，［宋］朱熹注，中华书局 2011 年。

117.《山堂肆考》，［明］彭大翼撰，《影印文渊阁四库全书》本。

118.《宋史》，［元］脱脱等撰，中华书局 1985 年。

119.《宋代岭南谪宦》，金强撰，广东人民出版社 2008 年。

120.《宋代咏物词史论》，路成文撰，商务印书馆 2005 年。

121.《邃怀堂全集》，［清］袁翼撰，清光绪十四年袁镇嵩刻本。

122.《石仓文稿》，［明］曹学佺撰，明万历刻本。

123.《石洞集》，［明］叶春及撰，《影印文渊阁四库全书》本。

124.《笥河诗集》，［清］朱筠撰，清嘉庆九年朱珪椒华吟舫刻本。

125.《胜朝粤东遗民录》（《清代传记丛刊》第 70 册），九龙真逸辑，台湾：明文书局 1985 年。

126.《石遗室诗话》，陈衍撰，人民文学出版社 2004 年。

127.《四百三十二峰草堂诗钞》，［清］赵希璜撰，清乾隆五十八年安阳县署刻增修本。

128.《隋书经籍志考证》，［清］章宗源撰，清光绪元年湖北崇文书局刻三十三种丛书本。

129.《陶渊明集》，逯钦立校注，中华书局 1979 年。

130.《唐代岭南文学与石刻考》，［日］户崎哲彦撰，中华书局 2013 年。

131.《唐代岭南社会经济与文学地理》，左鹏撰，河南人民出版社 2014 年。

132.《唐诗鼓吹》，［金］元好问撰，清顺治十六年陆贻典钱朝鼒等刻本。

133.《唐国史补》，［唐］李肇撰，上海古籍出版社 1979 年。

134.《唐代的外来文明》，［美］谢弗撰，吴玉贵译，中国社会科学出版社 1995 年。

135.《太平寰宇记》，［宋］乐史撰，《影印文渊阁四库全书》补配《古逸丛书》景宋本。

136.《太平御览》，[宋]李昉等撰，《四部丛刊三编》景宋本。

137.《太平广记》，[宋]李昉等撰，中华书局 1961 年。

138.《天中记》，[明]陈耀文撰，《影印文渊阁四库全书》本。

139.《苕溪渔隐丛话后集》，[宋]胡仔撰，清乾隆刻本。

140.《铜鼓书堂遗稿》，[清]查礼撰，清乾隆查淳刻本。

141.《唐五代两宋词选释》，俞陛云撰，上海古籍出版社 1985 年。

142.《唐音癸签》，[明]胡震亨撰，《影印文渊阁四库全书》本。

143.《（同治）南安府志》，[清]黄鸣珂修，台北：成文出版社 1974 年。

144.《嵞山集》，[清]方文撰，清康熙二十八年王槩刻本。

145.《文选》，[梁]萧统编，[唐]李善注，上海古籍出版社 1986 年。

146.《文心雕龙注》，[南朝]刘勰撰，范文澜注，人民文学出版社 1958 年。

147.《翁山诗外》，[清]屈大均撰，清康熙刻凌凤翔补修本。

148.《翁山文钞》，[清]屈大均撰，清康熙刻本。

149.《万善花室文稿》，[清]方履篯撰，清《畿辅丛书》本。

150.《五百四峰堂诗钞》，[清]黎简撰，清嘉庆元年刻本。

151.《武林旧事》，[宋]周密撰，民国景明《宝颜堂秘籍》本。

152.《万川之月：中国山水诗的心灵境界》，胡晓明撰，生活·读书·新知三联书店 1992 年。

153.《先秦汉魏晋南北朝诗》，逯钦立辑校，中华书局 1983 年。

154.《西京杂记》，[晋]葛洪撰，中华书局 1985 年。

155.《宣和画谱》，[宋]佚名撰，明《津逮秘书》本。

156.《携雪斋集》，[清]温汝适撰，《清代诗文集汇编》第 441 册，上海古籍出版社 2010 年。

157.《新雕皇朝类苑》，[宋] 江少虞撰，日本元和七年活字印本。

158.《学福斋集》，[清] 沈大成撰，清乾隆三十九年刻本。

159.《西事珥》，[明] 魏濬撰，明万历刻本。

160.《香宇集》，[明] 田艺蘅撰，明嘉靖刻本。

161.《西楼全集》，[明] 邓原岳撰，明崇祯元年邓庆寀刻本。

162.《续资治通鉴长编拾补》，[清] 秦缃业、黄以周辑，清光绪浙江书局刻本。

163.《闲情偶寄》，[清] 李渔撰，浙江古籍出版社 1991 年。

164.《西方文论选》，孟庆枢，杨守森主编，高等教育出版社 2007 年。

165.《艺文类聚》，[唐] 欧阳询撰，《影印文渊阁四库全书》本。

166.《揅经室集》，[清] 阮元撰，《四部丛刊》景清道光本。

167.《忆雪楼诗集》，[清] 王煐撰，清康熙三十五年王氏贞久堂刻本。

168.《乐志堂文集》，[清] 谭莹撰，清咸丰十年吏隐园刻本。

169.《庾子山集注》，[北周] 庾信撰，[清] 倪璠注，中华书局 1980 年。

170.《渊鉴类函》，[清] 张英撰，《影印文渊阁四库全书》本。

171.《檐曝杂记》，[清] 赵翼撰，清嘉庆湛贻堂刻本。

172.《元诗选》，[清] 顾嗣立撰，《影印文渊阁四库全书》本。

173.《元诗纪事》，[清] 陈衍撰，清光绪本。

174.《夷坚支志》，[宋] 洪迈撰，清景宋钞本。

175.《酉阳杂俎》，[唐] 段成式撰，《四部丛刊》景明本。

176.《周易正义》，[魏] 王弼注，[唐] 孔颖达疏，北京大学出版社 2000 年。

177.《庄子集释》，[清]郭庆藩集释，中华书局 2013 年。

178.《竺可桢文集》，竺可桢撰，科学出版社 1979 年。

179.《中国珠江文化简史》，司徒尚纪编著，中山大学出版社 2015 年。

180.《中国南方民族史志要籍题解》，吴永章撰，民族出版社 1991 年。

181.《中国植物学史》，中国植物学会编，科学出版社 1994 年。

182.《朱雀：唐代的南方意象》，[美]薛爱华撰，程章灿、叶蕾蕾译，生活·读书·新知三联书店 2014 年。

183.《中国植物志》，中国科学院中国植物志编辑委员会编，科学出版社。

184.《证类本草》，[宋]唐慎微撰，《影印文渊阁四库全书》本。

185.《直斋书录解题》，[宋]陈振孙撰，清《武英殿聚珍版丛书》本。

186.《炙砚琐谈》，[清]汤大奎撰，清乾隆五十七年赵怀玉亦有生斋刻本。

187.《左海文集》，[清]陈寿祺撰，《续修四库全书》第 1496 册。

188.《肘后备急方》，[晋]葛洪撰，明《正统道藏》本。

189.《真诰校注》，[日]吉川中夫等编，朱越利译，中国社会科学出版社 2006 年。

190.《诸病源候总论》，[隋]巢元方撰，《影印文渊阁四库全书》本。

191.《肇域志》，[清]顾炎武撰，清钞本。

192.《正字通》，[明]张自烈撰，清康熙二十四年清畏堂刻本。

193.《槜李诗系》，[清]沈季友撰，《影印文渊阁四库全书》本。

194.《中国古代思想史论》，李泽厚撰，生活·读书·新知三联书店2009年。

195.《（正德）琼台志》，[明]唐胄撰，明正德刻本。

196.《紫岘山人全集》，[清]张九钺撰，清咸丰元年张氏赐锦楼刻本。

197.《中国伊朗编》，[美]劳费尔撰，林筠因译，商务印书馆2001年。

198.《职官分纪》，[宋]孙逢吉撰，《影印文渊阁四库全书》本。

199.《子良诗存》，[清]冯询撰，清刻本。

200.《宗伯集》，[明]孙继皋撰，《影印文渊阁四库全书》本。

二、论文类

（一）中文期刊

1. 程杰《论中国花卉文化的繁荣状况、发展进程、历史背景和民族特色》，《阅江学刊》2014年第1期。

2. 郭硕《六朝槟榔嚼食习俗的传播：从“异物”到“吴俗”》，《中南大学学报（社会科学版）》2016年第1期。

3. 韩琴《福州榕文化新探》，《闽江学院学报》2006年第4期。

4. 刘家兴、刘永连《“素馨”考辨》，《暨南史学》2015年第2期。

5. 缪启愉《〈南方草木状〉的诸伪迹》，《中国农史》1984年第3期。

6. 彭世奖《历代荔枝谱述评》，《古今农业》2009年第2期。

7. 潘婷婷《论榕树作为审美客体的内涵流变及其文化意义》，《阅江学刊》2016 年第 1 期。

8. 任群《论宋代的茉莉诗》，《阅江学刊》2011 年第 4 期。

9. 吴春秋《试论古典文学中的槟榔》，《海南大学学报（人文社会科学版）》2014 年第 3 期。

10. 谢中元《“讽荔”之外：〈岭南荔枝词〉的诗美价值》，《佛山科学技术学院学报（社会科学版）》2011 年第 2 期。

11. 余华荣等《2011 年广东荔枝产业发展现状分析》，《广东农业科学》2012 年第 4 期。

12. 朱渊清《魏晋博物学》,《华东师范大学学报（哲学社会科学版）》2000 年第 5 期。

13. 赵军伟《地域·政治·审美：唐宋文人的荔枝书写》,《阅江学刊》2015 年第 3 期。

14. 赵飞、倪根金等《增城挂绿荔枝历史考述》，《中国农史》2013 年第 4 期。

15. [美] 赵冈《历史文献对班枝花与木本亚洲棉的混淆》，《农业考古》1996 年第 1 期。

（二）外文期刊

1. McMULLEN, D. L., and McMULLEN DAVID. “Recollection without Tranquility: Du Fu, the Imperial Gardens and the State.” Asia Major, THIRD SERIES, 14, no. 2 (2001).

2. Schafer, Edward H. “Li Kang: A Rhapsody on the Banyan Tree.” Oriens 6, no. 2 (1953).

3. Schafer, Edward H. “Notes on a Chinese Word for

Jasmine." Journal of the American Oriental Society 68, no. 1 (1948).

（三）学位论文

1. 许丹《食用槟榔的安全风险分析》，中南林业科技大学硕士学位论文，2012年。

2. 赵军伟《荔枝题材与意象文学研究》，南京师范大学硕士学位论文，2012年。

荔枝题材与意象文学研究

——以汉、宋为考察中心

赵军伟 著

目　录

绪　论

在中国古代文学的长廊里，花卉植物以其独有的风姿点缀其间。通过对文学中花卉植物的研究与分析，我们可以更加深入地了解中国审美文化的发展进程。花卉植物题材与意象研究，能够把文学与经济、宗教、民俗、园艺、艺术等众多领域联系起来，做到文学与文化有机结合，历史沉淀与现代文明交互为用，体现了古代文学研究的当代意识和开放理念。

本文的研究对象是中国古代文学作品中的荔枝题材与意象①。荔枝最早称为“离支”，在典籍中多写作“荔支”，又有丹荔、荔子等多种称谓，而在文学典籍中则都多以“侧生”“十八娘”等指称之，被列为岭南四大佳果之一②。

据《中国农业百科全书·果树卷》《中国植物志》（第47卷）等相关文献，荔枝是无患子科荔枝属，常绿果树，大乔木，著名的亚热带果树，学名Litchi Chinensis Sonn。荔枝原产中国南方，海南岛至今保留野生荔枝林，广西和云南南部也发现野生荔枝，栽培历史已有两千多年，目前以广东、台湾、福建、广西等省（自治区）栽培最多，海南、四川次之，云南、贵州、浙江南部也有少量栽培。荔枝约在宋代（12世纪前）已传入印度，17世纪传入缅甸，此后热带、亚热带各国先后

① 在行文中，我们有时姑且以“荔枝文学”（或“荔枝题材文学”）指称之。

② 中国植物学会编《中国植物学史》，科学出版社1994年版，第93页。

引种。目前栽培较多的除中国外，还有印度、泰国、南非、澳大利亚和美国佛罗里达及夏威夷州。此外，缅甸、越南、孟加拉国、毛里求斯、马达加斯加等国也有栽培。

图 01　海南霸王岭野荔枝。原图为陈厚彬提供，见李建国主编《荔枝学》，中国农业出版社 2008 年版，正文前插图 1。

荔枝树高 8 ～ 10 米，主干粗大，分枝多，略弯曲，树冠半球形，根群庞大。荔枝果实呈圆形、椭圆形、卵形或心脏形，成熟时果皮有鲜红、淡红、蜡黄等色。果皮有平滑或隆起的龟裂片，龟裂片的大小、凸凹、尖平及其排列形式，是区别品种的主要特征。果实内部为半透明如凝脂的果肉，为假种皮，外面包有一层很薄的内果皮，果肉内藏种子1枚，种子棕褐色，椭圆形，种皮光滑。荔枝果实在常温下不耐贮藏，宜采后立即用塑料薄膜袋小包装密封，置于2～4℃的低温条件下，可贮存20～30天。中国荔枝主要品种有140多个，其中广东品种最多，生产上的良种有糯米糍、桂味、怀枝、黑叶、三月红、妃子笑等。

本文以汉代至宋代的三百余首（篇）荔枝题材文学作品及荔枝意象作为研究对象。荔枝题材文学在整个花卉植物系列中占据一席之地，值得我们进行专题研究，本文即是系统研究荔枝题材文学的首次尝试。

清康熙间所编《御定佩文斋咏物诗选》选辑汉魏以迄清初的作品，据程杰师统计，其中植物类数量突出的依次有：（1）梅（含红梅、蜡梅等）234首；（2）竹（含笋）198首；（3）杨柳195首；（4）荷125首；（5）松柏97首；（6）菊78首；（7）桃75首；（8）牡丹70首；（9）桂66首；（10）柑（含橘、橙）64首；（11）杏52首；（12）兰蕙51首；（13）樱桃45首；（14）荔枝38首；（15）梧桐35首；（16）石榴30首。荔枝排名虽靠后，但作为分布极其有限的水果，在植物丛林中占据一席之地，亦可知其价值之所在。另外，荔枝在众果中的地位，亦是由默默无闻到罕有其匹。在北宋李昉等编《太平御览》果部中，荔枝与其他八种共为一卷，柑橘、枣类独处一卷，然而到南宋陈景沂编撰《全芳备祖》时，荔枝却独自一卷，仅有柑橘可堪其匹，如此再至清人汪灏所编《广群芳谱》果谱中，荔枝独占四卷，而柑橘与樱桃共计两卷，可见其鳌头之位。此外，清人汪灏所编《广群芳谱》所收果谱仅至明代，而清代荔枝诗词，就目前所知其数量亦甚夥，屈大均有《广州荔枝词》五十四首，谭莹亦有《岭南荔枝词》六十首，诸如此类。

本文共四章，前三章属于荔枝文学的纵向梳理，第四章属于作家个案研究。

第一章主要介绍唐前荔枝的文学表现及历史内容。荔枝作为文学意象首次出现在西汉司马相如的《上林赋》中，第一首荔枝题材赋作为东汉王逸的《荔枝赋》，第一首荔枝题材诗作为南朝梁刘霁《咏荔枝》。在此时期的荔枝题材与意象文学作品中，文学之士对荔枝的赞赏态度基本上停留在荔枝的纯粹的实用价值（如味道甘甜等）上，自然属性很强烈，基本没有人文因子的存在。但在同时期，荔枝的历史内容却相对较为丰富，这主要表现在：荔枝植物特性得到多重展现；荔枝获得贡品、祭品、赏赐品等多重身份；可以作为实用木材，同时也是会友的多重功用；最后则是人们对荔枝形象、价值判断褒贬兼备的多样化。这些虽属历史方面的内容，与文学尚隔一层，但这些历史资源到了唐宋诗人的手里得到了开发与挖掘。只有了解一事物的前世（唐前），才能更好地追索此事物的今生（唐宋），因此我们把此时期荔枝的历史内容也作为一节进行论述。

第二章论述唐代荔枝文学的发展状况。此时期荔枝题材文学作品二十余首，荔枝意象五十处左右，虽然荔枝题材文学作品数量在唐代有限，但经过著名诗人或重要政治人物的品题，且此时期荔枝与杨贵妃产生了关联，以及福建荔枝文学的首次出现，因此我们对此时期荔枝文学的发展作了较为详细的考察。荔枝文学作品在初盛中晚四个阶段中直线递增，由初唐的寥若晨星，到“安史之乱”后的光彩初放，再到晚唐五代兵戈扰攘中的星河灿烂，荔枝在山河破碎中书写着自己的精彩。

图 02　野生荔枝。见陈里娥、杨琼、大可主编《内伶仃岛》，中山大学出版社 2014 年版，第 66 页。

第三章主要阐述了宋代荔枝文学的特点。荔枝题材文学历千年之演变，终于在宋代的诗国星空下闪耀着属于自己的灿烂光芒。两宋荔枝题材文学作品，诗歌近二百五十首，词十五首，文十二篇。宋代荔枝的繁盛情况表现在各种文体的荔枝题材创作、荔枝品种赋咏、荔枝组诗创作及其他等四个方面。宋代荔枝文学在内容与形式上体现了三大特点：第一，荔枝珍果、仙果形象在宋代得以形成；第二，福建荔枝文学在宋代的兴起并占据了主导；第三，荔枝唱和诗作作为荔枝题材的主要形式。

第四章为作家个案研究，我们选取了四个唐代作家的荔枝文学创作作为解析的对象。一者张九龄。荔枝作为一种地域符号，每每能兴起文人士大夫的“不遇”情怀与“感遇”情结，在初盛唐之交的张九龄那里，荔枝是“每销于凡口”的遗憾与惆怅，寄托了身世之感，是张氏“感遇”情结的展露，这是属于张氏出身岭南、后为宰相的“荔枝”。二者杜甫与杜牧。将二者捆绑在一起，缘于二者对荔枝与杨贵妃这一荔枝题材吟咏不穷的话题做出的创始之功。诗人对“翠眉须”“妃子笑”的荔枝充满了谴责，满含政治反思之情，交织着对盛唐气象的向往与盛世不再的无奈，这是苦闷文士的“荔枝”。三者白居易。在白居易这里，地域情结少了，政治情绪淡了，而荔枝色香味审美特性的掘发与阐释多了，荔枝成了白氏闲适生活的点缀，这是一个中级官吏兼闲适诗人的“荔枝”。同时，从另一角度来看，张九龄《荔枝赋》可以看作荔枝文学的地域属性，杜甫、杜牧荔枝题材与意象作品则彰显了荔枝文学的政治属性，白居易则充分开拓并挖掘了荔枝的文学审美属性。

第一章 唐前荔枝——文学的淡薄与历史的丰富

在唐代之前，荔枝在文学的星空里黯淡无光，但毕竟已经展露自己的些许芳姿；而在同时期历史的天空中，荔枝其实已经初露锋芒。本章简要论述了荔枝在中国文学中的出现与初步发展，并对历史文献中出现的荔枝信息进行了分析与概括。

第一节 荔枝——文学描绘中的单色调

在唐代之前，荔枝文学初步发展，荔枝意象在西汉司马相如《上林赋》中首次出现，专题吟咏荔枝的第一篇文学作品则是东汉王逸《荔枝赋》，下面试详论之。

一、荔枝意象的首次出现及其相关背景

荔枝意象在西汉司马相如《上林赋》首次出现，其语曰："答遝离支，罗乎后宫，列乎北国。""离支"即为荔枝。《文选》李善注引晋灼曰："离支，大如鸡子，皮粗，剥去皮，肌如鸡子中黄，味甘多酢少。"[①]"离枝"一词后世有延用但不常用，人们多采用"荔支""荔枝""丹荔""荔子"等称谓。

司马相如《上林赋》描绘了汉武帝建于长安附近的上林苑，上林

① ［南朝梁］萧统编，［唐］李善注《文选》，中华书局1977年版，第126页。

苑方圆几百余里，移植了从各地进献来的各种果树，有植物三千余种，是当时全国最大、品种最多的皇家植物园[①]，此园被一些学者称为“天子意志支配之下的连结天地万物的巫术图解和植物符咒”[②]。在上林苑中，有一宫殿名为扶荔宫[③]，荔枝大概种植在上林苑的此地。清代学者顾炎武《日知录》卷三一云：

> 汉西京宫殿甚多，读史殊不易晓。《三辅黄图》叙次颇悉，以长乐、未央、建章、北宫、甘泉宫为纲，而以其中宫室台殿为目，甚得体要。但其无所附丽者悉入北宫及甘泉宫下，则舛矣。今当以明光宫、太子宫二宫别为一条，为长安城内诸宫；永信宫、中安宫、养德宫别为一条，为长安宫异名；长门宫、钩弋宫、储元宫、宣曲宫别为一条，为长安城外离宫；昭台宫、大台宫、扶荔宫、蒲萄宫别为一条，为上林苑内离宫；宜春宫、五柞宫、集灵宫、鼎湖宫、思子宫、黄山宫，池阳宫、步寿宫、万岁宫、梁山宫、回中宫、首山宫别为一条，为各郡县离宫。别有明光宫，不知其地，附列于后。而梁山宫当并入秦梁山宫下。则区分各当矣。[④]

从上面顾氏的文字中，我们可以看到：在上林苑的众多宫殿中，

---

① 《三辅黄图》载云：“汉上林苑，即秦之旧苑也……帝初修上林苑，群臣远方，各献名果异卉三千余种植其中。”见何清谷校注《三辅黄图校注》，中华书局 2005 年版，第 271 页。

② ［美］薛爱华撰，吴玉贵译《唐代的外来文明》，中国社会科学出版社 1995 年版，第 265 页。

③ 扶荔宫，遗址在陕西省韩城县芝兰镇，参考陕西省文物管理委员会《陕西韩城芝川汉扶荔宫遗址的发现》，《考古》1961 年第 3 期。

④ ［清］顾炎武撰，周苏平、陈国庆点校《日知录集释》卷三一，甘肃民族出版社 1997 年版，第 1327—1328 页。

有两个宫殿是以水果之名命名的，一为“扶荔宫”，一为“蒲萄宫”。葡萄是汉代使者从西域引种入中原的[①]，其珍贵稀奇自不待言[②]，而荔枝在当时有何地位？

汉武帝元鼎六年（前111）破南越后，南建交趾郡，北设扶荔宫，且从交趾移植荔枝来到首都西安，荔枝虽被呵护有加但仍不免枯萎无实，于是朝廷改为岁贡。

> 扶荔宫，在上林苑中。汉武帝元鼎六年，破南越起扶荔宫，宫以荔枝得名。以植所得奇草异木：菖蒲百本；山姜十本；甘蕉十二本；留求子十本；桂百本；蜜香、指甲花百本；龙眼、荔枝、槟榔、橄榄、千岁子、甘橘皆百余本。[③]

汉武帝从千里之遥移植荔枝，其直接原因或为荔枝味道本身的殊特；更有可能是为了彰显汉帝国的大一统，接续尧的“道统”，地处中州而万邦来朝。战国《韩非子》卷三《十过第十》云：“臣闻昔者尧有天下，饭于土簋，饮于土铏。其地南至交趾、北至幽都，东西至日月所出入者，莫不宾服。”[④]西汉刘安《淮南子》卷一九《修务训》云：“尧立孝慈仁爱，使民如子弟。西教沃民，东至黑齿，北抚幽都，南道交趾。”[⑤]

在此之后的文学作品中，还有零星提及荔枝者。后汉张衡《七辩》

---

① 《汉书》卷九六《西域传上》：“汉使采蒲陶、目宿种归。”见［汉］班固《汉书》，中华书局1962年版，第3895页。

② 《西京杂记》卷三：“尉佗献高祖鲛鱼、荔枝，高祖报以蒲桃、锦四匹。”见向新阳、刘克任《西京杂记校注》，上海古籍出版社1991年版，第137页。

③ 何清谷校注《三辅黄图校注》，中华书局2005年版，第247页。

④ ［清］王先慎撰，钟哲点校《韩非子集解》，中华书局1998年版，第70页。

⑤ 何宁《淮南子集释》，中华书局1998年版，第1312页。

云："荔支黄甘，寒梨乾榛。"[①]晋左思《蜀都赋》云："旁挺龙目，侧生荔枝。布绿叶之萋萋，结朱实之离离。迎隆冬而不凋，常晔晔以猗猗。"[②]此赋有两点值得我们注意：其一，荔枝花。李善注班固《西都赋》"兰茝发色，晔晔猗猗"云："《汉书》曰：'华晔晔，固灵根。'《说文》曰：'晔，草木白华貌。'《毛诗》曰：'瞻彼淇澳，绿竹猗猗。'毛苌曰：'猗猗，美貌。'"[③]据此解释，我们可把此赋看作最早对荔枝花描绘的文学作品。其二，侧生。后世用"侧生"代指荔枝，即滥觞于此[④]。又左思《吴都赋》云："其果则丹橘馀甘，荔枝之林，槟榔无柯，椰叶无阴。"[⑤]

二、荔枝题材文学作品的出现——东汉王逸《荔枝赋》

战国时代屈原的《橘颂》是咏物赋的奠基之作，在屈原这里，橘树的象征意义已经形成，这迥异于其他植物花卉的审美历程[⑥]。汉赋是汉朝的"一代文学之胜"，在流传至今的汉代赋作中，王充（27—约97）《果赋》或是最早的杂咏水果的赋作，惜乎只存残句[⑦]。草木中，花卉赋作最早的应为王逸同时或稍后的张奂《芙蕖赋》。王逸《荔枝赋》

---

① ［清］严可均辑《全上古三代秦汉三国六朝文》，中华书局1958年版，第775页。

② ［南朝梁］萧统编，［唐］李善注《文选》，中华书局1997年版，中华书局1977年版，第75页。

③ ［南朝梁］萧统编，［唐］李善注《文选》，中华书局1997年版，第29页。

④ 于溯、程章灿《荔枝为什么侧生》，《古典文学知识》2010年第6期。

⑤ ［南朝梁］萧统编，［唐］李善注《文选》，第86页。

⑥ 其他植物花卉如梅花等，经历了千年衍变，在宋代才确定其象征意义。可参看程杰师《宋代咏梅文学研究》，安徽文艺出版社2002年版，第35—36页、第139—184页。

⑦ 《全汉赋校注》存残句"冬实之杏，春熟之甘"。见费振刚等校注《全汉赋校注》，广东教育出版社2005年版，第461页。

是专题吟咏荔枝的第一篇文学作品，相对其他花卉植物，其入赋之早可以看作一个异数。其现存全文如下：

大哉圣皇，处乎中州。东野贡落疏之文瓜，南浦上黄甘之华橘，西旅献昆山之蒲桃，北燕荐朔滨之巨栗，魏土送西山之杏。

宛中朱柿，房陵缥李，酒泉白柰。

乃观荔枝之树，其形也，暧若朝云之兴，森如横天之彗，湛若大厦之容，郁如峻岳之势。修干纷错，绿叶臻臻。角亢兴而灵华敷，大火中而朱实繁。灼灼若朝霞之映日，离离如繁星之著天。皮似丹罽，肤若明珰。润侔和璧，奇喻五黄。仰叹丽表，俯尝嘉味。口含甘液，心受芳气。兼五滋而无常主，不知百和之所出。卓绝类而无俦，超众果而独贵。

宛洛少年，邯郸游士。装不及解。飞匡上下，电往景还。[①]

此文对荔枝性状进行了较为详细的描绘，包含荔枝树（形、干、叶）、荔枝果（外表内里：皮、肤、润；滋味：甘液、兼五滋而无常主）。王逸此赋不仅涵盖了荔枝的枝、叶、果等物态特征，写出了人对荔枝的品尝感受，而且在文章末尾的断简残篇，我们还可以看到作者用侧面的手笔写出了荔枝在当时的受宠情状，是较为全面的体物赋。结合《文心雕龙》的一些论述，我们试着分析这首赋作。

《文心雕龙·诠赋》把赋分为京殿苑猎、述行序志、草区禽族、庶品杂类四种门类，分类方式与《昭明文选》基本相同。就现存此赋而言，它应该属于体物（“草区”）小赋。《文心雕龙·诠赋》诠释

① 费振刚等校注《全汉赋校注》，广东教育出版社2005年版，第832页。

"草区禽类"云："至于草区禽族，庶品杂类，则触兴致情，因变取会，拟诸形容，则言务纤密；像其物宜，则理贵侧附；斯又小制之区畛，奇巧之机要也。"[①]结合此论，我们分析一下王逸《荔枝赋》。该赋以四六句式为主，同时又杂有三言、七言、八言，整饬协和中又较有气势与节奏感。文章一开始就用排比句式推出八种水果作为荔枝出现的陪衬与参照系。紧接着用比喻与排比的修辞形象地描绘荔枝树之形，用"朝云之兴""横天之彗""大厦之容""峻岳之势"这些极其雄浑俊伟之词摹写荔枝，真可谓笔参天地、势若悬河，极夸张与工巧之能事！接下来，气势和缓地叙述出荔枝之"干"与"叶"，跟着笔调再次扬起，两个叠词与比喻的妙用，使荔枝色彩之红艳与数量之繁多如在目前。滔滔江水之后，海水终于归于宁静，作者对荔枝之"皮""肤""润""味"等的描绘又展现了作者妙手中的细微与纤巧一面。

总之，《荔枝赋》中，王逸立足帝都，俯视九州，确实还有点以司马相如《上林赋》为典型代表的汉大赋帝京文化的影子[②]。但这毕竟已经是短小的纯粹咏物小赋了[③]，该文在"文瓜""华橘""浦桃""巨栗""杏""朱柿"等众多的水果特产与贡品映衬与比照下，对荔枝作出了"卓绝类而无俦，超众果而独贵"的历史评价。

此外，第一首专题赋咏荔枝的诗作应该为南朝梁刘霁《咏荔枝》，其诗云："叔师贵其珍，武仲称斯美，良由自远致，含滋不留齿。"[④]

---

① 王运熙、周锋译注《文心雕龙译注》，中华书局2010年版，第33页。
② 许结《赋体文学的文化阐释》，中华书局2005年版，第17—21页。
③ 此处参考许结《论小品赋》，《文学评论》1994年第3期。
④ 逯钦立辑校《先秦汉魏晋南北朝诗》，中华书局1988年版，第1671页。

图 03　［清］罗聘《荔枝图》。见全景博物馆丛书编辑委员会编纂《中国传世名画》第四卷，海燕出版社 2002 年版，第 316 页。

叔师即王逸，武仲为傅毅，傅毅咏荔枝作品今不存。此诗文学性不强，却理性地分析了荔枝所以被称为珍果的原因：荔枝生处远方，加之味道殊特。

纵观此时期荔枝题材与意象文学作品，文学家对荔枝的赞赏态度基本上停留在荔枝纯粹的实用价值（如味道甘甜等）上，自然属性很强烈，基本没有人文因子的存在。相对地，在同时期历史文献中的记载则比较丰富，也为我们提供了关于荔枝的另外一副峥嵘面孔。

第二节　荔枝——历史载记中的多色调

“其实所有的思想观念，对于后代来说，都是一种有待发掘的‘资源’，都要等到机缘凑合，有历史环境刺激，它才可能被激活。”[①]不止“思想观念”，历史性的内容都存在被后代发掘的可能，虽然这种发掘有些是走样的、歪曲的。汉魏六朝时期的荔枝文学非常惨淡，但同时期的荔枝历史却又相对丰富，这些还没有被开采的矿藏，到了唐宋诗人的手里得到了开发与挖掘。只有了解一事物的前世，才能更好地追索此事物的今生。下面一些历史事实向我们展现了荔枝的多重色调，多重积淀。

一、荔枝植物特性多重展现

“诗歌可极意形容，谱录则惟求记实。”[②]王逸《荔枝赋》中的荔枝已经非常的文学化，是主观感情渗透下的产物，其审美意义价值

---

① 葛兆光《思想史研究课堂讲录：视野、角度与方法》，生活·读书·新知三联书店 2005 年版，第 268 页。

② ［清］永瑢等撰《四库全书总目》，中华书局 1965 年版，第 992 页。

较大，但对我们了解客观的荔枝帮助甚小，真实的荔枝平凡的多、朴素的很。

> 荔枝冬青，夏至日子始赤，六七日可食，甘酸宜人。其细核者，谓之焦核，荔枝之最珍也。（竺法真《登罗山疏》）[①]

> 荔枝，高五六丈，如桂树，绿叶蓬蓬然，冬夏郁茂，青华朱实。实大如鸡子，核黄黑，似熟莲子。实白如肪，甘而多汁，似安石榴，有甜味。夏至日将已时，翕然俱赤，则可食也。一树下百斛。犍为僰道南，荔枝熟时，百鸟肥。其名之曰焦核，小次曰春花，次曰朝偈，此三种为美。次鳖卵，大而酸，以为醯和，率生稻田间。（晋郭义恭《广志》）[②]

读上面两段文字，我们可以知道荔枝的一些具体情况。荔枝树的高度（“高五六丈”）、形状（“如桂树”），荔枝果不同品种（“焦核”“春花”“朝偈等”），荔枝果的成熟时间（“夏至日子始赤”“夏至日将已时，翕然俱赤”），荔枝果的味道（“甘酸宜人”“甘而多汁”“大而酸”），荔枝果的大小及具体部件（“大如鸡子”“核黄黑”“实白如肪”），还有荔枝花（“青华”）、荔枝产量（“一树下百斛”）等。

二、荔枝的多重身份

（一）贡品

《尚书》言：“禹别九州，随山浚川，任土作贡。”唐孔颖达疏云：“贡者，从下献上之称，谓以所出之谷，市其土地所生异物，献其所有，

---

① ［清］严可均辑《全上古三代秦汉三国六朝文》，中华书局 1958 年版，第 2940 页。

② ［宋］李昉等编《太平御览》卷九七一，中华书局 1960 年版，第 4306 页。

谓之厥贡。”[1]

图 04　广东新兴千年荔枝树。原图为陈厚彬提供，见李建国主编《荔枝学》，中国农业出版社 2008 年版，正文前插图 2。

汉灭秦，大一统的版图形成。汉代初年，文景之世遵循休养生息的政策，实行无为而治，禁止进贡。而汉武帝时期，随着儒家思想地位逐渐确立，“大一统”的思想笼罩了朝廷与帝王，在此背景下，贡品日增。

荔枝贡始于汉武帝时期。汉武帝从千里之外的交趾移植荔枝，效果不佳，于是转而改为岁贡。《三辅黄图》记载云：

> 上木，南北异宜，岁时多枯瘁。荔枝自交趾移植百株于庭，无一生者，连年犹移植不息。后数岁，偶一株稍茂，终无华实，帝亦珍惜之。一旦萎死，守吏坐诛者数十人，遂不复莳矣。其实则岁贡焉，邮传者疲毙于道，极为生民之患。[2]

交趾郡，汉武帝元鼎六年（前 111）开，“西汉平南越后置交趾刺

① 十三经注疏整理委员会整理《尚书正义》，北京大学出版社 2000 年版，第 158 页。

② 何清谷校注《三辅黄图校注》，中华书局 2005 年版，第 247 页。

史部于岭南，又在越南北部置交趾郡”[1]。汉武帝从千里之遥移植荔枝，其直接原因或为荔枝味道本身的殊特；但深层意识更有可能是为了彰显汉帝国的大一统[2]，接续尧的“道统”，地处中州而万邦来朝。

西汉移植、远贡荔枝劳民伤财并没有引起东汉统治者的特别注意，东汉朝廷仍然继续受供荔枝，血的历史也仍在延续着，但不同于西汉，东汉有臣子站出来谏止。范晔《后汉书》记载云：

> 旧南海献龙眼、荔支，十里一置，五里一堠，奔腾阻险，死者继路。时临武长汝南唐羌，县接南海，乃上书陈状。帝（引者注：汉和帝）下诏曰：“远国珍羞，本以荐奉宗庙，苟有伤害，岂爱民之本。其敕太官勿复受献。”由是遂省焉。[3]

此是永元中（89—105）汉和帝（88—105在位）时岭南交州进贡荔枝之事。唐羌的陈词现在尚存，其云：

> 臣闻上不以滋味为德，下不以贡膳为功，故天子食太牢为尊，不以果实为珍。伏见交阯七郡献生龙眼等，鸟惊风发。南州土地，恶虫猛兽不绝于路，至于触犯死亡之害。死者不可复生，来者犹可救也。此二物升殿，未必延年益寿。[4]

汉和帝与唐羌君臣二人，一个敢于直谏，一个勇于纳谏。唐宋荔枝作为贡品身份受到诗人们的重视与关注，杜甫、苏轼等人诗材有取于此。

---

① 郑天挺、吴泽、杨志玖主编《中国历史大辞典》，上海辞书出版社2000年版，第1178页。

② 此时期是国家意识形态确立阶段，参葛兆光《中国思想史》第一卷第三编第三节：《国家意识形态的确立：从〈春秋繁露〉到〈白虎通〉》，复旦大学出版社2001年版，第255页。

③ [南朝宋]范晔《后汉书》，中华书局1965年版，第194页。

④ 唐李贤注范晔《后汉书》引谢承《后汉书》语，见[南朝宋]范晔《后汉书》，第195页。

东汉末年有可能还有荔枝进贡，故仲长统（179—220）在《昌言》批评云：“今人主不思神芝、朱草、甘露、零醴泉涌，而患枇杷、荔枝之腐，亦鄙甚矣。”[①]

另外，三国魏时亦贡荔枝。“魏文帝诏群臣曰：‘南方果之珍异者，有龙眼、荔枝，令岁贡焉，出九真交趾。’”[②]

（二）祭品、赏赐品

荔枝除了作为贡品，还作为赏赐品或荐庙之祭品。关于祭品，据历史记载，水果献荐宗庙始于汉惠帝（前211—前188）。“孝惠帝曾春出游离宫，叔孙生曰：‘古者有春尝果，方今樱桃孰，可献，愿陛下出，因取樱桃献宗庙。’上乃许之。诸果献由此兴。”所谓“古者有春尝果”，唐代司马贞《史记索隐》引《吕氏春秋》云：“仲春，羞以含桃，先荐寝庙。”[③]《礼记》卷一六《月令》云：“是月（仲夏之月）也，天子乃雏尝黍，羞以含桃，先荐寝庙。”郑玄注云：“含桃，樱桃也。”[④]由此可知，水果荐庙始于樱桃，荔枝踵武其后。

贡品、赏赐品、祭品有一定的顺承关系。远方献来贡品，一般首先要作为祭品荐入太庙，之后帝王才可以自己享用或分赐大臣及外邦使者。贡品是中原王朝大一统的象征；祭品，如“（咸宁二年）六月癸丑，荐荔支于太庙”[⑤]，则是对祖先诚敬的表现；赏赐品则显示了皇帝的恩惠，这种恩宠包罗内外，“元正朝贺，拜祠陵庙毕，汉乃遣单于使，

---

① ［清］严可均辑《全上古三代秦汉三国六朝文》，中华书局1958年版，第956页。

② ［晋］嵇含《南方草木状》卷下，《影印文渊阁四库全书》本。

③ ［汉］司马迁《史记》，中华书局1959年版，第2726页。

④ 十三经注疏整理委员会《礼记正义》，北京大学出版社2000年版，第589页。

⑤ ［唐］房玄龄等撰《晋书》，中华书局1974年版，第66页。

令谒者将送，赐彩缯千匹，锦四端，金十斤，太官御食酱及橙、橘、龙眼、荔支”[①]。齐孔稚珪亦有《谢赐生荔枝启》。

三、荔枝的多重功用

荔枝树并不仅仅是文学描述中的样子：“其形也，暧若朝云之兴，森如横天之彗，湛若大厦之容，郁如峻岳之势。修干纷错，绿叶臻臻。”（王逸《荔枝赋》）荔枝除了单纯的食用功能之外，还可以起到人际交往、以食会友的社会功用。除了荔枝水果可以食用外，荔枝树还可以作为实用木材服务生活。

（一）以食会友

晋常璩《华阳国志》载：“（江州县）有荔枝园，至熟，两千石常设厨膳，命士大夫共会树下食之。”[②]明清时期“以食（荔枝）会友”的风气蔚为壮观，甚至结成了“荔社”，明人宋珏在其《荔枝谱》云：“里中同好既稀，食量亦罕，每欲招数友结为一社，如莲社、梅社之类，亦复参差不果。暮春方次道见过，余预及之，次道喜曰：‘吾去夏客云间，苦忆此物，今当不轻放过。’遂于六月六日先集林谦伯受伯之雀园，约日一举，至荔谢而止。”[③]追溯其源，大约要数此处的载记了。

（二）实用木材

南朝宋竺芝[④]《扶南记》云：“其木性至坚劲，工人取其根作节

① ［南朝宋］范晔《后汉书》，中华书局1965年版，第2844页。

② ［晋］常璩撰，刘琳校注《华阳国志校注》，巴蜀书社1984年版，第65页。

③ ［清］吴其濬《植物名实图考长编》，商务印书馆1959年版，第951页。

④ 王兆明、付朗云主编《中国古文献大辞典·地理卷》，吉林文史出版社1991年版，第167页。

音槽及弹棋局。”[①]又《本草纲目》引《扶南记》云：“其木性至坚劲，土人取其根作阮咸槽及弹棋局。”[②]“节音槽”可能即“阮咸槽”。阮咸乃一种琵琶类的拨弦乐器，阮咸槽即此种乐器搭弦用的格子。弹棋乃一种棋类游戏，弹棋局乃其所用棋盘。[③]

荔枝树木不仅仅作为上面两种特殊器具的木料，还成为岭南人生活中常用的木材。《扶南记》云：“凡什具以木制者，率皆荔枝。”[④]

四、荔枝形象、价值判断的多样化

文学中的荔枝形象为珍奇，价值判断为赞美。这种文学中的荔枝形象单薄如赵家飞燕；史载中的荔枝形象丰满如杨氏贵妃。

首先，与文学中的荔枝形象、价值判断一脉相承，赞荔枝珍奇。齐孔稚珪《谢赐生荔枝启》云：“信西岷之佳珍，谅东鄙之未识。”[⑤]

其次，值得我们注意的是另外一种声音的出现。魏文帝曹丕虽对荔枝有“珍异”的评价，但“珍异”中应多为“异”，因其对“味薄”且“酢”的荔枝满含鄙薄与不屑。其文曰：

> 南方有龙眼、荔枝，宁比西国蒲萄、石蜜乎？酢且不如中国凡枣味，莫言安邑御枣也。[⑥]

---

① 《证类本草》卷二三引北宋苏颂《本草图经》，见［宋］唐慎微《证类本草》，《影印文渊阁四库全书》本。

② ［明］李时珍《本草纲目》卷三一，《影印文渊阁四库全书》本。

③ 缪启愉、邱泽奇《汉魏六朝岭南植物志录辑释》，农业出版社 1990 年版，第 110—111 页。

④ ［宋］李昉等编《太平广记》卷四〇六，人民文学出版社 1959 年版，第 3275 页。

⑤ ［清］严可均辑《全上古三代秦汉三国六朝文》，中华书局 1958 年版，第 2899 页。

⑥ ［唐］欧阳询撰，汪绍楹校《艺文类聚》，上海古籍出版社 1965 年版，第 1486 页。

南方有龙眼、荔枝，宁比西国蒲陶、石蜜乎？今以荔枝赐将吏，啖之，则知其味薄矣。[①]

图05　林学善《蓑笠翁·荔枝木根雕》。见中国工艺美术协会《中国工艺美术大师精品》，人民美术出版社2002年版，第48页。

在魏文帝这里，荔枝还不如中国凡枣，更比不上御枣、蒲陶、石蜜，这可能源于魏氏所食荔枝品种较差、味道太酸，更有可能魏文帝心中的珍果形象早已有所归属——葡萄。“魏文帝诏群臣曰：‘中国珍果甚多，且复为说，蒲萄奇味……道之固已流涎咽唾，况亲食之耶？他方之果宁有匹之者？”[②]

① ［宋］李昉等编《太平御览》卷九七一，中华书局1960年版，第4306页。
② ［宋］李昉等编《太平御览》卷九七二，第4308页。

再次，承认荔枝乃珍果，但在价值审美判断上否定之。晋人张载《瓜赋》云："若乃槟榔椰实，龙眼荔支，徒以希珍难致为奇，论实比德，孰大于斯。"[1]张氏承认荔枝由于"希珍难致"而导致的"奇"果形象，但在"论实比德"的伦理审美意义上则否定之。

① [清]严可均辑《全上古三代秦汉三国六朝文》，中华书局1958年版，第1950页。

第二章 唐代荔枝文学的发展

在唐代，荔枝文学得到了发展，作品数量增多，作品质量大大提升。荔枝题材与意象的作品现存文赋两篇——张九龄《荔枝赋并序》、白居易《荔枝图序》，另外还有二十一首荔枝题材诗作及荔枝意象五十处左右。虽然荔枝题材文学作品数量在唐代有限，但经过著名诗人或重要政治人物的品题，且加上与杨贵妃的关系，几种咏荔模式在此首开其导，为后世所踵武，故其意义不可低估。

第一节 唐代荔枝文学发展状况概览

有唐一代，赋咏荔枝的作品数量有限，然而就是这有限的作品，在初盛中晚分期中的分布也是极其不均匀的，其数目一路走高：

唐代荔枝题材与意象[①]文学作品统计

时期	数量总计		作者、体裁、数量	
	题材	意象	题材	意象
初唐	1	1	张九龄（赋1）	丁儒（1）
盛唐	4	4	杜甫（诗4）	李颀（1），杜甫（3）
中唐	5	16	白居易（诗4，文1）	韩翃（3），戴叔伦（1），卢纶（2），李端（1），王建（2），鲍防（1），白居易（3），张籍（2），韩愈（1）

① 第一，关于题材，戴叔伦《荔枝》与白居易《种荔枝》重出，据学者考证，著作权应归为白居易。富寿荪云："此乃居易任忠州刺史时所作……可以确定为居易诗。"（转引自佟培基《全唐诗重出误收考》，陕西人民出版社1996年版，第243页）第二，关于意象，《华清宫和杜舍人》作者三人，本表计入张祜。按：张祜诗有残句云"绿毛鹦鹉细，红实荔枝骈"（见《全唐诗补编》）与此诗中"几添鹦鹉劝，频赐荔枝尝"属对相似，故著作权且归张祜。

续表				
晚唐五代	11	30	薛能（诗1），郑谷（诗2），韩偓（诗3），徐夤（诗2），曹松（诗1），薛涛（诗1），梁嵩（诗1）	李德裕（1），殷尧藩（1），张祜（2），杜牧（2），许浑（1），李商隐（2），卢肇（1），薛能（3），郑谷（3），黄滔（1），徐夤（2），钱珝（2），李洞（1），贯休（1），栖蟾（1），皮日休（2），毛文锡（词1），张泌（词1），李珣（词1），和凝（词1）

通观上表，唐代荔枝文学自身的发展趋向可谓一目了然。荔枝文学作品在初盛中晚四个阶段中直线递增，由初唐的寥若晨星，到“安史之乱”后的光彩初放，再到晚唐五代兵戈扰攘中的星河灿烂，荔枝在山河破碎中书写着自己的精彩，“国家不幸荔枝幸”。

第二节　唐代荔枝文学发展脉络

一、初唐：闽地荔枝意象首次出现，比兴寄托的张九龄《荔枝赋》

初唐时期，荔枝因其限于一隅的区域劣势及极易腐烂的生物种性，为公卿士大夫所不知。以唐代四大类书之一徐坚奉敕撰写的《初学记》为例，该书卷二八在“果木部”收录了十二类果木品种，包括了李、柰、桃、樱桃、枣、栗、梨、甘、橘、梅、石榴、瓜等[①]，这部“以教诸王”[②]的类书，显然以当时最为常见的水果作为收录对象，很遗憾，荔枝不预此列。

咏荔文学在初唐整个文学中十分暗淡，但在其自身的文学演进中却有它自己的特点。中原人士丁儒于八世纪左右在闽地所作的《归闲诗二十韵》是荔枝在唐代文学中的首次亮相[③]。岭南人士张九龄的《荔枝赋》，遥接东汉王逸《荔枝赋》，运用比兴寄托的手法，书写其强烈的政治“感遇”情结，至此，荔枝终于在文学中成为诗人、士大夫“兴寄”的对象。同时，我们必须注意，荔枝成为张九龄借物寓意的工具，仅仅是个体的行为，不具有普遍的意义与价值，其《荔枝赋·序》中有云：“余在西掖，尝盛称之，诸公莫之知，固未之信。”知尚不知，更何况借之寓怀了。

（一）闽地荔枝意象在唐诗中的首次出现

唐开元时期福建地区人烟稀少、文教不昌、经济落后，陈元光垂拱四年（688）作漳州刺史，其在《漳州刺史谢表》云：“窃念臣州背山面海，旧有蛇豕之区；椎髻卉裳，尽是妖氛之党。”[④]闽地荔枝在唐前史料中没有记载，然而，就是这默默无闻的闽地荔枝却在光辉灿

---

① ［唐］徐坚等《初学记》，中华书局 1962 年版，第 671 页。

② 晁公武《郡斋读书志》卷一四《初学记》条云：“初，张说类集事要，以教诸王。”见［宋］晁公武撰，孙猛校证《郡斋读书志校证》，上海古籍出版社 1990 年版，第 651 页。

③ 按：此诗出现后，一直到晚唐才再次看见闽地荔枝的身影，且此诗历代文献未见征引，据《全唐诗补编》可知，此诗出现于家谱中（《（光绪）漳州府志》引自《白石丁氏古谱》，据陈尚君先生书中言，清刻本《白石丁氏谱》尚存），其真实性有一定的折扣，志于此，备考。

④ ［清］董诰等编《全唐文》，中华书局 1983 年版，第 1675 页。

烂的唐代荔枝文学中崭露头角。《全唐诗补编》辑丁儒诗两首，其一《归闲诗二十韵》云：

> 锦苑来丹荔，清波出素鳞。芭蕉金剖润，龙眼玉生津。蜜取花间露，柑藏树上珍。醉宜薯蔗沥，睡稳木棉茵。茉莉香篱落，榕阴浃里闉。雪霜偏避地，风景独推闽。[①]

据其首句“漳北遥开郡，泉南久罢屯”，可知此诗是丁儒在闽地所作。丁儒（?—710）其人其事转录如下：

> 字学道，一字维贤，行九。其先济阳（今属山东）人，徙光州固始（今属河南）。举进士于乡，未第，曾镇府以女许之。麟德元年，曾以诸卫将军镇闽，丁儒随之入闽完婚……营置漳州。垂拱间授本州左承事郎，以其行九，故人称九承事郎。景云元年十月卒。丁儒通经术，喜吟咏，练达世务。漳州之开郡，儒有力焉，故祀郡庠名宦祠。[②]

垂拱二年（686）陈元光上表请建置漳州，垂拱四年诏准且命其为漳州刺史，丁儒以承事郎参理州事。[③]此诗当作于此后。

（二）张九龄借物寓意的《荔枝赋》

东汉王逸《荔枝赋》，乃纯粹的咏物赋，前文已有详细论述。张九龄《荔枝赋》作于唐玄宗开元十五年（727）[④]，其序云：“味以无比而疑，远不可验，终然永屈。况士有未效之用，而身在无誉之间，苟无深知，与彼亦何以异也？因道扬其实，遂作此赋。”据此可知，

---

① 陈尚君辑校《全唐诗补编》，中华书局 1992 年版，第 97—98 页。

② 周祖譔主编《中国文学家大辞典》唐五代卷，中华书局 1992 年版，第 2 页。

③ [清] 沈定均续修，[清] 吴联薰增纂《（光绪）漳州府志》卷二四，《中国地方志集成》本，上海书店 2000 年版，第 484 页。

④ 顾建国《张九龄年谱》，中国社会科学出版社 2005 年版，第 156 页。

张氏此文的真实目的是借荔枝而自寓慨叹，此赋也是作者在岭南地域印记下“感遇”情结的外显。关于张九龄的具体研究见后文。

二、盛唐：杜甫，政治内涵的注入，文化的影响

盛唐时期，荔枝文学虽然依旧萧索暗淡，但由于诗国星空最灿烂诗人杜甫的题写，荔枝多个方面的内涵都得到了极大的提升。杜甫用四首连章组诗刻画荔枝实属空前。杜甫创造性地用“轻红”形容荔枝，极大地影响了宋人的荔枝色彩审美。其用“侧生”形容荔枝，承继左思、张九龄，使“侧生”成为荔枝的别称。尤其重要的是，杜甫把微小如荔枝与重大如“安史之乱”联系起来，其中间的津梁又是通过荔枝与唐玄宗、杨贵妃的关系搭建起来的，其后经过杜牧等人的踵事增华，这就使后世以“天下为己任”的士大夫诗人对荔枝与贵妃这一主题题咏不绝，在咏叹中表达政治上的见解与情怀。

同时，虽然杜甫涉及荔枝意象的诗歌极为有限，但其影响却不可轻视。其对酒文化、荔枝文化、服饰文化都产生了一定的影响，我们往往注意文化对文学的影响，观此，我们可以看到文学对文化的影响。

附带说明，这里，我们把杜甫放在盛唐阶段论述，是缘于一般把盛唐的终点定在杜甫的去世之日，即770年。但有一点我们需要注意，杜甫诗歌涉及荔枝者共有六首，四首专题、两首意象，多为“安史之乱”后所作。“事实上，杜甫除了在诗文中偏重于诗这一点外，到中唐变得显著起来的很多倾向他都率先表露出来。从这个意义上说，那种从安史之乱后，把杜甫当作新阶段起点来把握的唐代文学史观是很值得玩味的。”[①]

---

① ［日］川合康三撰，刘维治、张剑、蒋寅译《终南山的变容：中唐文学论集》，上海古籍出版社2007年版，第24页。

三、中唐：蜀地荔枝兴盛一时，白居易闲适中的“荔枝”

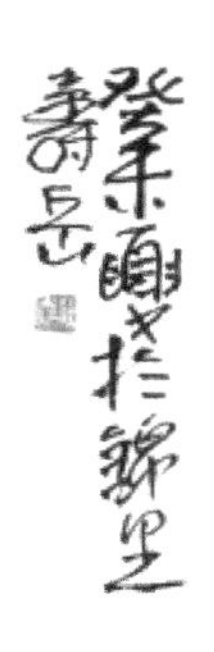

图 06　陈寿岳《荔枝图》。见王秋蓉主编《陈寿岳国画作品》，四川美术出版社 2007 年版，第 71 页。

荔枝原产我国热带雨林地域，是典型的热带水果，对温度有严格的要求，一般限于平均温度 20 ～ 25℃的北热带和南亚热带地区，才能正常生长结实。因此，荔枝分布区域极为有限，诗人接触到荔枝需要因缘际会与风云巧合。

天宝十四载（755），安史之乱爆发，中原局势“乱如麻”，“四海南奔似永嘉”。世人纷纷南下避乱，这种人口的南北地域流动，使更多的诗人有机缘接触到更多的新鲜事物，进而显露在笔端。由无变有、由少变多，是本时期文学题材的显著特色，正如日本学者川合康三所言：“（中唐）内容方面很显著的变化，首先是题材扩大了，远远超过了以往诗歌的领域。从未在诗中出现过的事物，从不认为可入诗的题材登场了。”[1]以梅花为例，程杰师研究指出：“‘安史之乱’以来，士人因避地、仕宦、贬谪而流寓南方的越来越多……便多感物咏梅之作。”[2]荔枝的境遇亦与此相似，众多诗人接触到了限于南方一隅的荔枝，兴来抒感，诉诸文字。

蜀地荔枝意象与题材，自杜甫首次赋咏以来，大历才子送别诗作、张王乐府均有荔枝意象诗作，白居易更是有五篇专题诗文，中唐可谓是蜀地荔枝诗词小小的高潮。

（一）蜀地荔枝文学的一枝独秀

“荔枝始传于汉世，初惟出岭南，后出蜀中……蜀中之品在唐尤盛。”[3]此时期，士人流动极其频繁，荔枝也就与送别诗联系十分紧密。“大历十才子”中的韩翃、卢纶、李端均有送别诗涉及荔枝意象。“张王乐府”之王建亦有送别诗牵涉荔枝。它们分别是：韩翃《送故人归蜀》《送李明府赴连州》，卢纶《送从舅成都县丞广归蜀》《送张郎中还蜀歌》，李端《送何兆下第还蜀》，王建《送严大夫赴桂州》。这些送别诗中送友朋亲故赴蜀地占了大部分，其次便为岭南（广西），另外，韩愈《柳州罗池庙诗》“荔子丹兮蕉黄”[4]亦写岭南，这一时期无闽地荔枝影像。这些诗歌多把荔枝作为当地自然风景的点缀，如韩翃《送故人归蜀》“客衣筒布润，山舍荔枝繁”[5]，卢纶《送从舅成都县丞广归蜀》“晚

---

① ［日］川合康三撰，刘维治、张剑、蒋寅译《终南山的变容：中唐文学论集》，第 68 页。

② 程杰师《宋代咏梅文学研究》，安徽文艺出版社 2002 年版，第 11 页。

③ 《证类本草》卷二三引《本草图经》语，见［宋］唐慎微《证类本草》，《影印文渊阁四库全书》本。

④ 陈尚君辑校《全唐诗补编》，中华书局 1992 年版，第 1014 页。

⑤ ［清］曹寅、彭定求等编《全唐诗》卷二四四，中华书局 1960 年版。

程椒瘴热，野饭荔枝阴”[1]，李端《送何兆下第还蜀》“袅猿枫子落，过雨荔枝香”[2]，这些关于荔枝的形象描绘，或言其地，或言其用，或言其味，真切自然，应该不是诗人作者的审美想象，这些作者至少在意识里有蜀地为荔枝产地的观念。另外，非送别诗张籍的《成都曲》亦描绘了蜀地的荔枝，其言“锦江近西烟水绿，新雨山头荔枝熟”[3]。白居易的四首荔枝专题诗作更是作于蜀地。

蜀地荔枝文学题材与意象在晚唐仍然是一股主要力量，主要作品有：薛能《荔枝诗》《荔枝楼》，钱珝《蜀国偶题》，薛涛《忆荔枝》，郑谷《荔枝》[4]。其他如郑谷《将之泸郡旅次遂州遇裴晤员外谪居于此话旧凄凉因寄二首》“我拜师门更南去，荔枝春熟向渝泸”[5]。皇甫松《竹枝》（一作《巴渝辞》）“木棉花尽荔枝垂，千花万花待郎归”[6]等。另外，在五代，荔枝也随着诗客曲子词进入了《花间集》。

（二）对荔枝着力甚多的白居易

白居易在巴蜀任忠州（今四川忠县）刺史，接触到了荔枝，不仅亲眼见到，还欲亲手植之，如其《种荔枝》诗题所示。白氏乃首以闲适笔调专门题咏荔枝者。《荔枝图序》把荔枝易腐的生物特性作了准确描绘，为后世所经常引用。《题郡中荔枝诗十八韵，兼寄万州杨八使君》用铺陈的笔调描绘了荔枝的色香等特色，提升了荔枝的审美空间。

---

① ［清］曹寅、彭定求等编《全唐诗》卷二七六。

② ［清］曹寅、彭定求等编《全唐诗》卷二八五。

③ ［清］曹寅、彭定求等编《全唐诗》卷三八二。

④ “据末句，知为广明（880）后流寓蜀中所作，具体时间难以确定。”见［唐］郑谷撰，严寿澂、黄明、赵昌平笺注《郑谷诗集笺注》，上海古籍出版社2009年版，第129页。

⑤ ［清］曹寅、彭定求等编《全唐诗》卷六七六。

⑥ ［清］曹寅、彭定求等编《全唐诗》卷八九一。

图07　吴昌硕《荔枝图》。见刘冠良主编《中国十大名画家画集·吴昌硕》，北京工艺美术出版社2003年版，第11页。

《重寄荔枝与杨使君，时闻杨使君欲种植故有落句之戏》是唐代所能见到的馈赠荔枝的唯一诗作，开士大夫赠送荔枝之先河，此风在宋代可谓蔚为壮观。具体论述详后。

四、晚唐五代：荔枝与贵妃，一种咏荔模式的定型，福建荔枝兴起，《花间集》与西蜀荔枝

程杰师云：“晚唐五代，中原干戈动乱，南方一时偏安，诗人多寄身荆湘、吴越、巴蜀等地，咏梅之作更是大幅增加。”[1]荔枝亦然。相对于中唐“安史之乱”，此时期的荔枝获得了更为充分的发展。诸多诗人在咏史中借荔枝与唐玄宗、杨贵妃之关

① 程杰师《宋代咏梅文学研究》，安徽文艺出版社2002年版，第11页。

联抒发兴衰之感、无常之叹，一种咏荔模式已经基本形成。福建荔枝文学自初唐出现以来在此时期进一步发展。西蜀之诗客也在曲子词中展现了荔枝之风采，种种机缘凑泊遇合，使晚唐成为荔枝文学的一个小高峰，这也算是宋代咏荔文学“山雨欲来”前的“风满楼”。

（一）荔枝与贵妃——一种咏荔模式的定型

晚唐五代时期，国家动荡不安，国势日渐衰微，民乏国困，众多诗人在“枯荷听雨”中把目光转向了开创“开元盛世”的唐玄宗[①]，当然，诗人们附带也不会忘记他们眼中“安史之乱”的祸根，比如杨贵妃。李商隐《华清宫》“华清恩幸占无伦，犹恐娥眉不胜人。未免被他褒女笑，只教天子暂蒙尘”[②]，认为杨贵妃是使“天子暂蒙尘”的罪魁祸首，可谓代表。荔枝与贵妃的关联，自杜甫开创以后，在唐末五代，这种咏荔模式已基本定型，且看：

尘土已残香粉艳，荔枝犹到马嵬坡。（张祜《马嵬坡》，《全唐诗》卷五一一）

一骑红尘妃子笑，无人知是荔枝来。（杜牧《过华清宫绝句三首》其一，《全唐诗》卷五二一）

平昔谁相爱，骊山遇贵妃。枉教生处远，愁见摘来稀。（郑谷《荔枝》，《全唐诗》卷六七四）

吴关去国三千里，莫笑杨妃爱荔枝。（皮日休《题惠山泉二首》其一，《全唐诗补编·全唐诗续补遗》卷九）

忽忆明皇西幸时，暗伤潜恨竟谁知。佩兰应语宫臣道，

① 对此，周勋初先生称为文士的“玄宗情结”，见《周勋初文集》第五册《唐人笔记小说考索》，江苏古籍出版社 2000 年版，第 29 页。

② ［清］曹寅、彭定求等编《全唐诗》卷五三九，中华书局 1960 年版。

莫向金盘进荔枝。（钱珝《蜀国偶题》，《全唐诗》卷七一二）

无论是在咏史诗如张祜《马嵬坡》、杜牧《过华清宫绝句三首》其一、钱珝《蜀国偶题》，还是在咏物诗如郑谷《荔枝》中，荔枝与杨贵妃的关涉已经成为诗人们抒感兴叹、绘物写景的固定构思模式，亦即此时期荔枝与贵妃的关系已经在很多诗人里形成了自发的条件发射。

（二）福建与荔枝

“福建地区起步较晚，自开元、天宝年间‘开山洞’置一些州县以后，福建地区经济、文化都有长足的发展。”[①]“至唐末五代，中原战乱，士夫南奔，诗人多远避于闽越间。闽中文学隆盛，足与吴越、南唐、西蜀媲美。”[②]又，唐代“安史之乱”及唐末五代混乱乃福建文学发展的三次契机之一。[③]

福建荔枝在初唐露出尖尖角之后，其身影便隐没在历史的烟云里，一直到晚唐五代，基于以上的缘故，福建荔枝才重新获得再续前缘的机会。本时期，福建荔枝文学以两位诗人为代表，一韩偓，荔枝题材作品三首；二徐夤，荔枝题材作品两首，意象一首。同时，徐夤作为福建本地人写福建本地风物，可谓得其本地风光。另外，还有一首李洞《送沈光赴福幕》（一作《送福州从事》）云：“泉齐岭鸟飞，雨熟荔枝肥”[④]亦涉及福建。

---

① 翁俊雄《唐代区域经济研究》，首都师范大学出版社 2001 年版，第 217 页。

② 陈尚君《唐代闽籍诗人考》，见氏著《唐代文学丛考》，中国社会科学出版社 1997 年版，第 171 页。

③ 据陈庆元先生研究，福建文学发展三次契机分别为：西晋末年永嘉南渡，东晋南朝建都建康；唐代安史之乱及唐末五代混乱；南宋定都杭州。见陈庆元《文学：地域的观照》，上海远东出版社、上海三联书店 2003 年版，第 10—11 页。

④ [清] 曹寅、彭定求等编《全唐诗》卷七二一，中华书局 1960 年版。

韩偓天祐三年（906）至后梁开平二年（908）在福州，其荔枝诗应该作于此时。《荔枝三首》序云“自丙寅年到福州，自此后并福州作”[①]。

“徐夤，唐时知名进士，皆依审知仕宦。”[②]“遭乱，（杨沂）依太祖，与徐夤、王淡同居幕府，以风雅倡和，闽士多宗之。”[③]徐夤《荔枝二首》，载录如下：

其一：朱弹星丸粲日光，绿琼枝散小香囊。龙绡壳绽红纹粟，鱼目珠涵白膜浆。梅熟已过南岭雨，橘酸空待洞庭霜。蛮山踏晓和烟摘，拜捧金盘奉越王。

其二：日日熏风卷瘴烟，南园珍果荔枝先。灵鸦啄破琼津滴，宝器盛来蚌腹圆。锦里只闻销醉客，蕊宫惟合赠神仙。何人刺出猩猩血，深染罗纹遍壳鲜。[④]

徐夤荔枝咏物诗作的艺术水平较高，与之前的大诗人杜甫、白居易的同题材作品相比亦毫不逊色。宋人的荔枝颜色审美诸如“猩血”[⑤]或即来自此作，苏轼著名的荔枝形象味道取譬抑或受“宝器盛来蚌腹圆”

① ［清］曹寅、彭定求等编《全唐诗》卷六八〇。

② ［宋］欧阳修撰、宋无党注《新五代史》卷六八《闽世家》，中华书局1974年版，第846页。

③ ［清］吴任臣《十国春秋》卷九五《杨沂传》，中华书局1983年版，第1372页。

④ ［清］曹寅、彭定求等编：《全唐诗》卷七〇八。

⑤ 苏轼《再次韵曾仲锡荔支》云：“本自玉肌非鹄浴，至今丹壳似猩刑。”（《全宋诗》，北京大学出版社1991—1998年版，第14册第9489页）黄庭坚《次韵任道食荔支有感三首》其三：“天与蹙罗装宝髻，更挼猩血染殷红。”（《全宋诗》第17册第11403页）释宝昙《和史魏公荔枝韵》云：“槟榔却误染猩血，末利更欲薰龙钱。”（《全宋诗》第43册第27091页）

启发。[①]但实际情况据我们初步考察应该并非如此，即宋人的这些荔枝颜色审美与味道取喻或许与徐夤此作毫无干涉。

徐夤著作散逸较早，《四库全书总目·徐正字诗赋》解题云："自《唐书·艺文志》已不著录，诸家书目亦不载其名。意当时即散佚不传。"且其辑本长期以抄本流传[②]，至清康熙时才有刊刻本[③]。具体到徐夤荔枝题材作品，我们没有证据怀疑其真伪，但我们认为徐夤此作艺术水准甚高，但流传甚为稀少，影响也就几无。即以清以前文献征引来说，我们也可以看出此点。唐人荔枝题材除徐夤、梁嵩[④]外，均见载于宋人著作，情况如下：杜甫、白居易、郑谷、杜牧、韩偓（《全芳备祖》），薛能（《容斋随笔》），曹松、薛涛（《文苑英华》）。

---

① 苏轼《四月十一日初食荔支》云："似开江鳐斫玉柱，更洗河豚烹腹腴。"苏轼此作对荔枝形象与味道的比类对宋人影响甚大。"绝知高味倾瑶柱，未觉丰肌病玉环。"（曾几《荔子》，《全宋诗》第29册第18570页）"深忌河豚恕瑶柱，沈思橄榄过糖霜。"（苏籀《次韵王丈丰父待制荔枝二十韵》，《全宋诗》第31册第19619页）"杨梅卢橘定臣妾，河豚瑶柱微芳鲜。"（释宝昙《和史魏公荔枝韵》，《全宋诗》第43册第27091页）"东坡曾比江瑶柱，或谓江瑶柱不如。"（释居简《墨荔支》，《全宋诗》第53册第33123页）"因渠风味思瑶柱，撩我乡心念玉环。"（王十朋《静晖楼前有荔子一株木老矣犹未生予去其枯枝今岁遂生一二百颗至六月方熟》，《全宋诗》第36册第22832页）

② "但此书（《徐正字诗赋》）最早是由徐寅族孙徐师仁于南宋建炎三年（1129），辑成八卷本，其中赋五卷，《雅道机要》一卷，诗二卷。钱遵王有其抄本。元代时，徐寅裔孙徐玩又重辑为十卷本，前五卷为赋，后五卷为诗。此本也只有抄本流传。"见李学勤、吕文郁主编《四库大辞典》，吉林大学出版社1996年版，第2386页。

③ 万曼《唐集叙录》，中华书局1980年版，第383页。

④ 梁嵩乃五代十国之南汉（917—971）人，据《全唐诗补编》其荔枝诗作乃辑自清人汪森（1653—1726）《粤西诗载》，可知此诗藏于一隅，传播稀少，诸家没有收录亦属正常。诗见陈尚君辑校《全唐诗补编》，中华书局1992年版，第1495页。

即使在明人的著作中也不见徐夤荔枝诗作的身影，明人徐𤊹在其《荔枝谱》中收录唐人荔枝题材诗作较全，收有杜甫四首、白居易三首、郑谷两首、曹松一首、韩偓三首、薛能一首[1]，除徐夤外，只有薛涛、梁嵩之作没有收录。

（三）荔枝与《花间集》

荔枝点缀于《花间集》中，可以说是独特的存在，通过查检曾昭岷等编《全唐五代词》，我们没有看到更多的荔枝身影。也就是说，在晚唐五代，《花间集》因其收录的"词客曲子词"创作于蜀地，这就与荔枝的分布相叠合，进而与荔枝结缘。这些词作作为独特的存在，在西蜀词风情万种中是一道独特的风景线，是巴蜀民俗风情的一个侧影。

《花间集》："不无清绝之词，用助娇娆之态"。荔枝或作为南国自然风景点缀其间，或作为颜色的联想物，甚而作为游戏之赌资显露其侧。张泌《生查子》："相见稀，喜相见，相见还相远。檀画荔支红，金蔓蜻蜓软。"毛文锡《中兴乐》："红蕉叶里猩猩语。鸳鸯浦，镜中鸾舞。丝雨，隔荔枝阴。"和凝《采桑子》："蝤蛴领上诃梨子，绣带双垂。椒户闲时，竞学樗蒲赌荔支。"李珣《南乡子》："避暑信船轻浪里，闲游戏，夹岸荔支红蘸水。"[2]荔枝点缀在这些词作之中，与其他景物及作者心绪意脉相得益彰，确实可谓"非熟于南方景物不能道"[3]。

① [明]徐𤊹《荔枝谱》，彭世奖校注，黄淑美参校《历代荔枝谱校注》，中国农业出版社 2008 年版，第 110—114 页。

② [后蜀]赵崇祚编选，高峰注评《花间集注评》，凤凰出版社 2008 年版，四首词作分别在：第 122 页、第 133 页、第 174 页、第 286 页。

③ 李冰若《花间集评注》，河北教育出版社 1999 年版，第 218 页。

五、总结

荔枝因其自然属性分布较为集中且有限，其进入文学的历程正是当地区域经济文化不断发展的结果。荔枝地处南方僻远之地，这些地区的发展又有赖于政治气候的变迁、经济重心的南移、中原文化的传播、工商业及海外贸易的发展。正如陈寅恪先生在《论韩愈》一文所云："唐代之史可分前后两期，前期结束南北朝相承之旧局面，后期开启赵宋以降之新局面，关于政治社会经济如此，关于文化学术者亦莫不如此。"[①]唐代荔枝文学的发展，在中晚唐出现勃兴之势，这是宋代荔枝文学大发展的曙光与导引。蜀地、岭南、闽粤三地荔枝文学在唐代文学中皆有不同程度的表现：蜀地荔枝一枝独秀，岭南荔枝存续不绝却庸庸碌碌，闽地荔枝姗姗来迟。

① 陈寅恪《金明馆丛稿初编》，生活·读书·新知三联书店2001年版，第332页。

第三章　宋代荔枝文学的繁盛

唐韩愈《感二鸟赋·序》云："且明夫遭时者，虽小善必达；不遭时者，累善无所容焉。"[1]荔枝，无疑是"遭时者"。唐代荔枝文学数量虽然有限，但张九龄、杜甫、白居易、杜牧等著名诗人为荔枝文学的发展开了"遭逢"；进入宋代，荔枝受到了更多诗人的关注，尤其是随着福建在政治、经济、文化上的崛起，"文士摅怀"与"山川相发"使得荔枝文学进入了较为繁盛的时期。

图 08　《荔枝图页》，传为北宋赵昌作，绢本，设色，上海博物馆藏。

荔枝题材文学历千年之演变，终于在宋代的诗国星空下闪耀着属于自己的灿烂光芒。虽然这种"光芒"远远没有达到其他题材（如梅花）的璀璨，但相对于寂寥的唐代荔枝作品，其进步却是显而易见的。

① ［清］董诰等编《全唐文》卷一六四，中华书局 1983 年版，第 5542 页。

本章第一节展示宋代荔枝文学的繁盛状况；第二节、第三节、第四节则详细分析了宋代荔枝文学的三大特点：荔枝珍果、仙果形象的形成，荔枝唱和诗作作为荔枝题材的主要形式，福建荔枝文学的兴起。

第一节　宋代荔枝文学的繁盛状况

宋代荔枝的繁盛情况表现在多种文体的荔枝题材创作、荔枝品种赋咏、荔枝组诗创作及其他四个方面。

一、各种文体的荔枝题材创作

两宋荔枝题材文学作品：诗作近二百五十首[①]，词十五首，文十二篇（据《全宋文》，其中荔枝题材赋五篇，其他杂文如苏轼《荔枝龙眼说》与《荔枝似江瑶柱》、黄庭坚《尝锁江》、曹勋《荔子传》等）。宋代荔枝题材诗作成为大宗，词由晚唐五代的意象点缀发展为专题吟颂，赋在宋前仅有两篇即东汉王逸《荔枝赋》、唐人张九龄《荔枝赋》，而宋代却出现了五篇，包括李纲《荔枝赋》《荔枝后赋》两篇，范成大《荔枝赋》一篇，何麟《荔子赋》一篇，陈宓《荔枝赋》[②]一篇。尤其值得注意的是曹勋（1098?—1174）《荔子传》[③]，该文用拟人的手法为荔枝作传，把历史上出现的关于荔枝的重要历史故事与传说连

① 如果考虑到已经亡佚不见的荔枝诗，荔枝题材创作数量会更大。如已经亡佚的孙觉（1028—1090）《荔枝唱和诗》一卷（见［元］脱脱《宋史》卷一六二《艺文志》，中华书局1977年版，第5406页）。还有一些荔枝题材步韵诗存在，而原诗已经亡佚者，本章第二节有所论述。

② 按，该文《全宋文》并没有收录，见曾枣庄、吴洪泽主编《宋代辞赋全编》第5册，四川大学出版社2008年版，第2735页。

③ 曾枣庄、刘琳主编《全宋文》第191册，上海辞书出版社2006年版，第116页。

缀成文，开明代王褒《洪离传》、谢肇制《江妃传》、徐熥《绛囊生传》、徐熥《十八娘外传》、黄履康《十八娘传》荔枝题材传奇小说之先声。

二、荔枝组诗创作①

在唐代已经出现荔枝组诗，杜甫《解闷十二首》后四首专咏荔枝，实质上属于荔枝组诗，但形式上尚有欠缺，即题目非由荔枝统摄之。韩偓《荔枝三首》、徐夤《荔枝二首》形式（题目为荔枝）和内容（专咏荔枝）上属于真正的荔枝组诗。有趣的是这两位作者的荔枝组诗均作于福建，且时间均为五代十国时期。相对来讲，宋代荔枝组诗数量更大、更繁荣，作者、诗题大体情形列表如下：

作　者	组诗诗题
程师孟	《荔枝两首》
曾　巩	《荔枝四首》
苏　轼	《食荔枝二首》
郭祥正	《荔枝二首》《君仪蕙莆田陈紫荔干即蔡君谟谓之老杨妃者二首》
黄　裳	《荔子二首》
黄庭坚	《次韵任道食荔枝有感三首》《谢陈正字送荔枝三首》
洪　炎	《初食荔枝生荔枝二首》
周紫芝	《食生荔子五首》
李　纲	《荔枝五首》《容南初食荔枝二首》《初食荔枝四绝句》《绝句奉约珪禅师相过同食荔枝两首》

① “将反映近似的生活情景，表现同一主题的若干首诗组合在一起，形成有机整体，称为‘组诗’。其中每首诗，可以独立成篇，连缀在一起，成为组诗，从而扩大了诗歌表现生活的容量和审美功能。”见朱子南主编《中国文体学辞典》“组诗”条，湖南教育出版社 1988 年版，第 39 页。

续表	
吕本中	《谢幽岩长老送荔枝二首》
苏　籀	《和洪玉甫秘监荔枝三首》
黄公度	《和宋永兄咏荔支用东坡刑字韵四首》
王十朋	《食荔枝三首》《荔枝七绝》
陆　游	《荔子绝句两首》
范成大	《新荔枝四绝》
张　栻	《初食荔枝两首》
陈　宓	《荔子两首》《谢东园主人惠荔枝陈紫栽两首》
刘克庄	《温陵太守赵右司惠诗求荔子适大风雨扫尽辄和二绝》《和赵南塘离支五绝》《荔枝盛熟四首》《荔枝二首》《采荔子十绝》《采荔二绝》《食早荔七首》
方　岳	《送荔子方蒙仲两首》

宋代荔枝题材组诗创作是唐代相关类型的重大突破，同时也为后世如明人屠本畯《荔枝纪兴二十六首》、徐𤊹《荔枝四十首》，明末清初屈大均《广州荔枝词》（五十四首）、清末谭莹《岭南荔枝词百首》（实为六十首）等大型组诗创作开了先声。

三、荔枝品种赋咏

最早记录荔枝品种的应该是晋人竺法真《登罗山疏》中所载的“焦核”，同时或稍晚郭义恭《广志》记载“犍为僰道、南广”（地属四川）的“焦核”“春花”“胡（或为朝）偈”三种，接下来便有唐代段公路《北户录》中载录的“梧州火山”。宋代郑熊《广中荔枝谱》载荔枝有二十二品，至蔡襄《荔枝谱》录三十二品，北宋中期张宗闵《增城荔枝谱》著录百余品。两宋荔枝，各地品种至少有二三百种之多。[①]

在唐诗中没有出现题咏荔枝品种的诗作，而在宋诗中出现了众多的荔枝品种名称，这种品种题咏的方式一方面体现了荔枝题材创作的自觉，另一方面也可以看作荔枝审美趋向深入。在宋代诗歌中，出现了诸如十八娘荔枝、火山荔枝、绿荔枝、大将军荔枝、墨荔枝、陈紫荔枝、方红荔枝、皱玉荔枝、七夕红荔枝、玉堂红荔枝、磂黄荔枝、虎心荔枝、金钟荔枝、甘露团荔枝、柘枝荔枝、绿罗荔枝等品种。南宋王十朋《荔枝七绝》则是一诗专咏一品，李纲《荔枝后赋》对“千类万族，不可殚详”的荔枝品种罗列云：“其品则有陈紫、方红，江绿、宋香。细若鸡舌，艳如硫黄。虎皮斓斑，龙牙锐长。蚶壳匾仄，玳瑁文章。皱玉丰肤，星球照江。”[②]其中陈紫、方红、江绿、星球、鸡舌、硫黄、虎皮、龙牙、蚶壳、玳瑁、皱玉、宋香均为荔枝品种名称。

四、其他

以荔枝命名的亭台、楼阁、书轩亦屡屡出现于宋代文学作品之中，例如荔香亭、荔枝台、荔枝轩、荔枝亭、荔枝楼、荔枝堂、荔枝岩等，此可见宋代荔枝受到了较大范围、较多人的关注，侧面反映了荔枝文学的繁盛。此外，荔枝加工品如荔枝干、蜜渍荔枝等以及一些特殊形态的荔枝也引起了诗人的兴趣与关注，赵抃有《提刑邢梦臣度支连理荔枝》，苏轼有《南乡子》（双荔支），宋神宗《赐大理丞梁士基横州宅生连理荔枝》，周紫芝有《西江月》（席上赋双荔子），这些都是赋咏“连理荔枝”之作。这种“连理荔枝”在诗词两种文体中展现

① 方健《南宋农业史》，人民出版社 2010 年版，第 585 页。

② 曾枣庄、吴洪泽主编《宋代辞赋全编》第 5 册，四川大学出版社 2008 年版，第 2738 页。

了不同的面貌：词中的女儿缠绵，诗中的吉庆祥瑞①。

此外，随着荔枝文学作品的增多，荔枝的审美也趋向多样化、丰富化。荔枝形态上出现了荔枝审美新样式，如火齐、骊珠、隋珠等；荔枝颜色审美出现新语汇，如猩刑等；荔枝故实的挖掘与深入，如黄蕉丹荔（唐韩愈），长卿病渴（西汉司马相如），荔枝的味道取譬“江珧柱”“河豚”（苏轼）等。

第二节　荔枝珍果、仙果形象的形成

荔枝被广泛认知并形成珍果形象是在宋代，所谓：“夫以一木之实，生于海濒岩险之远，而能名彻上京，外被夷狄，重于当世。”②从下面论述的“仙果”形象及第三节中宋人馈赠荔枝的情况，我们可清楚地看到此点，本节不再具体论述。荔枝珍果形象在宋代形成主要受到宋人对荔枝的广泛认识、空间距离、远方贡物、味觉传播等因素的影响。同时，在珍果的基础上，荔枝在宋人的文学书写中呈现出仙果形象。

一、荔枝珍果形象——锦囊玉液相浑论，百果让作东南元

荔枝为世人所广泛认识是在宋代，“虽然自汉代以来，北方人就知道了荔枝，但是甚至在唐朝的诗歌中，它还是被当成一种外来植物，

① 荔枝连理视为祥瑞之兆亦载史籍，《宋史》卷六三《五行志》云：“（大中祥符）二年正月，福州荔枝树生连理芝二本。”见［元］脱脱《宋史》，中华书局1977年版，第1389页。

② ［宋］蔡襄《荔枝谱》，彭世奖校注，黄淑美参校《历代荔枝谱校注》，中国农业出版社2008年版，第5页。

荔枝虽然色彩艳美，妩媚可人，但却无力表现大众的梦想和情感”[①]。此种情形在宋代发生了转变，从荔枝题材在宋代的繁盛即可以看出荔枝的广泛认知。即以荔枝果品制作技术而论，人们利用“白曝”“蜜煎”等技术加工荔枝，经过处理之后便可作为礼品遥寄他处，“凡经曝，皆可经岁。好者寄至都下及关陕河外诸处，味犹不歇，百果流布之盛皆不及也”[②]。

明人李时珍说：“食品以荔枝为贵，而资益则龙眼为良。盖荔枝性热，而龙眼性和平也。”[③]明代著名医家的这种说法给我们揭示了一个道理，即荔枝的珍贵并不仅仅源自于其本身的滋味或营养价值，而是“荔枝的‘珍果’形象，主要来自于‘空间距离’与‘远方贡物’这两项因素”[④]。

第一，关于“空间距离”。在交通落后

图09　齐白石《荔枝图》。见刘子瑞主编《齐白石绘画作品图录》（上），天津人民美术出版社2006年版，第189页。

① ［美］薛爱华撰，吴玉贵译《唐代的外来文明》，中国社会科学出版社1998年版，第119页。
② 宋人苏颂《本草图经》（成书于1061年，书已佚）语，宋人唐慎微（约1056—1093）《证类本草》卷二三引，《影印文渊阁四库全书》本。
③ ［明］李时珍《本草纲目》卷三一，人民卫生出版社1975年版，第1821页。
④ 陈元朋《荔枝的历史》，（台湾）《新史学》十四卷二期（二〇〇三年六月），第136页。

而地域辽阔的古代中国，辽远之地所生物产往往因其稀有为时所重。宋人有云："凡物以稀有难致见珍，故查梨、橙柑、荔枝、杨梅，四方不尽出，乃贵重于世。"[①]这种说法有其合理的因素，此点前人早已揭示出来[②]，这是荔枝珍果形象形成的客观基础，是荔枝形象塑造必要但不充分的条件。

第二，关于"远方贡物"。宋代以前，两汉、魏晋、唐代均有荔枝进贡朝廷[③]，杜甫是唯一提到唐以前进贡的诗人，这说明唐前荔枝进贡之事在迟至唐代并没有引起人们的特别关注。唐代荔枝进贡则受到了同时代人的关注，杜甫、杜牧都有诗作传世，尤其是杜牧《过华清宫绝句》其一，其传播与影响力之巨大，杜牧的这种影响在干戈扰攘的晚唐五代并没有多大的回响，在宋人这里才获得了巨大回应。同时，荔枝与贵妃的话题也是唐代荔枝进贡的副产品，在晚唐就形成了题咏荔枝的重要构思。在宋人这里，我们初步统计大约有四十首荔枝诗词提及杨贵妃。也就是说，荔枝作为远方贡物在宋代才受到了广泛关注并形成了普遍题咏。

第三，关于荔枝味觉传统。唐以前的荔枝珍果形象属于极其少数的人，并没有取得广泛性的认识。但这种个别的荔枝珍果叙述对宋人珍果形象的认识与确认具有味觉的传播作用。"人们的评价，以及这评价所附加的社会性、文化性意义，也会发挥吸引的作用，让好评、

---

① ［宋］王灼《糖霜谱》，《影印文渊阁四库全书》本。

② 晋人张载《瓜赋》云："若乃槟榔椰实，龙眼荔支，徒以希珍难致为奇，论实比德，孰大于斯。"南朝梁刘霁《咏荔枝》云："叔师贵其珍，武仲称斯美，良由自远致，含滋不留齿。"

③ 参见陈元朋《荔枝的历史》，（台湾）《新史学》十四卷二期（二〇〇三年六月），第134页。

喜爱汇集成一种认知，并持续向其他的人们散播味觉上的感染力量。”[①] 在宋代以前，荔枝经常被视为珍异之物。东汉王逸《荔枝赋》云：“卓绝类而无俦，超众果而独贵。”曹丕《魏文帝诏》云：“南方果之珍异者，有龙眼荔枝。”[②]晋人郭义恭《广志》云：“壶橘、荔枝，南珍之上。”[③] 唐张九龄《荔枝赋》云：“百果之中，无一可比。”唐李肇《唐国史补》云：“李直方尝第果实名如贡士之目者，以绿李为首，楞梨为副，樱桃为三，甘子为四，蒲桃为五。或荐荔枝，曰：‘寄举之首。’”[④]唐段公路《北户录》云：“南方果之美者，有荔枝。”[⑤]宋以前积淀的这些荔枝味觉传统，在荔枝被广泛认识的宋代产生了作用。

荔枝被宋人广泛熟识，荔枝空间距离的辽远，荔枝的贡品身份及宋人对唐代贡荔枝事的关注及对杨贵妃的赋咏，这些力量汇集成人们对荔枝普遍的感知——珍果。

二、荔枝仙果形象——仙果移从海上山，露华供夜鹤分丹

可以说基于人们对荔枝“珍果”的认识，宋人文学作品中荔枝更被普遍指称为“仙果”，但更准确一点说应该是“珍果”与“仙果”两者交互为用共同促进了荔枝形象的塑造。中晚唐时期，荔枝作为“仙果”已露端倪。中唐白居易《题郡中荔枝诗十八韵，兼寄万州杨八使君》云：“嚼疑天上味，嗅异世间香。”[⑥]白氏此语已为荔枝指出了向上之路。晚唐五代韩偓《荔枝三首》其一云：“遐方不许贡珍奇，密诏唯教进

① 陈元朋《荔枝的历史》，第176页。
② [晋]嵇含《南方草木状》卷下引，《影印文渊阁四库全书》本。
③ [宋]李昉等编《太平御览》卷九七一，中华书局1960年版，第4306页。
④ [唐]李肇《唐国史补》，上海古籍出版社1979年版，第57页。
⑤ [唐]段公路《北户录》卷三，《影印文渊阁四库全书》本。
⑥ [清]曹寅、彭定求等编《全唐诗》卷四四一，中华书局1960年版。

荔枝。汉武碧桃争比得，枉令方朔号偷儿。”其三云：“巧裁霞片裹神浆，崖蜜天然有异香。应是仙人金掌露，结成冰入蒨罗囊。”[1]晚唐五代徐夤《荔枝二首》其二：“锦里只闻销醉客，蕊宫惟合赠神仙。”[2]在韩偓、徐夤这里，荔枝非仙果碧桃可比，果肉晶莹、入口凉润乃仙人金掌露所成，珍奇难得只配天人享用，荔枝已经由人间此岸慢慢滑向了天上彼岸。

荔枝的仙果形象有一点是值得我们首先关注的。在宋代，荔枝仙果形象有一个历时性的变化，即由整体到个别、由抽象到具体的仙果形象演变历程[3]。当然，这种历程并不是如我们语言描述的这样泾渭分明，但大的趋势如此应属无疑。以下诗作即为此种趋势之代表：

> 绛衣仙子过中元，别叶空枝去不还。（蔡襄《七月二十四日食荔枝》，《全宋诗》第7册，第4824页）
>
> 炎炎六月朱明天，映日仙枝红欲燃。（陈襄《荔枝歌》，《全宋诗》第8册，第5074页）
>
> 玉润冰清不受尘，仙衣裁剪绛纱新。（曾巩《荔枝四首》其二，《全宋诗》第8册，第5601页）
>
> 海山仙人绛罗襦，红纱中单白玉肤。（苏轼《四月十一日初食荔支》，《全宋诗》第14册，第9515页）

蔡襄（1012—1067）、陈襄（1017—1080）、曾巩（1019—1083）、苏轼（1037—1101）的荔枝诗作在宋代荔枝题材作品中出现时间较早。四

---

① ［清］曹寅、彭定求等编《全唐诗》卷六八〇。

② ［清］曹寅、彭定求等编《全唐诗》卷七〇八。

③ 这里的“整体”“抽象”是指把荔枝整体看待、认识，直接呼为“仙人”“仙果”之类；而“个别”“具体”则是指针对荔枝色、香、味等具体的生物特征所作的某一方面的联想，如“仙掌露”“三危露”“丹砂”等。

人对荔枝的描述分别为“绛衣仙子”“仙枝”“仙衣”“海山仙人”，尤其是蔡襄与苏轼，此二者对荔枝的定位使荔枝仙果的整体形象得以形成，并对荔枝仙果的个别化、具体化起到了促发作用。下面我们就从自然、人文等因素具体阐述荔枝的仙果形象。其中自然因素涉及了荔枝的色香味，而人文因子主要指蔡襄的误读与误导。此下的五个方面既是荔枝仙果形象的表现，也包含了荔枝仙果形象产生的原因（尤其是蔡襄的误导作用）。

（一）视觉、触觉联想之一——金茎露、三危露

荔枝果肉晶莹如水晶，“荔子初丹，绛纱囊里水晶丸”（欧阳修《浪淘沙》），且入口凉润，荔枝的这种视觉与触觉特点，使诗人们很容易联想及露珠。唐杜甫《解闷十二首》其九云：“炎方每续朱樱献，玉座应悲白露团。”[①]唐曹松《南海陪郑司空游荔园》云：“乱结罗纹照襟袖，别含琼露爽咽喉。”[②]这些只是简单的比类，晚唐五代韩偓《荔枝三首》其三云，“应是仙人金掌露，结成冰入蒨罗囊”[③]，这就用事了，宋人延续了这种传统：

> 汉宫坠落金茎露，秦城散起骊山火。（陈襄《荔枝歌》，《全宋诗》第8册，第5074页）
>
> 山液乍凝仙掌露，绛苞初绽水精丸。（宋徽宗《宣和殿移植荔枝》，《全宋诗》第26册，第17072页）

金茎即铜柱，“金茎露”“仙掌露”同用一典。《汉书》卷二五上《郊祀志》：“又作柏梁、铜柱、承露仙人掌之属矣。”唐颜师古注：“《三辅故事》云：‘建章宫承露盘高二十丈，大七围，以铜为之，上有仙

---

① ［清］曹寅、彭定求等编《全唐诗》卷二三〇，中华书局1960年版。
② ［清］曹寅、彭定求等编《全唐诗》卷七一七，中华书局1960年版。
③ ［清］曹寅、彭定求等编《全唐诗》卷六八〇，中华书局1960年版。

人掌承露，和玉屑饮之，欲以求仙。’”[①]从表面的“仙”字到饮之以“求仙”意义，都把荔枝“仙果”形象塑造出来，并传播开来。

宋人以露状荔枝并没有止步于此，“三危露”也闯入了宋人的视野：

万点凝霞赤，三危滴露丛。（苏籀《和洪玉甫秘监荔枝三首》其二，《全宋诗》第31册，第19619页）

三危露珠冻寒沘，火伞烧林不成水。（杨万里《荔枝歌》，《全宋诗》第42册，第26317页）

《吕氏春秋》卷一四《孝行览·本味》：“（伊尹）说汤以至味……曰：‘水之美者：三危之露；昆仑之井。’”[②]北周庾信《温汤碑》云：“其味美者，结为三危之露。”[③]三危露“水美”“味美”，宋人似乎在“金茎露”视觉、触觉外又加入了味觉，但上面所举二诗并无此意，或许“三危露”所生之地“三危”神山更能引人注意，《山海经·西山经》：“又西二百二十里曰三危之山，三青鸟居之。”郭璞注云：“三青鸟，主为西王母取食者，别自栖息于此山也。”[④]

（二）视觉、触觉联想之二——冰雪（藐姑仙）

荔枝果肉晶莹剔透，又清凉华润，“金茎露”既入彀中，自然，“冰雪”之比类亦难逃诗人的法眼，且看：

玉润冰清不受尘。（曾巩《荔枝四首》其二，《全宋诗》第8册，第5601页）

---

① ［汉］班固《汉书》，中华书局1962年版，第1220页。

② 张双棣等译注《吕氏春秋》，中华书局2007年版，第115页。

③ ［清］严可均辑《全上古三代秦汉三国六朝文》，中华书局1958年版，第3941页。

④ 《四部丛刊初编》子部第80册，上海书店1989年版（据商务印书馆1926年版重印）。

香包浣花锦，冰质藐姑仙。（苏籀《和洪玉甫秘监荔枝三首其一》，《全宋诗》第31册，第19619页）

姑射山中冰雪姿，凛然标格欺寒威。一经蒙庄品题后，使人起敬如宾尸。仙风道骨今何有，韶颜丰颊夸绝奇。（袁燮《和李左藏荔支》，《全宋诗》第50册，第31001页）

唐白居易在《荔枝图序》有云："瓤肉莹白如冰雪"，宋人更是提升了荔枝的品格，赞美其玉润冰清，"藐姑仙"的拟用更是绝上的礼赞。

（三）视觉联想之三——丹砂、丹方

东晋葛洪《抱朴子·内篇》卷四《金丹》云："凡草木烧之即烬，而丹砂烧之成水银，积变又还成丹砂，其去凡草木亦远矣，故能令人长生。"[①]丹砂的道教背景如是。

唐人李康成《玉华仙子歌》云："紫阳仙子名玉华，珠盘承露饵丹砂。转态凝情五云里，娇颜千岁芙蓉花。"杜甫《七月三日亭午已后较热退晚加小凉稳睡有诗因论壮年乐事戏呈元二十一曹长》云："高人炼丹砂，未念将朽骨。"张籍《学仙》云："守神保元气，动息随天罡。炉烧丹砂尽，昼夜候火光。"由此可知，"珠盘承露""丹砂"等是人们面对道教求仙往往所能联想到的，前文论及"金茎露"，这里我们讨论"丹砂"。

荔枝颜色鲜红，其视觉上的冲击力往往是首先引起诗人们注意的。"丹砂"一词不仅仅具有道教的背景，也是诗人描述颜色的常用语，杜甫《北征》云："或红如丹砂，或黑如点漆。"首先把丹砂与荔枝

① ［晋］葛洪《抱朴子》，《四部丛刊初编》本。

图 10　明永乐青花荔枝纹盘。南京博物院藏。

联系起来的是晚唐诗人曹松，其《南海陪郑司空游荔园》云："叶中新火欺寒食，树上丹砂胜锦州。"[①]这里的"丹砂"与颜色的联系较大，道教意义应该没有。在宋人的诗作，诸如：

剖见隋珠醉眼开，丹砂缘手落尘埃。（曾巩《荔枝四首》其一，《全宋诗》第 8 册，第 5601 页）

丹砂结颗藏膏露，赭縠为囊贮嫩琼。（范纯仁《眉州绿荔枝寄吴仲庶有诗次韵》，《全宋诗》第 11 册，第 7428 页）

这里，在曾巩、范纯仁的诗作中，我们基本上看不出荔枝与道教

① ［清］曹寅、彭定求等编《全唐诗》卷七一七，中华书局 1960 年版。

神仙之关系，虽然“丹砂结颗藏膏露”中或许有道教背景[1]，但毫无疑问，这些都是荔枝与道教神仙丹药建构关系的前凑与背景。

两宋之际，由“丹砂”进而关联道教，荔枝与道教的联系正式被建构。

空排白玉千峰雪，却忆红砂九转丹。（周紫芝《米元晖待制岁以赐冰及荔子分遗季共而今年荔枝不至有诗次韵三首》其一，《全宋诗》第26册，第17363页）

穷居无米糁蒿藜，筠笼相先送荔枝。安得仙人炼丹灶，试将红玉甑中炊。（郑刚中《数日相识多以荔子分惠荔雨久而酸予方绝粮日买米而炊戏成二十八言》，《全宋诗》第30册，第19103页）

老子有方能辟谷，纯将绛雪代丹砂。（刘克庄《荔枝二首》其一，《全宋诗》第58册，第36451页）

“九转丹”源自葛洪，其《抱朴子·内篇》卷四《金丹》云：“一转之丹服之三年得仙，二转之丹服之二年得仙，三转之丹服之一年得仙，四转之丹服之半年得仙，五转之丹服之百日得仙，六转之丹服之四十日得仙，七转之丹服之三十日得仙，八转之丹服之十日得仙，九转之丹服之三日得仙。”[2]绛雪亦为丹药名[3]。从“丹砂”到“九转丹”、炼丹灶之“红玉”、辟谷之“丹砂”，“丹砂”的道教意义不仅仅被建构，还被扩充与完善了。

（四）生长地域——海角、三山

① 《山海经·西山经》卷二云：“峚山……丹水出焉，西流注于稷泽，其中多白玉，是有玉膏，其源沸沸汤汤，黄帝是食是飨。”晋·郭璞注：“《河图玉版》曰：‘少室山，其上有白玉膏，一服即仙矣。’亦此类也。”《四部丛刊初编》子部第80册。

② ［晋］葛洪《抱朴子》，《四部丛刊初编》本。

③ 详见华夫主编《中国古代名物大典》，济南出版社1993年版，第823页。

查检唐代荔枝题材与意象创作，荔枝而关涉海者绝少。唐代荔枝文学创作数量本身就极为有限，加之于蜀地荔枝文学在唐代一枝独秀，西蜀之地远离海洋，处于内陆腹地，荔枝生长区域的滨海属性自然不能彰显。宋代，随着福建荔枝的崛起及其产生了广泛的影响，以及苏轼岭南荔枝诗的巨大感召力，宋人更多地注意到荔枝生长区域的临海性，以下均为其例：

遥思海树繁，带露摘初日。（梅尧臣《和答韩奉礼饷荔枝》，《全宋诗》第 5 册，第 2935 页）

京华百世争鲜贵，自是芳根着海滨。（蔡襄《净众院尝荔支》，《全宋诗》第 7 册，第 4783 页）

薰风海上来，丹荔逾夏熟。（刘攽《荔枝》其一，《全宋诗》第 11 册，第 7315 页）

不向海边为逐客，长安无此荔枝尝。（郭祥正《君仪惠莆田陈紫荔干即蔡君谟谓之老杨妃者二首》其二，《全宋诗》第 13 册，第 8978 页）

海边百物非平生，独数山前荔支好。（苏辙《奉同子瞻荔支叹》，《全宋诗》第 15 册，第 10073 页）

磨铜碧海驾天风，吹落闽山荔子红。（曹勋《送荔子与高观察》，《全宋诗》第 33 册，第 21188 页）

涪州距雍已云远，况此奔驰来海侧。（刘子翚《荔子歌》，《全宋诗》第 34 册，第 21357 页）

吾曹岂不识天意，尤物自是生海壖。（释宝昙《和史魏公荔枝韵》，《全宋诗》第 43 册，第 27091 页）

海乡因记少日好，绕树食啖高价偿。（刘学箕《廞庭自三山

送荔枝分韵得细字》，《全宋诗》第53册，第32929页）

侧生海畔远难将，风日尤能变色浆。（刘克庄《和赵南塘离支五绝》其一，《全宋诗》第58册，第36256页）

无论是在岭南还是闽地，众多诗人都注意到了荔枝的临海性。在唐代诗人的笔下，三山作为仙境的典故屡屡出现，三山作为海中飘渺难觅的神山已经成为表现神仙世界的一种象征①。荔枝珍果形象的形成，人们对荔枝临海特性的自觉关注，两者结合便塑造了荔枝的仙果形象。

托根曾是三山下，结实应归万木先。（蔡襄《和曹殿丞寄荔支》，《全宋诗》第7册，第4794页）

仙果移从海上山，露华供夜鹤分丹。（洪刍《荔枝》，《全宋诗》第22册，第14500页）

海山仙人绛罗襦，红纱中单白玉肤。（苏轼《四月十一日初食荔支》，《全宋诗》第14册，第9515页）

海山仙子绛罗襦，雾縠中单白玉肤。（李纲《荔枝五首》其一，《全宋诗》第27册，第17731页）

曾识坡仙海上山，清冰寒露洗缟袢。（方岳《送荔子方蒙仲》其二，《全宋诗》第61册，第38269页）

（五）蔡襄的误读与误导

在中国历史上，宋人曹勋（1098？—1174）首次为荔枝作寓言体传文，其《荔子传》云："蔡君谟（笔者注：蔡襄）谱其世家，闽族方著。"②

① 详例可参范之麟主编《全唐诗典故辞典》，湖北辞书出版社2001年版，第53—55页。

② 曾枣庄、刘琳主编《全宋文》第191册，上海辞书出版社2006年版，第116页。

确如所言，福建荔枝在宋代声名鹊起与蔡襄有莫大关联。蔡襄（1012—1067）作为福建本地人士，赞咏福建荔枝“其为果品，卓然第一”。其所著《荔枝谱》被称为“荔枝之有谱自襄始，叙述特详，词亦雅洁”①。但因为蔡襄的一时疏忽，其《荔枝谱》对《列仙传》产生了误读；且因“当时贵重此谱”②，这就使宋代文人对荔枝产生了误解，这种误导直接或间接地延及明清文人。

蔡襄《荔枝谱》云：“荔枝食之有益于人。《列仙传》称：‘有食其华实，为荔枝仙人。’”③通过考察我们发现，蔡襄“荔枝仙人”的说法实属误读。蔡襄“荔枝仙人”的说法源自《列仙传》的“寇（或作‘冠’）先”条。《列仙传》现存明《道藏》本、清《四库全书》本。④“寇先”条目内容如下：

> 寇先者，宋人也，以钓鱼为业，居睢水旁百余年，得鱼或放或卖，或自食之。常着冠带，好种荔枝，食其葩实焉。宋景公问其道，不告，即杀之。数十年踞宋城门，鼓琴数十日乃去，宋人家家奉祀焉。⑤

《四库全书》本《列仙传》亦云：“好种荔枝，食其葩实焉。”⑥

---

① ［清］永瑢等《四库全书总目》卷一一五，中华书局1965年版，第992页。
② ［清］永瑢等《四库全书总目》卷一一五，中华书局1965年版，第992页。
③ ［宋］蔡襄《荔枝谱》，彭世奖校注，黄淑美参校《历代荔枝谱校注》，中国农业出版社2008年版，第12页。
④ 李学勤、吕文郁主编《四库大辞典》，吉林大学出版社1996年版，第2301—2302页。
⑤ 明《正统道藏》（影印本），（台湾）艺文印书馆1977年版，第8册，第6117页。
⑥ 《影印文渊阁四库全书》本，上海古籍出版社1987年（据商务印书馆的文渊阁本重新影印，下同），第1058册，第495页。

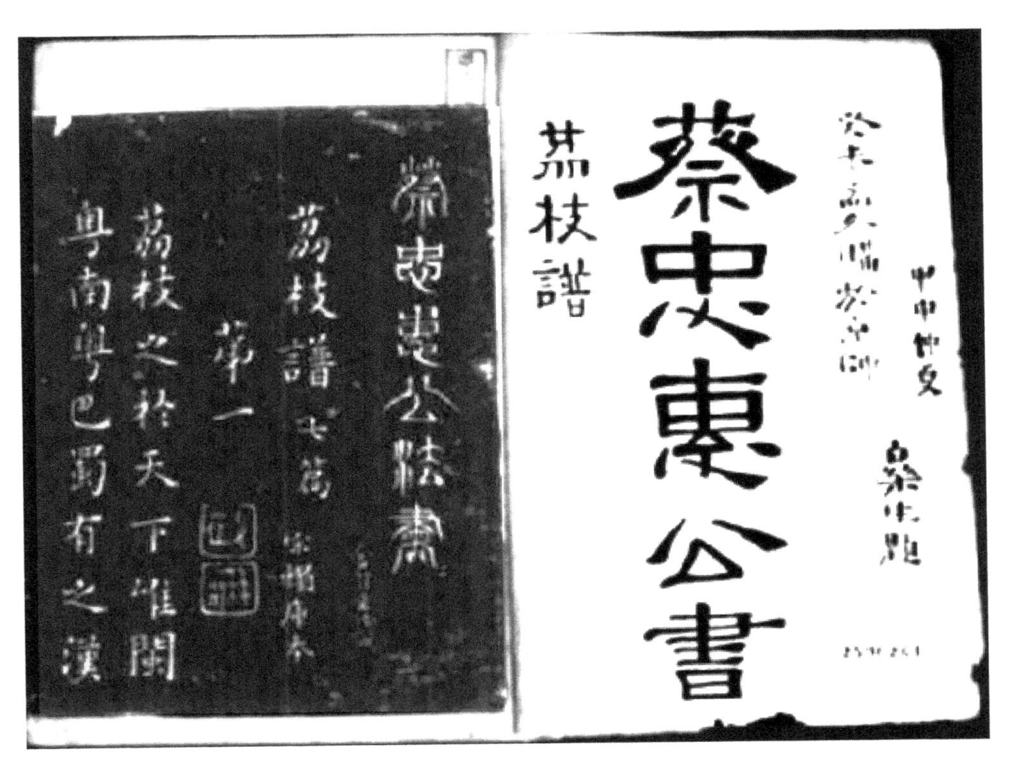
蔡忠惠公書
荔枝譜
蔡忠惠公法書
荔枝譜 七篇 宋搨本
第一
荔枝之於天下唯閩
粤南粤巴蜀有之漢

图 11　宋拓库本蔡襄书《荔枝谱》书影。

本条其他文字亦完全相同，应为同源。这两种文献内容似乎可以成为蔡襄“荔枝仙人”的文本依据。但是，作为明清文献，其证据力明显不足。通过考察唐宋文献征引《列仙传》（或《搜神记》[①]）此条语，我们可以基本确定：唐宋时期的《列仙传》此条实为“好种荔，食其葩实焉”，上引两文献中“好种荔枝”，“枝”实为衍文。

唐宋文献涉及此条内容者罗列如下：

冠先，宋人也……好种荔，食其葩实焉。[②]（唐释道世《法

① 《搜神记》中亦有“冠先”条，文字基本相同。其卷一云：“冠先，宋人也。好种荔，食其葩实焉。”见《影印文渊阁四库全书》本，第 1042 册，第 368 页。

② 《四部丛刊初编》本，《法苑珠林》（影明万历刊本）第 2 册；《影印文渊阁四库全书》本，第 1049 册，第 612 页，同。

苑珠林》卷四一引《搜神异记》语）

冠先，宋人也……好种荔，食其葩实焉。[1]（清张玉书等《佩文韵府》卷九三之三“葩实”条引《法苑珠林》语）

寇先者，宋人也……好种荔枝，食其葩实焉。[2]（宋李昉《太平御览》卷一〇〇〇“荔挺”条引《列仙传》语）

寇先生者，宋人……好种荔，食其葩实焉。[3]（宋张君房《云笈七籤》卷一〇八引《列仙传》“寇先生”条语）

寇先生者，宋人也，好种荔，食其葩实焉。[4]（宋苏颂《本草图经》引《列仙传》语）

寇先生，宋人，好种荔，食其葩实是矣。[5]（明李时珍《本草纲目》卷一五“蠡实”条引《本草图经》）

上引诸文献中，只有《四库全书》本《太平御览》作“好种荔枝”，但核之宋刊本《太平御览》，其文却作“好种荔”[6]。而且，《太平御览》所引《列仙传》内容陈列于“荔挺”条目之下，此条收录涉及“荔挺”的各种资料，观其引文“《说文》曰：‘荔，似蒲而小，根可为刷。’”“《广雅》云：‘马薤，荔也。’”等可知，“荔”“荔挺”“马薤”等异名同物，与荔枝了不相涉，故《四库全书》本《太平御览》衍一“枝”字确定不移。

---

① 《影印文渊阁四库全书》本，第1026册，第34页。

② 《影印文渊阁四库全书》本，第901册，第769页。

③ 《四部丛刊初编》本，《云笈七籤》（影明《正统道藏》本）第5册；《影印文渊阁四库全书》本，第1061册，第250页，同。

④ ［宋］唐慎微《重修政和经史证类备用本草》（影金刊本）卷八“蠡食”条下引。又文中说明，蠡食，“马兰子是也”（卷八目录小注），生于“河东川谷”（卷八），《四部丛刊三编》本；《影印文渊阁四库全书》本，第740册，第369页，同。

⑤ 《影印文渊阁四库全书》本，第773册，第177页。

⑥ 《四部丛刊初编》本，《太平御览》（影宋刊本）第21册。

《太平御览》于宋太宗太平兴国八年（984）编成，张君房《云笈七籤》乃宋真宗天禧五年（1021）编成，苏颂《本草图经》编撰于嘉祐二至七年（1057—1061），这几种文献成书时间距蔡襄（1012—1067）较近，均作“荔”，其证据力相当的强。

除了他书引文，从情理上推测，《列仙传》此条亦应为“荔”而非“荔枝”。荔枝处于蜀地、岭南边远荒僻之所，其名在唐前不彰，中原或北方人士罕闻其名。且因其对温度、热量等自然条件要求苛刻，故很难移植，即便是作为一国之君的汉武帝尚且移植失败，何况其余。基于这种人情物理的考量，我们认为《列仙传》中作为“宋人”且“好种”的“寇先”绝无可能种植荔枝，尽管这是一部荒诞不经的志人小说。

由上面可知，《列仙传》“冠先”条原文应为“好种荔，食其葩实焉”。[①]我们推测，蔡襄对荔枝相当熟悉，对“荔”（或云“荔挺”）比较陌生，一见此文，必定如获至宝（因此文可以作为抬高荔枝身价的故实），故写下了“荔枝仙人”的误解文字。

蔡襄误读情形，与南宋高似孙对《水仙赋》误解情形颇有神似，“南宋高似孙就认为六朝刘子玄作《水仙花赋》，其实六朝陶弘景、刘休玄等人所作《水仙赋》都是描写水中的神灵而不是花卉草木”[②]。

蔡襄的这一误读带来了一系列的误导。

第一，宋人李纲。李纲（1083—1140）《奉寄李泰发端明》云：“无

---

① 今传诸本《列仙传》多延明《道藏》本、清《四库全书》本之误，作“荔枝”。王叔岷先生《列仙传校笺》亦失察，见王叔岷《列仙传校笺》，中华书局2007年版，第63页。李建国先生认为《搜神记》此条今本作“荔枝，误”，但文献考述较为简约，见李建国辑校《新辑搜神记》，中华书局2007年版，第30页。

② 程杰师《中国水仙起源考》，《江苏社会科学》2011年第6期。

分去为汤饼客，有缘来作荔枝仙。”（《全宋诗》第27册，第17803页）此“荔枝仙”有可能受蔡襄《荔枝谱》中“荔枝仙人”的误导。

第二，宋人刘克庄。李纲是否受蔡襄误导存有疑团，而刘克庄（1187—1269）受蔡襄误导则毫无疑问。其《采荔二绝》其二云：“帝悯后村翁老病，即家除拜荔枝仙。”自注云：“《列仙传》有荔枝仙人。”（《全宋诗》第58册，第36551页）其另外一首诗则更为直接地显出刘克庄所言“《列仙传》有荔枝仙人”的文献来源即蔡襄《荔枝谱》，其《以宋香方红送听蛙翁答柬云两年来啖荔颗则动气按本草等书云荔枝能蠲渴补髓未闻其动气也口占一首发翁一笑》云：“帖报能生采薪疾，谱言曾有荔枝仙。”（《全宋诗》第58册，第36529页）

我们认为刘克庄对荔枝的印象与评价基础来自蔡襄的误导，而其对荔枝的形象认识应该是先整体抽象再具体个别。其整体认识荔枝乃仙果，如其言“苎萝仙子绛纱裳，岁岁年年逞色香”（刘克庄《食早荔七首》其一，《全宋诗》第58册，第36601页），再具体地扩展为“丹方”“补丹诀”“单方”“休粮诀”等。诗词如下：

解使冰肠煖，能令玉色腴。谁能补丹诀，素女绛罗襦。（刘克庄《采荔子十绝》其五，《全宋诗》第58册，第36455页）

野儒枯槁无师授，传得单方服荔枝。（刘克庄《樗庵采荔》其一，《全宋诗》第58册，第36471页）

日三百颗沃馋涎，肘后丹方勿浪传。（刘克庄《采荔二绝》其一，《全宋诗》第58册，第36551页）

客询老子休粮诀，丹实漫山更满村。（刘克庄《又采荔一首》，《全宋诗》第58册，第36639页）

刘克庄之所以会误读也许与对蔡襄的过度尊崇以及作者该时期的

心态有关。“当刘克庄的人生理想已不在魏阙庙堂，而是回归寄托江湖之梦的莆田时，其中地域色彩浓重的物产——荔枝，才有别于传统‘历史意象’的荔枝，成为刘克庄所独有的‘现实意象’。也正因为如此，作为刘克庄笔下‘现实意象’的荔枝，其‘特喻性’意义又胜过其‘实指性’意义。‘特喻性’所对应的正是刘克庄心灵深处的、具有象征意义的莆田。”[①]刘克庄对蔡襄及其《荔枝谱》赞叹有加，其《和南塘食荔叹》云：“麟台仙人亲题品，天为此果开遭逢。”（《全宋诗》第58册，第36273页）秘书省曾一度称为麟台，刘克庄曾称秘书省正字兼国史院编修官秦观为麟台学士，蔡襄曾任秘书省著作郎，麟台仙人应该指蔡襄。又《温陵太守赵右司惠诗求荔子适大风雨扫尽辄和二绝》其二云：“端明仙去谱犹存，珍重君侯拂藓痕。”（《全宋诗》第58册，第36433页）

第三，明人陈献章。其《西良容伦馈荔枝非桂州本色戏以是诗》云：“我是荔枝仙，何人解漫得？”[②]

第四，明人徐𤊹。其《荔枝谱》有云：“《蔡谱》引《列仙传》《本草经》，谓食荔有益于人，可以得仙。”[③]

第五，明人徐熥。其《绛囊生传》云：“太史公曰：余读《列仙传》及《仙人本草》皆称生能蠲渴补髓，有功于人，非虚语也。”附带说及，这里的“《仙人本草》”乃作者误读、断句错误所致，蔡襄《荔枝谱》原文为：“荔枝食之有益于人。《列仙传》称：‘有食其花，为荔枝仙人。’

---

① 侯体健《刘克庄诗文中的地域印记及其精神归宿》，《文艺研究》2010年第8期。

② ［明］陈献章《陈白沙集》卷五，《影印文渊阁四库全书》本。

③ ［明］徐𤊹《荔枝谱》，彭世奖校注，黄淑美参校：《历代荔枝谱校注》，中国农业出版社2008年版，第47页。

《本草》亦列其功。”《绛囊生传》虽为小说家言，但其于史皆有所本，不大可能是故意为之。

第六，清人汪灏。其《广群芳谱》卷六〇《果谱·荔枝一》中引《搜神記》作为“荔枝故事”，其文字虽然正确——“好种荔，食其葩实焉”[①]，但作者显然受到了蔡襄的误导，把“荔”当作“荔枝”了。

此外，明人宋珏自号荔枝仙[②]也可能受此误导。

第三节　荔枝题材诗歌的半壁江山——唱和步韵之作

“至唐、宋时期，诗词唱和发展到鼎盛，达到了很高的水平，取得了很高的成就。”[③]在宋代荔枝题材诗歌作品中，唱和步韵之作占据了40%，几乎占了半壁江山。根据赠者与受者、唱和往返，我们把所有作品大致分为六种形式：他人送作者荔枝，作者作诗以示感谢或随兴抒感；他人送作者荔枝兼诗作，作者和诗；作者赠人荔枝，且作诗；作者赠人荔枝，他人作诗以示感谢，作者和诗；无荔枝馈赠，和其荔枝诗作；其他。根据六种形式及其内容我们得出了三点结论：荔枝题材文学繁盛的另一种展现；荔枝珍果意识与形象的展现；荔枝珍果形象与酬送行为互动下的荔枝审美新样式——骊珠。

一、六种形式

（一）他人送作者荔枝，作者作诗以示感谢或兴来抒感

马都官行之惠黄柑荔枝醋壶（梅尧臣，《全宋诗》第5册，第3114页）

---

① ［清］汪灏《广群芳谱》，上海书店1985年版，第1428页。
② 池秀云编撰《历代名人室名别号辞典》，山西古籍出版社1998年版，第620页。
③ 巩本栋《关于唱和诗词研究的几个问题》，《江海学刊》2006年第3期。

兴化军曹殿丞寄荔支（蔡襄，《全宋诗》第7册，第4794页）

谢宋评事（蔡襄，《全宋诗》第7册，第4808页）

谢送妃子园荔枝（韩维，《全宋诗》第8册，第5268页）

谢任泸州师中寄荔枝（文同，《全宋诗》第8册，第5320页）

谢公永惠荔枝（韦骧，《全宋诗》第13册，第8576页）

君仪惠莆田陈紫荔干即蔡君谟谓之老杨妃者二首（郭祥正，《全宋诗》第13册，第8978页）

毛君惠温柑荔支二绝其二（苏辙，《全宋诗》第15册，第9964页）

廖致平送绿荔支为戎州第一王公权荔支绿酒亦为戎州第一（黄庭坚，《全宋诗》第17册，第11403页）

谢陈正字送荔支三首（黄庭坚，《全宋诗》第17册，第11665页）

奉酬泉使君寄荔枝子鱼（韩驹，《全宋诗》第25册，第16633页）

明水逵老以黄甘荔子土芋为饷小诗答谢（孙觌，《全宋诗》第26册，第16912页）

邹志新致书酒荔枝山栗海错之馈四绝其三（孙觌，《全宋诗》第26册，第17018页）

泉守汪兄内翰惠荔子蕉干（李正民，《全宋诗》第27册，第17485页）

谢幽岩长老送荔枝二首（吕本中，《全宋诗》第28册，第18225页）

福帅张渊道送荔子（曾几，《全宋诗》第29册，第18570页）

公华以北山荔子见寄因念昔游慨然怀归戏成（李弥逊，《全宋诗》第30册，第19334页）

数日相识多以荔子分惠荔雨久而酸予方绝粮日买米而炊戏成二十八言（郑刚中，《全宋诗》第30册，第19103页）

谢陈舜弼送丹荔（冯时行，《全宋诗》第34册，第21643页）

刘文潜以荔子并诗见寄（晁公遡，《全宋诗》第35册，第22411页）

漳州石教授寄火山荔支（王十朋，《全宋诗》第36册，第22911页）

提舶送荔支借用前韵（王十朋，《全宋诗》第36册，第22917页）

莆阳饷荔子（陆游，《全宋诗》第39册，第24493页）

走笔谢吉守赵判院分饷三山生荔子（杨万里，《全宋诗》第42册，第26618页）

廞庭自三山送荔枝分韵得缃字（刘学箕，《全宋诗》第53册，第32929页）

谢东园主人惠荔枝陈紫栽三首（陈宓，《全宋诗》第54册，第34096页）

谢东庵方处士惠荔枝并诗（陈宓，《全宋诗》第54册，第34096页）

赵敬贤送荔枝（戴复古，《全宋诗》第54册，第33533页）

方遣三山学记仍寄径山文字笔砚稍宽梁秘阁忽送金钟千颗此吾乡名品也其一（林希逸，《全宋诗》第59册，第37304页）

后村先生再寄新出名荔赋谢一首（林希逸，《全宋诗》第59册，第37273页）

和前韵谢后村饷甘露团荔子一首（林希逸，《全宋诗》第59册，第37298页）

（二）他人送作者荔枝兼诗作，作者和诗

和答韩奉礼饷荔枝（梅尧臣，《全宋诗》第5册，第2935页）

和曹殿丞寄荔支（蔡襄，《全宋诗》第7册，第4794页）

和张推官荔枝（文同，《全宋诗》第8册，第5462页）

奉和御制颁赐荔枝（余深，《全宋诗》第19册，第12624页）

杨复先寄荔子仍和予昨所赠二诗因次韵其一、其二（晁公遡，《全宋诗》第35册，第22424页）

表弟方时父寄荔子名草堂红若欲与吾家玉堂红争名者次韵谢之（刘克庄，《全宋诗》第58册，第36639页）

（三）作者赠人荔枝，且作诗

寄荔枝与盛参政（田从易，《全宋诗》第2册，第1248页）

荔枝送郭玄机戏作两首（晁说之，《全宋诗》第21册，第13773页）

附舶船送荔子（汪藻，《全宋诗》第25册，第16561页）

保和殿下荔枝成实赐王安中（宋徽宗，《全宋诗》第26册，第17072页）

以蜜渍荔枝寄远（李纲，《全宋诗》第27册，第17586页）

送荔子与高观察（曹勋，《全宋诗》第33册，第21188页）

梦良教授寄柑一百颗报以干荔支戏成二绝（王十朋，《全宋诗》第36册，第22936页）

送荔子方蒙仲两首（方岳，《全宋诗》第61册，第38269页）

（四）作者赠人荔枝，他人作诗以示感谢，作者和诗

和庞公谢子鱼荔枝（蔡襄，《全宋诗》第7册，第4829页）

以眉州绿荔枝寄吴仲庶有诗次韵（范纯仁，《全宋诗》第11册，第7428页）

和仲子中谢寄福州荔圆（黄汝砺，《全宋诗》第16册，第10635页）

（五）无荔枝馈赠，和其荔枝诗作

和程大卿荔枝（陈襄，《全宋诗》第8册，第5099页）

公舒朝请得福守所寄荔子佳品二而咏以二诗乃以为示辄次韵奉和两首（韦骧，《全宋诗》第13册，第8585页）

次韵曾仲锡承议食蜜渍生荔支（苏轼，《全宋诗》第14册，第9489页）

再次韵曾仲锡荔支（苏轼，《全宋诗》第14册，第9489页）

次韵刘焘抚勾蜜渍荔支（苏轼，《全宋诗》第14册，第9492页）

奉同子瞻荔支叹（苏辙，《全宋诗》第15册，第10073页）

次韵任道食荔支有感三首（黄庭坚，《全宋诗》第17册，第11402—11403页）

和程大夫荔枝（唐庚，《全宋诗》第23册，第15045页）

和张元明食生荔子（周紫芝，《全宋诗》第26册，第17296页）

畴老见示荔枝绝句次韵（李纲，《全宋诗》第27册，第17585页）

次韵折仲古安抚端明食荔子感怀书事之作（李纲，《全宋诗》第27册，第17815页）

和洪玉甫秘监荔枝三首（苏籀，《全宋诗》第31册，第19619页）

次韵王丈丰父待制荔枝二十韵（苏籀，《全宋诗》第31册，第19621页）

和人荔子（曹勋，《全宋诗》第33册，第21148页）

和宋永兄咏荔支用东坡刑字韵四首（黄公度，《全宋诗》第36册，第22468页）

次韵傅教授景仁马绿荔支（王十朋，《全宋诗》第36册，第22949页）

林漕世传赠莆中荔子名状元红分送陆倅陆有诗次韵（王十朋，《全宋诗》第36册，第22917页）

次张子仪抑篇荔枝诗韵（周必大，《全宋诗》第43册，第26785页）

和史魏公荔枝韵（释宝昙，《全宋诗》第43册，第27091页）

和李左藏荔支（袁燮，《全宋诗》第50册，第31001页）

涪州荔子园行和友人韵（程公许，《全宋诗》第57册，第35537页）

和赵南塘离支五绝（刘克庄，《全宋诗》第58册，第36256页）

和南塘食荔叹（刘克庄，《全宋诗》第58册，第36273页）

（六）其他

米元晖待制岁以赐冰及荔子分遗季共而今年荔枝不至有诗次韵三首（周紫芝，《全宋诗》第26册，第17363页）

温陵太守赵右司惠诗求荔子适大风雨扫尽辄和二绝（刘克庄，《全宋诗》第58册，第36433页）

以宋香方红送听蛙翁答柬云两年来啖荔颗则动气按本草等书云荔枝能蠲渴补髓未闻其动气也口占一首发翁一笑（刘克庄，《全宋诗》第58册，

第36529页）

二、三个结论

宋代荔枝题材诗歌近半数为唱和酬答之作，从这种荔枝题材创作形式与内容，我们可以总结如下：

（一）荔枝题材文学繁盛的另一种展现

在上文所列六种形式中，和作的原诗为荔枝题材无疑，形式（二）（四）（六）中除了《奉和御制颁赐荔枝》原诗（宋徽宗《宣和殿移植荔枝》）存在外，韩奉礼、曹殿丞、张推官、杨复先、方时父、庞公、吴仲庶、仲子中、赵右司等人的原诗已经亡佚，尤其在第（五）种形式中，除了《奉同子瞻荔支叹》（非步韵）的原作苏轼《荔枝叹》现存外，其他诸如程大卿、公舒朝、曾仲锡、刘焘、任道、程大夫、张元明、畴老、洪玉甫、王丰父、宋永、傅景仁、赵南塘、张子仪、史魏公、李左藏、林漕世等人的荔枝题材作品已经失落无闻。这二十几个作者的荔枝题材作品虽然亡佚不彰，但从另一个角度向我们展示了宋代荔枝题材创作的繁盛，因为现存荔枝题材作者也不过七十余人。

（二）荔枝珍果意识与形象的展现

“宋代经济发展的结果是国内外贸易发达，市场兴盛。所谓珍奇食品不难于获得。例如人们最喜欢的水果荔枝。”[1]从如此多的“寄远”“惠”“寄”等字眼中，我们不难看出：宋人把荔枝作为赠品已经普遍存在，而这种赠送行为背后隐含着荔枝作为珍果这种意识。赠荔唱酬作品如此之多本身可以看作人们荔枝珍果意识的表现。同时，这些诗作与荔枝珍果形象本身即为一种互动关系，即此类诗作创作很

① 陶晋生《北宋士族：家庭·婚姻·生活》，台湾乐学书局2001年版，第209页。

多即是缘于荔枝的珍果形象与地位，而这些作品一旦产生又促进了荔枝珍果形象的进一步凝定与传播。

荔枝在诗作中的呈现形态以及作者的审美投射与价值判断，都把荔枝指向“珍果”。虽然唱酬诗作本身有溢美之嫌，但从诗作的内容考察，仍可以看出荔枝作为珍果存在着，尤其在第（一）种形式中。或者赞美其味道珍奇殊特，“谁能同此胜绝味”（黄庭坚《廖致平送绿荔支为戎州第一王公权荔支绿酒亦为戎州第一》），“只今生食享至味，不数家渍盐蒸方”（刘学箕《廞庭自三山送荔枝分韵得缃字》）。或者称赏其天生妙质，“欲知妙质为何似，始知图记不予欺”（李纲《以蜜渍荔枝寄远》）。或者耳闻芳名，“嘉川荔子著芳名”（范纯仁《以眉州绿荔枝寄吴仲庶有诗次韵》），或者情有所钟，“独数山前荔枝好”（苏辙《奉同子瞻荔支叹》）。荔枝的呈现形态多样：或者为名物，“四海馈名物”（梅尧臣《和答韩奉礼饷荔枝》）；或者为嘉果，“烦将嘉果送蓬门”（黄庭坚《谢陈正字送荔支三首》其三），“嘉果喜三嗅”（晁公遡《杨复先寄荔子仍和予昨所赠二诗因次韵》其二）；或者为珍果，“长嗟珍果滞遐方”（文同《和张荔枝推官》），“珍果清吟两可欢”（韦骧《公舒朝请得福守所寄荔子佳品二而咏以二诗乃以为示辄次韵奉和》其一），“尝珍似与故人期”（李纲《次韵折仲古安抚端明食荔子感怀书事之作》）；或者为绝品，“绝品知君尚未尝”（王十朋《曹梦良教授寄柑一百颗报以干荔支戏成二绝》其二）；或者为灵丹妙药，“却忆红砂九转丹”（周紫芝《米元晖待制岁以赐冰及荔子分遗季共而今年荔枝不至有诗次韵三首》其一）；更有甚者，荔枝走向了更为广阔的群芳世界并占有了一席之地，“荔枝结实魁群芳”（刘学箕《廞庭自三山送荔枝分韵得缃字》），“正与花王雅目同”（王十朋《林漕世传赠莆中荔子名状元红分送陆倅陆有诗次韵》）。

（三）荔枝珍果形象与酬送行为互动下的荔枝审美新样式——骊珠

今人广东画家徐家凤女士在为荔枝作画时，题名云《骊珠照眼圆》（图 12），这样的题名是否恰当呢？

“骊珠为《庄子》寓言中从深渊骊龙颔下取下的宝珠，后常用以比喻珍贵的人才，也用以称美佳作。”[①]《庄子·列御寇》云：“河上有家贫恃纬萧而食者，其子没于渊，得千金之珠。其父谓其子曰：‘取石来锻之！夫千金之珠，必在九重之渊而骊龙颔下。子能得珠者，必遭其睡也。使骊龙而寤，子尚奚微之有哉！’”[②]从《全唐诗典故辞典》“骊珠”条二十三个例句[③]中我们可以看出，用骊珠喻珍贵人才的占了近一半，其次有六条是佳作之喻（用以“称美佳作”），如“烦君赞咏心知愧，鱼目骊珠同一封”。（白居易《与微之唱和来去常以竹筒贮诗陈协律美而成篇因以此答》），“遗我明珠九十六，寒光映骨睡骊目”。（韩愈《奉酬卢给事云夫四兄曲江荷花行见寄并呈上钱七兄阁老张十八助教》）宋人蔡襄（1012—1067）荔枝题材唱和中关涉“骊珠”者有二：

> 清才仍更传新唱，一一骊珠照眼圆。（《和曹殿丞寄荔支》，《全宋诗》第 7 册，第 4794 页）
>
> 欲效野芹羞献去，敢期佳什坠骊珠。（《和庞公谢子鱼荔枝》，《全宋诗》第 7 册，第 4829 页）

---

① 范之麟主编《全唐诗典故辞典》，湖北辞书出版社 2001 年版，第 1512 页。

② 陈鼓应《庄子今注今译》，商务印书馆 2007 年版，第 974 页。

③ 实际应为 22 条，第九条牟融《寄周韶州》诗句应剔除，牟融其人唐代不存，其作为伪，详见陶敏《〈全唐诗·牟融集〉证伪》，《文献》1997 年第 2 期。

我们可以看出，蔡襄荔枝酬和诗中的“骊珠”正是唐代韩愈、白居易传统的承继，均以“骊珠”借指对方的诗作。蔡襄诗作中还有一处言及“骊珠”，其《提刑司封以邻霄台佳什垂示辄成拙篇以答厚贶》云：“使者风流在，诗人格调新。骊珠忽投我，神笔动惊人。”（《全宋诗》第7册，第4829页）很显然，此处“骊珠”亦为邻霄台佳什之喻。

骊珠乃“千金之珠”，其在“九重之渊”；荔枝亦“嗅异世间香”“天高苦渺茫”；且唐人白居易已有“珍珠”之赞（《种荔枝》云：“红颗珍珠诚可爱”）；再加之于蔡君谟的影响，“骊珠”在蔡襄之后的宋人荔枝题材诗作中，均以之代指荔枝。诗作有：

枝条相轧碧云浓，衬出骊珠落照中。（郭祥正（1035—1113）《荔枝二首》其一，《全宋诗》第13册，第8982页）

火齐骊龙脱，江绡玉露团。（张舜民（1065年进士）《食杨梅荔枝思去年》，《全宋诗》第14册，第9677页）

骊珠三百照倾箱，一一都全味色香。（冯时行（1100—1163）《谢陈舜弼送丹荔》，《全宋诗》第34册，第21643页）

明珠落掌骊龙睡，丹壳归盘白马刑。（黄公度（1109—1156），《和宋永兄咏荔支用东坡刑字韵四首》其三，《全宋诗》第36册，第22468页）

骊珠灿烂光夺目，雕盘饤饾罗满堂。（刘学箕（南宋中期人）《廞庭自三山送荔枝分韵得缃字》，《全宋诗》第53册，第3229页）

郭祥正元丰五年（1082）摄守漳州，其荔枝题材诗作作于此后；张舜民仕履不及蜀、闽、广，其荔枝题材诗或晚于蔡襄。因此我们认为，“骊珠”在荔枝题材创作中的首次亮相（蔡襄《和曹殿丞寄荔支》与《和庞公谢子鱼荔枝》），其内涵仅仅只是传统意义的延续（即骊珠乃诗作之喻，乃酬赠行为的副产品），但蔡襄之后的作者受此启发，加之荔枝在珍贵、难得、稀有等意义上与“骊珠”颇有神似，骊珠便自然而然地成为荔枝审美描绘中的新型样式。总之，这种审美新样式是荔枝珍果形象与酬送行为互动的结果，荔枝酬赠行为使骊珠出现在荔枝题材创作中，而荔枝的珍果形象最终使人们愿意选择、接收、使用“骊珠”作为荔枝的指称。

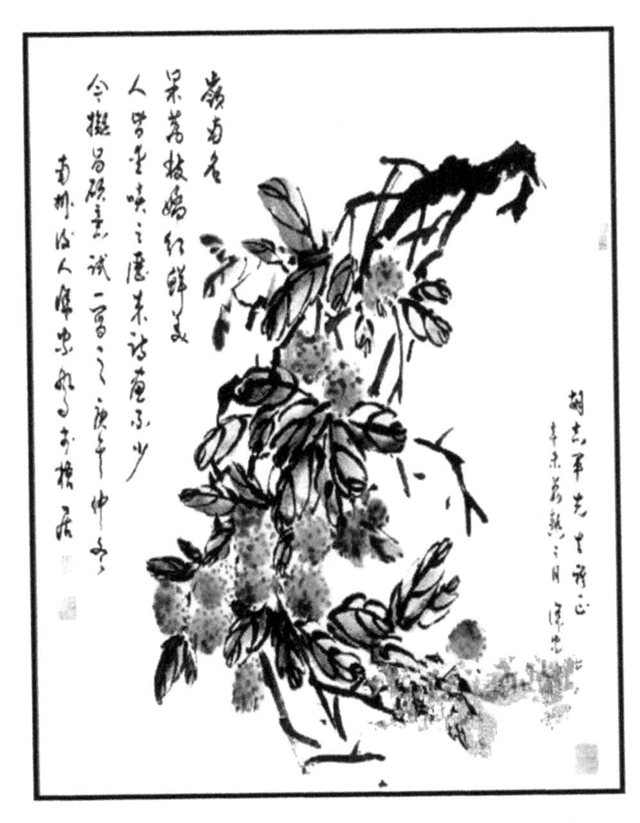

图 12　徐家凤《骊珠照眼圆》。相关信息见江门新闻网：http://www.jmnews.com.cn/c/2005/03/23/08/c_541843.shtml。

图片亦转引自此处。题识云：“岭南名果荔枝娇红鲜美，人皆望啖之，历来诗画不少，今拟昌硕意，试一写之。”访问时间：2011/10/21。

最后，我们再来回答上面提出的问题：徐家凤女士的画作题名是否恰当？由我们上文分析可知，蔡襄此作虽为荔枝题材，但其“骊珠”乃指对方所赠诗作，非指荔枝；同时，蔡襄之后的宋人的确又以“骊珠”形容指代荔枝。这里的《骊珠照眼圆》字面直接源自蔡襄《和曹殿丞寄荔支》"清才仍更新唱，一一骊珠照传眼圆"[1]。因此，我们说，如果"骊珠照眼圆"仅仅是截取蔡襄诗作中的五个字，作断章取义式的理解，即仅取其形（字面）而不考虑具体的历史语境而言，这是完全可以的；但如果遵循"知识考古"的原则，即宋人蔡襄此诗中骊珠非指荔枝而言，又是不恰当的。总之，我们认为徐家凤女士画作《骊珠照眼圆》的取题属于恰当的误解。

第四节　荔枝文学的"汤浅现象"[2]
——福建荔枝文学的兴起

宋代荔枝文学相比于唐代，地域上有显著的版图扩展，福建荔枝异军突起，"荔枝于百果为殊绝，产闽粤者比巴蜀、南海又为殊绝"[3]，同时福建地区文化日昌、文人渐多，这就造成了荔枝文学创作中心的转移，这是我们应该首先注意的。"我们应该将这种地域的扩大看成是宋代文学的重要发展。事实上，这种地域的扩大，使宋诗在特质上也发生了变化，一些更具有现实感与乡土气息的作品出现了，这方面也造成宋诗特质的变化。"[4]

---

① "骊珠照眼圆"，据笔者检索多种电子古籍库，如《四库全书》《四部丛刊》《中国基本古籍库》等，除蔡襄外，别无他人，画题源自蔡襄应无疑问。

② 西方关于科学史上科学活动中心转移现象的一种理论。以日本科学史学者汤浅光朝命名。详见李琮主编《世界经济学大辞典》，经济科学出版社 2000 年版，第 761 页。这里我们借用为荔枝文学中心的转移，即由唐代的蜀地转移为宋代的闽地。

③ ［宋］曾巩《元丰类稿》卷三五《福州拟贡荔枝状》，《四部丛刊初编》本。

④ 钱志熙《宋诗与宋代诗学概谈》，《古典文学知识》2011 年第 3 期。

一、福建荔枝文学的繁盛

蜀地荔枝文学是唐代荔枝文学的中心，在所有荔枝题材创作中，蜀地占了半壁江山，其中诸如杜甫、白居易的荔枝诗歌对后世又产生了巨大影响，这些在前文已经有所论述。但是，随着福建政治、经济、文化在两宋的崛起，“七闽至国朝，草木之异，则产臈茶、荔子；人物之秀，则产状头、宰相，皆前代所未有。以时而显，可谓美矣”[①]。荔枝文学创作的中心也从蜀地转移到了闽地。

福建荔枝题材诗歌[②]约一百五十首，约占宋代全部荔枝题材作品的五分之三。福建荔枝题材作者、籍贯、作品数量统计如下：

作　者	籍贯	诗歌数量（首）
蔡　襄	福建	6
曾　巩	江西	4
韦　骧	浙江	4
郭祥正	安徽	5
黄汝砺	江西	1
黄　裳	福建	2
宋神宗		1
余　深	福建	1

① ［宋］宋子安《试茶录》序，晁公武《郡斋读书志》引，见［宋］晁公武撰，孙猛校证《郡斋读书志校证》，上海古籍出版社 1990 年版，第 536 页。

② 这里，“福建荔枝题材”界定为以福建地区荔枝为因缘而创作的诗歌作品，包括如“自三山送荔枝”“走笔谢吉守赵判院分饷三山生荔子”等这类作品。当然，其中一些我们根据诗歌内容或诗人踪迹断定，不一定十分准确，此处数据仅可视为粗略统计。

续表		
陈　瓘	福建	1
杨　朏	福建	1
洪　刍	江西	1
洪　炎	江西	2
汪　藻	江西	1
宋徽宗		2
李正民	江苏	1
李　纲	福建	21
吕本中	河南	3
曾　几	河南	4
邓　肃	福建	2
曹　勋	河南	2
刘子翚	福建	2
黄公度	福建	1
王十朋	浙江	17
陆　游	四川	3
范成大	江苏	4
杨万里	浙江	1
袁　燮	浙江	1
刘学箕	福建	1
陈　宓	福建	9
刘克庄	福建	41
林希逸	福建	3

续表		
熊　禾	福建	3

从上面所列诗人籍贯来看，荔枝文学在福建崛起很大程度上得益于福建文化的发展、文士的涌现。当然，其崛起之因并不拘限于此，而是各种因素捆绑综合的结果。

二、福建荔枝文学兴起的原因

宋代福建荔枝文学的兴起与宋代福建文学的兴起有着共同的原因："闽赣二省，地既密迩，山川阻深，冈峦重叠，亦复相肖。且文化开展，并在唐后，而皆大盛于天水一朝。文士摅怀，有深湛之思，具雄秀之禀，所谓与山川相发者非耶？"①福建文学发展繁盛之因，有学者从福建在宋代全国地位、地理位置、教育、文化（经学、历史学、自然科学）等方面加以说明②，值得我们参看。具体到福建荔枝文学的兴起与繁荣，又有其特殊的原因。

福建荔枝文学兴盛的物质前提是福建荔枝在两宋的发展与兴盛，"福建路的荔枝生产走上了专业化的道路，成为农业的一个分支"，"商业资本在宋代福建路同荔枝生产结合起来，并对这项生产起了有益的推动作用"。③有学者总结荔枝在福建迅速发展的原因如下：第一，福建自然地理环境适宜荔枝生长；第二，荔枝营养价值高，风味可口，受人们欢迎；第三，宋代，福建成为荔枝的主要贡区；第四，福建海上航运发展迅速，使荔枝作为贡品和贸易物资走向内地、走向世界；

① 汪辟疆《汪辟疆文集》，上海古籍出版社1988年版，第297页。
② 陈庆元《福建文学发展史》，福建教育出版社1996年版，第86—91页。
③ 漆侠《宋代经济史》，中华书局2009年版，第158—159页。

第五，荔枝科技研究的重大进步。[1]这些为我们讨论福建荔枝文学兴起的原因提供了视角。

（一）自古清芬不能遏，留得嘉名为神仙——福建荔枝珍果观念的形成

人们之所以关注到荔枝，首先源于荔枝水果的地位。宋代荔枝作为珍果已经形成了普遍的共识，前文已有所论述。前文中的荔枝珍果形象是统而言之，这里我们强调的是相对于岭南、蜀地荔枝，福建荔枝的珍果形象。这里试举几例：

> **京华百世争鲜贵，自是芳根着海滨。**（蔡襄《净众院尝荔支》，《全宋诗》第7册，第4783页）

> **自古清芬不能遏，留得嘉名为神仙。**（陈襄《荔枝歌》，《全宋诗》第8册，第5074页）

> **千门万户谁曾得，只有昭阳第一人。**（曾巩《荔枝四首》其二，《全宋诗》第8册，第5601页）

> **独擅东南美，谁知十八娘。**（洪炎《初食生荔枝二首》其二，《全宋诗》第22册，第14746页）

杨万里《走笔谢吉守赵判院分饷三山生荔子》自注云："予尝闽、蜀生荔三岁。亦尝广荔，当以闽为最。杨妃所爱者蜀荔，亦小而酸。"（《全宋诗》第42册，第26618页）；周必大《次张子仪抑篇荔枝诗韵》云："欧（或为瓯）闽后出名高尚，广蜀先驱品下中。"其自注云："荔枝汉贡交州，唐取之蜀，而闽产至本朝方盛，非川广可望其万一。"（《全宋诗》第43册，第26785页）

---

① 陈季卫、吕柳新《从岭南到福建：古代荔枝学的"汤浅现象"》，《福建论坛（人文社会科学版）》1995年第2期。

（二）中郎裁品三十二，陈紫方红冠流匹——蔡襄《荔枝谱》的影响

曹勋（1098?—1174）为荔枝作传，其《荔子传》云："蔡君谟谱其世家。闽族方著。"[①]蔡襄作为福建本地人士，赞咏福建荔枝"其为果品，卓然第一"，感叹荔枝"不得班于卢橘、江澄之右，少发光彩"，鄙薄岭南与蜀地荔枝"其精好者仅比东闽之下等"，直斥张九龄、白居易"二人者未始遇夫真荔枝者也"[②]，故尔作《荔枝谱》。欧阳修《书〈荔枝谱〉后》云："牡丹花之绝而无甘实，荔枝果之绝而无名花，昔乐天有感于二物矣，是孰尸其赋予耶！"[③]蔡襄《荔枝谱》为荔枝叙谱，欧阳修又有书后加以推波助澜，如刘克庄所言："牡丹姚魏荔方陈，欧蔡亡来罕识真。"（《荔支盛熟四绝》其三）这些因素使蔡襄及其《荔枝谱》得到了广泛的传播与影响，"君谟旧谱"也成为人们经常言及的话头。牡丹花之品第最高者当为姚黄，而荔枝之陈紫品在蔡襄《荔枝谱》中列位第一，后人屡次将二者对举，亦可能受欧阳修之启发与影响。南宋李纲在闽地所作的《荔枝后赋》云："洛阳牡丹，百卉之王。鹤白鞓红，魏紫姚黄。嫣然国色，郁乎天香。艳玉栏之流霞，列锦幄之明釭。价重千金，冠乎椒房。此亦天下之至色也。相彼二物，标格高奇，名虽一概，种有多岐。絜长度美，可并荔支。"[④]从下面的众多的宋代诗词咏叹中，我们最可以深切地感受到蔡襄及其《荔枝谱》

---

① 曾枣庄、刘琳主编《全宋文》第 191 册，上海辞书出版社 2006 年版，第 116 页。

② ［宋］蔡襄《荔枝谱》，彭世奖校注，黄淑美参校《历代荔枝谱校注》，中国农业出版社 2008 年版，第 5 页。

③ 李逸安点校《欧阳修全集》，中华书局 2001 年版，第 1060 页。

④ 曾枣庄、吴洪泽主编《宋代辞赋全编》第 5 册，四川大学出版社 2008 年版，第 2738 页。

的影响。

东来坐见玉肌丰，识面中郎旧谱中。（周紫芝《食生荔子五首》其五，《全宋诗》第26册，第17363页）

若将牡丹与比并，好把陈紫同姚黄。（李纲《画荔枝图》，《全宋诗》第27册，第17613页）

中郎裁品三十二，陈紫方红冠流匹。（刘子翚《荔子歌》，《全宋诗》第34册，第21357页）

君谟谱内丁香种，宜在江陈品第间。（王十朋《静晖楼前有荔子一株木老矣犹未生予去其枯枝今岁遂生一二百颗至六月方熟》，《全宋诗》第36册，第22832页）

君谟亦作闽中谱，陈紫声名重南土。（王十朋《诗史堂荔枝歌》，《全宋诗》第36册，第22865页）

三州嘉木皆眼见，更阅君谟向来谱。（王十朋《病中食火山荔枝》，《全宋诗》第36册，第22910页）

端明品第首推陈，花里姚黄是等伦。郡圃一株称小紫，故家风味自宜珍。（王十朋《荔支七绝·陈紫》，《全宋诗》第36册，第22919页）

枝头已熟疑非熟，蔡谱江家绿荔支。（王十朋《荔支七绝·江绿》，《全宋诗》第36册，第22919页）

宜书蔡谱均称绿，不比韩诗止咏丹。（王十朋《次韵傅教授景仁马绿荔支》，《全宋诗》第36册，第22949页）

君不见方红陈紫列绀缃，三十二品裁中郎。（刘学箕《廞庭自三山送荔枝分韵得缃字》，《全宋诗》第53册，第32929页）

尝观蔡公谱，梦想到莆中。（戴复古《赵敬贤送荔枝》，《全

宋诗》第54册，第33533页）

中郎厨品在，诗老合先尝。（陈宓《和潘侯觅荔子》，《全宋诗》第54册，第34032页）

蔡公笔妙曾分品，坡老名高合得尝。（陈宓《咏荔子》，《全宋诗》第54册，第34076页）

可踵蔡家名翰苑，谁夸乌石擅山前。（陈宓《南园荔子熟名曰魏紫盖是陈家紫种以先公赐封大名地冠之》，《全宋诗》第54册，第34092页）

蔡公绝笔山川歇，荔子萧条二百年。（刘克庄《陈寺丞续荔枝谱》，《全宋诗》第58册，第36162页）

名荔绝甘冷，与莆争长雄。不逢蔡公谱，埋没瘴烟中。（刘克庄《即事十首》其六，《全宋诗》第58册，第36304页）

蜀道闽山各有之，千林红绿任纷披。杜诗息响难追和，蔡谱孤行欠补遗。（刘克庄《食早荔七首》其四，《全宋诗》第58册，第36601页）

典刑无复蒲人见，风味曾经蔡谱夸。（刘克庄《买陈紫》，《全宋诗》第58册，第36609页）

也莫贪他，君谟旧谱，子云奇字。（刘克庄《水龙吟》）[①]

文物君谟丹荔谱，江山白傅百花亭。（牟巘《宴黄倅乐语口号》，《全宋诗》第67册，第41985页）

君谟起南服，感知无不为。（熊禾《茶荔谣》，《全宋诗》第70册，第44097页）

① 唐圭璋编《全宋词》，中华书局1960年版，第2623页。

（三）宣靖文物全盛时，贡输不减开元唐——作为荔枝贡区的福建

宋人对唐代荔枝的进贡之地，或言蜀地，或云岭南，但这二者在宋代均已停贡，取而代之的便是闽地。

南宋梁克家《淳熙三山志》载录了关于福建福州进贡荔枝在各个时期的具体数目，荔枝贡献形态包括荔枝干、荔枝煎、圆荔枝、生荔枝，为免繁琐，仅引录“荔枝干”“生荔枝”条如下：

> 荔枝干。大中祥符二年，岁贡六万颗。元丰四年，增减价本钱一百七十二缗有奇，岁以银输左藏库。三年，条次贡物，如祥符之数。元祐元年，定为常贡，数亦如之。崇宁四年，增一万三千颗。大观元年，又增三千。政和增贡一万。宣和于祥符数外进八万三千四百。七年，损抑贡物，减政和之半。建炎三年罢。
>
> 生荔枝。绍兴初始贡。至二十四年，因罢贡温州柑，亦令不得供进。宣和间，以小株结实者置瓦器中，航海至阙下，移植宣和殿。（引者注：此句为小字注释）①

宋徽宗《保和殿下荔枝成实赐王安中》《宣和殿移植荔枝》便是北宋晚期生移荔枝的诗歌记录。《保和殿下荔枝成实赐王安中》云：“保和殿下荔枝丹，文武衣冠被百蛮。思与近世同此味，红尘飞鞚过燕山。”（《全宋诗》第 26 册，第 17072 页）《宣和殿移植荔枝》云：“密移造化出闽山，禁御新栽荔子丹。山液乍凝仙掌露，绛苞初绽水精丸。酒酣国艳非朱粉，风泛天香转蕙兰。何必红尘飞无骑，芬芳数本座中看。”（《全宋诗》第 26 册，第 17072 页）

---

① ［宋］梁克家撰，李勇先点校《淳熙三山志》卷三九，《宋元珍稀地方志丛刊》甲编（七），四川大学出版社 2007 年版，第 1619 页。

当然，从上面引文“何必红尘飞无骑”透露的信息我们知道，福建贡荔枝不仅仅是贡献制度的接续，同时也意味着历史传统的延承，诸多福建荔枝诗词都提及唐代贡荔枝事也可以看出。尤其是随着北宋最后一缕烟云的逝去、南宋新王朝帷幕的拉开，士人每每联想及唐，刘学箕《廞庭自三山送荔枝分韵得缃字》云：“又不见宣靖文物全盛时，贡输不减开元唐。”（《全宋诗》第53册，第32929页）

（四）鄞船荔子如新摘，行脚何须更雪峰——福建海运的兴盛

据范成大所载，南宋时，荔枝自福建海运至浙江，其云：“四明海舟自福唐来，顺风三数日至，得荔子，色香都未减。大胜戎、涪间所产。”[①]

关于荔枝海运至浙江，时间或许更早。钱易《南部新书·丙》云：“旧制，东川每岁进浸荔枝，以银瓶贮之，盖以盐渍其新者，今吴越间谓之‘鄞荔枝’是也。此乃闽福间道者自明之鄞县来，今谓银，非也。咸通七年，以道路遥远，停进。”[②]鄞县即在宁波（“四明”）。《四库全书总目》谓《南部新书》“是书乃其（钱易）大中祥符间知开封县时所作”[③]。大中祥符（1008—1016）是宋真宗的第三个年号，北宋使用这个年号共9年。此记载说明宋初福建荔枝就已经运往临近的省份，这也和蔡襄《荔枝谱》的记载相互印证，谱云：“水浮陆转，以入京师，外至北戎西夏。其东南，舟行新罗、日本、流求、大食之属，莫不爱好，重利以酬之。”[④]蔡襄记载荔枝贩运、销售范围极其广大，

① 范成大《新荔枝四绝》自注。《全宋诗》第41册，第25953页。
② ［宋］钱易撰，黄寿成点校《南部新书》，中华书局2002年版，第37页。
③ ［清］永瑢等撰《四库全书总目》，中华书局1965年版，第1189页。
④ ［宋］蔡襄《荔枝谱》，见彭世奖校注，黄淑美参校《历代荔枝谱校注》，中国农业出版社2008年版，第11页。

但具体到其对福建荔枝文学的影响，就我们知见，只能以浙江为例。

鄞船荔子如新摘，行脚何须更雪峰。（范成大《新荔枝四绝》其二，《全宋诗》第41册，第25953页）

趠舶飞来不作难，红尘一骑笑长安。（范成大《新荔枝四绝》其四，《全宋诗》第41册，第25953页）

我家甬东萃闽舶，胜事屡入骚人辞。有时根拔信宿至，风枝露叶殊未衰。杂然红绿间陈紫，图牒所在生致之。（袁燮《和李左藏荔枝》，《全宋诗》第50册，第31001页。引者注：甬东即甬句东，今浙江东部舟山岛。）

（五）存甘尚可嘉，本味固已失——荔枝加工技术的进步

唐代荔枝果品加工技术远逊于宋代，在我们的所知范围内仅仅看到四川戎州、广东广州曾贡“煎荔枝”，这种技术的具体细节我们不得而知。相比而言，宋代荔枝加工技术可谓趋于完备。宋代蔡襄《荔枝谱》中记录了荔枝加工的三项技术：“红盐之法”“白晒者”“蜜煎”，这些加工方法虽然使荔枝少了生荔枝的鲜香，但对荔枝在广大范围内的传播起了重要作用。

梅尧臣《和答韩奉礼饷荔枝》云：

韩盛人所希，四海馈名物。韩复未疏予，分珍曾不一。莆阳荔子干，皱壳红钉密。存甘尚可嘉，本味固已失。遥思海树繁，带露摘初日。安得穆王骏，能置万里疾。（《全宋诗》第5册，第2935页）

这种“荔枝干”应该就是蔡襄《荔枝谱》中描绘的“白晒者”，

图 13　荔枝干。图片来自网络。

这种荔枝“烈日干之，以核坚为止。畜之瓮中，密封百日”[1]。《全宋诗》注释云：“本卷作于皇祐五年（1053），是年秋作者丧母，解盐永济南仓官，扶榇归宣城守制。”在朱东润《梅尧臣集编年校注》中，此诗编年为庆历八年（1048），此年作者“授国子博士，赐绯衣银鱼。夏间率刁氏归宣城。秋后应晏殊辟，赴签书陈州镇安军节度判官任”[2]。我们没有考证这两者谁对，但是有一点是确定的，即陈州（今河南淮阳县）或宣城（今安徽宣州市）距离莆阳（今福建莆田市）都较远，如果没有荔枝果品加工技术的改进，其传播不会有如此之效。郭祥正（1035—1103）《君仪惠莆田陈紫荔干即蔡君谟谓之老杨妃者二首》其一云：“莆田干荔老杨妃，谁在开元得见之。”（《全宋诗》第 13 册，

① [宋]蔡襄《荔枝谱》，见彭世奖校注，黄淑美参校《历代荔枝谱校注》，中国农业出版社 2008 年版，第 15 页。

② 朱东润《梅尧臣集编年校注》，上海古籍出版社 1980 年版，第 425 页。

第8978页）其二云：“红绡皮皱核丁香，日曝风凝玉露浆。”（《全宋诗》第13册，第8978页）可见，当时莆田荔枝干还是比较出名的。

第四章　荔枝文学代表作家个案研究——以唐代为中心

荔枝在唐代文学中的经历真可谓“进亦忧，退亦忧”，其实，我们可以用《论语》“唯女子与小人为难养也，近之则不孙，远之则怨”来总结。文人士大夫口味却也难调，荔枝，在初盛唐之交的张九龄那里是“每销于凡口”的遗憾与惆怅，寄托了身世之感，是张氏“感遇”情结的展露，这是属于出身岭南、后为宰相眼里的荔枝；在杜甫与杜牧那里，诗人对“翠眉须”“妃子笑”的荔枝充满了谴责，满含政治反思之情，交织着对盛唐气象的向往与盛世不再的无奈，这是苦闷文士的荔枝；只有在白居易那里，荔枝成了白氏闲适生活的点缀，也是在白居易那里，荔枝色香味的审美特性得到掘发与阐释，这是一个中级官吏兼闲适诗人的荔枝。

这里，我们即选取四位作家作为唐代文人赋咏荔枝的代表，唐代之初盛中晚分别选一——张九龄、杜甫、白居易、杜牧。这不仅仅是出于唐代分期的考虑，也视其对荔枝文学的影响而定。

第一节　岭南印记、感遇情结投射下的张九龄《荔枝赋》

遥接东汉王逸《荔枝赋》，唐人张九龄有《荔枝赋》一篇。唐人舒元舆在其《牡丹赋·序》中云：“或曰：‘子常以丈夫功业自许，

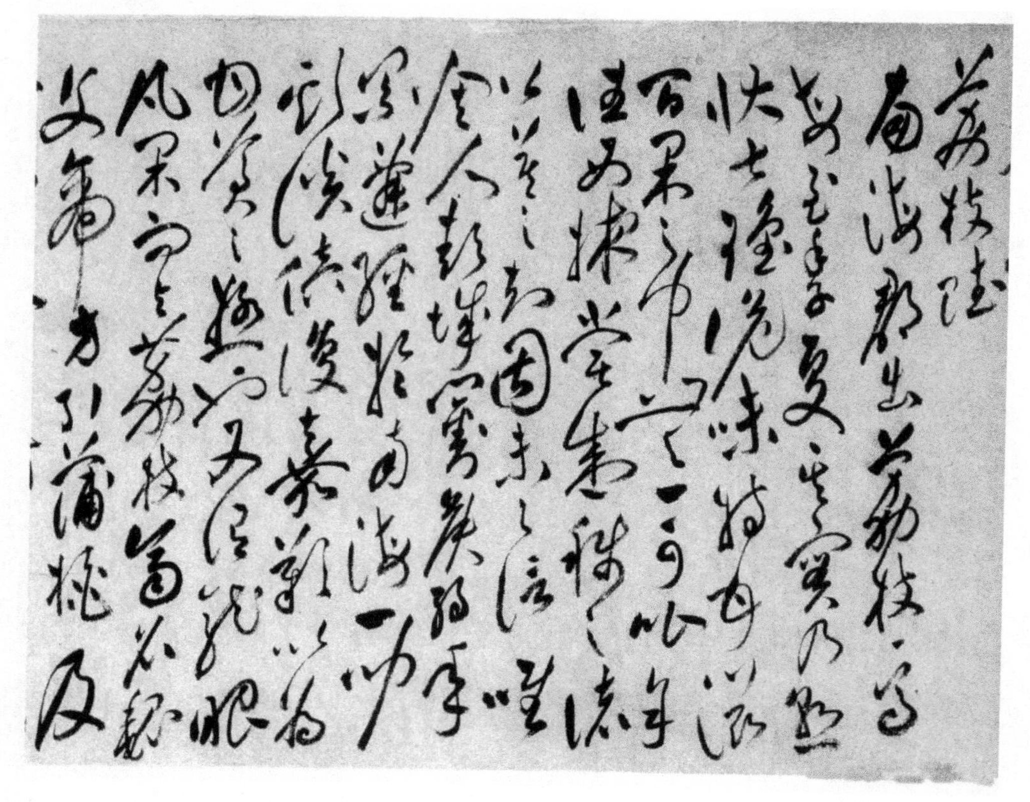

图 14　［明］祝允明草书张九龄《荔枝赋》局部。深圳博物馆藏。

今则肆情于一花，无乃犹有儿女之心乎？’余应之曰：‘吾子独不见张荆州之为人乎？斯人信丈夫也，然吾观其文集之首，有《荔枝赋》焉。荔枝信美矣，然亦不出一果耳，与牡丹何异哉？但问其所赋之旨何如，吾赋牡丹何伤焉！”[①]张九龄“所赋之旨”到底“何如”？“诗人之兴，感物而作。”[②]我们认为，此赋不同于东汉王逸《荔枝赋》，有了比兴寄托，是其岭南印记、感遇情结的投射。从王逸《荔枝赋》到张九龄《荔枝赋》是岭南张九龄“着我之色”的一种转变。

① ［清］董诰等编《全唐文》卷七二七，中华书局 1983 年版，第 7485 页。

② 王文考《鲁灵光殿赋》序，见［南朝梁］萧统编，［唐］李善注《文选》卷一一，中华书局 1977 年版，第 168 页。

一、岭南印记

张九龄生处中原人士视为蛮夷之地的岭南，“中古时期（引者注：此处指唐代），北方人常以生处中原而自诩，他们对边远四夷之华人常含鄙薄”。[1]同时，张氏也没有世家大族的显赫身份。陈寅恪先生有云：“始兴张氏实为以文学进用之寒族”，“九龄本为武后所拔擢之进士出身新兴阶级”。[2]作为崛起的“新兴阶级”，作为生于远离中原政治文化中心、地处边荒之地的张九龄，其地域意识非常自觉而强烈，他身上背负着一个重重的负担——岭南在他身上的印记。从张九龄下面的作品中，我们可以体会到这一点。

> 风物动归思，烟林生远愁。纷吾自穷海，薄宦此中州。（《高斋闲望言怀》）[3]
>
> 惜哉边地隔，不与故人窥。（《南还以诗代书赠京师旧僚》）[4]
>
> 居本海隅，始无朝望。（《与李让侍御书》）[5]

另外，从史籍载录唐玄宗与张九龄的对话中，我们也可以看到此点。《新唐书》卷一二六载唐玄宗欲以牛仙客为尚书，询之张九龄，张氏曰不可，其后：

> 帝怒曰：“岂以仙客寒士嫌之邪？卿固素有门阀哉？”

---

① 薛爱华《朱雀：唐代南方的形象》(Edward H. Schafer,The Vermilion Bird: T'ang Images of the South) 原文：In medieval times, even a true chinese might be despised by chauvinistic northerners if he had not been born in central Hsia.University of California Press,1967,p7.

② 陈寅恪《唐代政治史论稿》，上海古籍出版社 1982 年版，第 103 页。

③ 熊飞校注《张九龄集校注》，中华书局 2008 年版，第 159 页。

④ 熊飞校注《张九龄集校注》，中华书局 2008 年版，第 252 页。

⑤ 熊飞校注《张九龄集校注》，中华书局 2008 年版，第 867 页。

九龄顿首曰：“臣荒陬孤生，陛下过听，以文学用臣。仙客擢胥吏，目不知书。韩信，淮阴一壮夫，羞绛、灌等列。陛下必用仙客，臣实耻之。”①

《资治通鉴》卷二一四同载此事，文字稍异。

上曰：“卿嫌仙客寒微，如卿有何阀阅！”九龄曰：“臣岭海孤贱，不如仙客生于中华；然臣出入台阁，典司诰命有年矣。仙客边隅小吏，目不知书，若大任之，恐不惬众望。”②

无论是自书、与人书还是与皇上的对话中，“穷海”“海隅”“边地”“荒陬”“岭海”等这样极具岭南地域色彩的字样都出现在张九龄的笔下，且有两处与中原对举，可见岭南出身赋予他的无疑是自卑的心态。

二、感遇情结，“物与”情怀

虽然张九龄在《感遇十二首》首章即拈出“草木有本心，何求美人折”，颇有学习战国屈原“不吾知其亦已兮，苟余情其信芳”以及曹魏刘桢“岂不罹凝寒，松柏有本性”的决心，但政治上有所追求与渴慕的张九龄本心并不是如此，而是希望能获知于“贵躬”，他也确实实现了这种愿望。这种经历使张九龄产生了感遇情结，进而推己及物，对物的遇与不遇十分经意，并行于吟咏。

岭南印记使张九龄有些自卑，但他并没有消沉，而是试图通过自己的努力改变命运。张九龄十三岁就上书广州刺史王方庆，《旧唐书》卷九九本传云：“年十三，以书干广州刺史王方庆，大嗟赏之，曰：‘此

① ［宋］欧阳修、宋祁《新唐书》，中华书局1975年版，第4428页。

② ［宋］司马光《资治通鉴》卷二一四《唐纪三十》，中华书局1956年版，第6832页。

子必能致远。’”[①]因缘际会，周武则天长安三年（703）张说被贬岭南，张九龄以文章见赏，徐浩云：“燕公过岭，一见文章，并深提拂，厚为礼敬。”[②]张说后来位极人臣，十分赏识并提携张九龄，他们的缘分便始于岭南。《旧唐书》卷九九本传云：“开元十年，三迁司勋员外郎。时张说为中书令，与九龄同姓，叙为昭穆，尤亲重之，常谓人曰：‘后来词人称首也。’九龄既欣知己，亦依附焉。十一年，拜中书舍人。”[③]王方庆、张说等无疑都是张九龄的伯乐，对张九龄均有知遇之恩，而张九龄的感遇之情也就在所难免，从这点我们也就可以理解张九龄的一首诗——《南还以诗代书赠京师旧僚》。其诗云：

> 微生尚何有，远迹固其宜。思扰梁山曲，情遥越鸟枝。
> 故园从海上，良友邈天涯。云雨叹一别，川原劳载驰。
> 上惭伯乐顾，中负叔牙知。[④]

张九龄善于运用比兴寄托的手法书写各种情怀，其咏物诗能够“托讽禽鸟，寄词草树，郁然与骚人同风”[⑤]。如程杰师云：“在其《感遇十二首》《杂诗》五首中，这种刚正孤愤的情怀是通过春兰秋桐、丹橘香桂等传统意象来寓托的，现在延伸到了梅花上。”[⑥]如其《庭梅咏》：“芳意何能早，孤荣亦自危。更怜花蒂弱，不受岁寒移。朝雪那相妒，阴风已屡吹。馨香虽尚尔，飘荡复谁知。”

① ［后晋］刘昫《旧唐书》，中华书局1975年版，第3097页。
② 唐人徐浩《唐故金紫光禄大夫中书令集贤院学士知院事修国史尚书右丞相荆州大都督府长史赠大都督上柱国始兴开国伯文献张公碑铭》语，见《唐丞相曲江张先生文集》附录，《四部丛刊初编》本。
③ ［后晋］刘昫《旧唐书》，中华书局1975年版，第3098页。
④ 熊飞校注《张九龄集校注》，中华书局2008年版，第252页。
⑤ 陶敏、陶红雨校注《刘禹锡全集编年校注》，岳麓书社2003年版，第153页。
⑥ 程杰师《宋代咏梅文学研究》，安徽文艺出版社2002年版，第11页。

同样地，张九龄的感遇情结也是通过咏物之作、比兴之法表现出来的，以《浈阳峡》与《白羽扇赋》为例，我们可以清楚地感受到此点。张九龄《浈阳峡》云：

舟行傍越岑，窈窕越溪深。水暗先秋冷，山晴当昼阴。

重林间五色，对壁耸千寻。惜此生遐远，谁知造化心。①

此诗写于长安二年（702），作者是年二十五岁，此作作于赴乡试的途中②，全诗咏叹了浈阳峡（位于广东省英德市）美丽神奇的景观，前三联均为写景，尾联是作者情怀之所在。作者赞叹浈阳峡的同时又满含着惋惜与遗憾，即此峡“生遐远”，这其实是作者感遇情结的一种投射，用感遇之情浸润过的眼睛看到的事物——尤其是美好而绝少有人欣赏的事物，自然，这些事物皆着上了作者的感情色素。张九龄此诗用比兴之法表达了自己的不安与困惑：虽然自己才华出众，但是地处僻壤之地，到底能不能获知于贵躬呢？

开元二十五（737），张九龄自中书令贬为荆州长史，就在前一年即开元二十四年，他写下了“自况”③的另一首赋《白羽扇赋》，赋中有云：“当时而用，任物所长。”“彼鸿鹄之弱羽，出江湖之下方，安知烦暑，可致清凉？”“苟效用之得所，虽杀身之何忌？”“纵秋气之移夺，终感恩于箧中。”④我们知道，张氏“白羽扇”遥接班婕好“合欢扇”，班氏《怨歌行》反映的是闺怨之情，其诗云：“新裂齐纨素，

① 熊飞校注《张九龄集校注》，中华书局2008年版，第260页。

② 顾建国《张九龄年谱》，中国社会科学出版社2005年版，第24页。

③ 《新唐书》卷一二六云：“九龄既戾帝旨，固内惧，恐遂为林甫所危，因帝赐白羽扇，乃献赋自况。”见［宋］欧阳修、宋祁《新唐书》，中华书局1975年版，第4429页。

④ 熊飞校注《张九龄集校注》，中华书局2008年版，第413页。

皎洁如霜雪。裁为合欢扇，团团似明月。出入君怀袖，动摇微风发。常恐秋节至，凉风夺炎热。弃捐箧笥中，恩情中道绝。”[①]班诗表现的是对时序变迁、无复再用的忧虑与恐慌，而张诗却表达了“铅刀贵一割，梦想骋良图”的思想。正如葛晓音先生所言：“左思‘冀立铅刀一割之用’的愿望正反映了寒士阶层生气勃勃的进取精神。”[②]

张九龄亦寒族，亦进取，但地处蛮烟之地，若无人引荐、无有奥援，那“英俊”也就难免“沉下僚”的命运。正因为此，张九龄的感遇情结极为强烈，这种情结不仅表现为内观于己，还体现在外视于物，孤桐、芍药、秋兰、篱下菊、芳蕙，无不如此，且看其例：

幸因清切地，还遇艳阳时。（《苏侍郎紫薇庭各赋一物得芍药》）

遇赏宁充佩，为生莫碍门。幽林芳意在，非是为人论。（《园中时蔬尽皆锄理唯秋兰数本委而不顾彼虽一物有足悲者遂赋二章》）

更怜篱下菊，无如松上萝。因依自有命，非是隔阳和。（《林亭寓言》）

孤桐亦胡为，百尺傍无枝。疏阴不自覆，修干欲何施。高冈地复迥，弱植风屡吹。凡鸟已相噪，凤凰安得知。（《杂诗》其一）

良辰不可遇，心赏更蹉跎。终日块然坐，有时劳者歌。庭前揽芳蕙，江上托微波。路远无能达，忧情空复多。（《杂诗》其三）[③]

---

① 逯钦立辑校《先秦汉魏晋南北朝诗》，中华书局1988年版，第117页。

② 葛晓音《八代诗史》，陕西人民出版社1989年版，第123页。

③ 分别见熊飞校注《张九龄集校注》，中华书局2008年版，第61页、第166页、第169页、第334页、第336页。

三、岭南印记、感遇情结下的《荔枝赋》

结合张九龄的岭南印记与感遇情结，我们便可以更好地理解其《荔枝赋》[①]。同时，我们应该清楚，在张九龄这里，联结岭南印记与感遇情结的中间环节是荔枝本身特殊的生物种性与性状以及作者投注其中的人格精神与力量。

“南海郡出荔枝焉”，“远不可验，终然永屈”，“何斯美之独远？嗟尔命之不逢。”这些都可以看作张九龄岭南印记的反映。“每被销于凡口，罕获知于贵躬。柿何称乎梁侯？梨何幸乎张公？亦因人之所遇，孰能辨乎其中哉！”这些则是在岭南印记下感遇情结的展现。作者通过地处荒远之地却“百果之中，无一可比”的荔枝不为人所知，来比喻人才难得赏识、终老林下，从而发出了这样的人生慨叹：“夫物以不知而轻，味以无比而疑，远不可验，终然永屈。况士有未效之用，而身在无誉之间，苟无深知，与彼亦何以异也？”

如果事物本身极其普通，再加之地处悠远之地，其不获得人们的赏识也就在所难免，也属情理之中。但荔枝却不普通，其不仅“百果之中，无一可比”，而且“灵根所盘，不高不卑，陋下泽之沮洳，恶层崖之崄巇”，“不丰其华，但甘其实。如有意乎敦本，故微文而妙质”。这里的荔枝已经升华为张氏人格的象征，朱光潜在《我们对于一棵古松的三种态度》曾云：“各人所见到的古松的形象都是各人自己性格和情趣的返照。古松的形象一半是天生的，一半是人为的。”“物的形象是人的情趣的返照。”[②]张九龄笔下的荔枝亦是如此，如其所言这些所谓敦根固本、丰实少华等种种品质都是张九龄赋予荔枝的，

---

① 熊飞校注《张九龄集校注》，第415—417页。

② 朱光潜《谈美》，凤凰出版社2007年版，第9页、第21页。

是张氏人格的折射与期许，是张氏“情趣的返照”结果。

张九龄在岭南印记、感遇情结下赋予了一些事物特有的象征意义，荔枝并不是独特的存在。张九龄笔下的荔枝在人格上的象征意义普遍存在于张氏笔下的其他事物，此以丹橘为例以略见之，其《感遇》其七云：“江南有丹橘，经冬犹绿林。岂伊地气暖，自有岁寒心。可以荐嘉客，奈何阻重深。运命唯所遇，循环不可寻。徒言树桃李，此木岂无阴。”清人陈沆即看出了张九龄笔下荔枝与丹橘的共通性，其《诗比兴笺》笺注此诗云：“公守郡日，尝作《荔枝赋》，夫其贵可以荐宗庙，其珍可羞王公，亭十里而莫致，门九重兮曷通？山五峤兮白云，江千里兮青枫，何斯美之独远？嗟尔命之不逢，每被销于凡口，罕获知于贵躬。”[①]但是，我们必须清楚，荔枝的人格象征意义并没有在后世引起更多的回响，因此说，张九龄笔下的荔枝打上的仅仅是张九龄一个人的烙印，不具有普遍的意义。

四、赘言

《孟子·万章上》云：“天之生此民也，使先知觉后知，使先觉觉后觉也。”世事难料，张九龄虽然预见了安史之乱的爆发，却没有看见这缕硝烟的升起就已经魂归道山；荔枝这种无情的水果却经历了安史之乱的洗礼，因其与杨贵妃的关系，又因杨贵妃与“安史之乱”的关系，其身份也水涨船高，安史之乱或者盛唐王朝的衰落也与它沾上了千丝万缕的关系；以荔枝“终然永屈”“罕获知于贵躬”为遗憾，慨叹荔枝“命之不工”，希望它能“获知于贵躬”的张九龄改变了自己的政治命运，荔枝的命运也很快实现了质的变化与神奇的转身。无

① ［清］陈沆《诗比兴笺》，上海古籍出版社 1981 年版，第 120 页。

怪南宋葛立方有云：

> 而张九龄作《荔枝赋》序云："南海郡荔枝壮甚瑰诡，余往在西掖，尝盛称之，诸公莫有知者，惟舍人刘侯知之，作赋以夸大，以为甘旨之极。"则是九龄乃创见也。议者谓杨妃酷好，安知非九龄有以启之。①

葛氏把杨贵妃酷好荔枝的缘故归于张九龄的《荔枝赋》的引导，这无疑是对《荔枝赋》无形的赞美，却也是对张九龄的厚诬。同时，仔细想来，葛氏的此番议论也情有可原，谁让荔枝的命运在其后转变得如此迅雷不及掩耳呢！

第二节　莫遣诗人说功过，且随香草附骚经——杜甫、杜牧

这里，我们把杜甫与杜牧放在一起，并不是因为他们一为老杜，一为小杜，而是基于他们在荔枝相关文学作品中构思上的一脉相承，即针对荔枝与杨贵妃的关系而言。有学者认为："诗歌意象典型由某诗人突然构想出来，但一个诗意典型不是由一个人的力量才确定的，必须赋予一定意味的表现、漫长时间的因袭才能形成典型的意识。"②荔枝与杨贵妃在诗歌意象中的关联在后世成为咏荔的一种常见模式或话题。这种模式在晚唐时期就已经定型，追源溯流，我们认为：杜甫为创始者，杜牧乃推波助澜者。

---

① ［宋］葛立方《韵语阳秋》卷一六，《学海类编》第51册，广陵书社2007年影印本。

② 兴膳宏《枯木上开放的诗——诗歌意象谱系考》，蒋寅编译《日本学者中国诗学论集》，凤凰出版社2008年版，第207页。

一、杜甫

检杜甫集，有四首荔枝专题诗、两首荔枝意象诗。荔枝久已尘封的历史终于在杜甫的笔下被激活。“轻红”首次与荔枝关联，“轻红”与“重碧”的对偶属词，“侧生”继张九龄之后的再次运用，这些词汇及其意蕴与构思在杜甫这里得到了典范性的确定，在尊杜的宋代产生了巨大的回响，成为咏荔的常见语汇与构思模式。

（一）激发历史记忆，注入政治血液[①]

杜甫的荔枝诗激起了荔枝自身久远的尘封的历史记忆，同时又注入了新鲜的政治血液。杜甫涉荔诗指向历史与政治内容的如下：

忆昔南海使，奔腾献荔支。百马死山谷，到今耆旧悲。（《病橘》）

先帝贵妃今寂寞，荔枝还复入长安。炎方每续朱樱献，玉座应悲白露团。（《解闷》其九）

侧生野岸及江蒲，不熟丹宫满玉壶。云壑布衣骀背死，劳生重马翠眉须。（《解闷》其十二）[②]

第一首，明显隐括东汉贡荔枝事而成。《后汉书》载云：“旧南海献龙眼、荔支，十里一置，五里一堠，奔腾阻险，死者继路。”[③]对此诗，杨伦曰：“此首伤贡献之劳民也。时或尚食颇贵远物，以口

① 关于荔枝的政治内涵，胡可先先生已有详细论述，可参看，此处我们重点解析“安史之乱”之影响。胡可先《杜甫咏荔诗探幽——兼论古代咏物诗的政治内涵》，见氏著《杜甫诗学引论》，安徽大学出版社2003年版，第298页。

② ［唐］杜甫撰，［清］仇兆鳌注《杜诗详注》，中华书局1979年版，第853页、第1516页、第1518页。

③ ［南朝宋］范晔《后汉书》，中华书局1965年版，第194页。

腹之故病民，故因病橘而讽朝廷罢贡也。”[1]在张九龄那里，荔枝的历史回溯到了魏曹丕那里，而杜甫却回溯到了更为悠久的东汉时期，且是贡荔枝事。荔枝的这种历史记忆一经激活，便充满了活力，为后人题咏不绝。苏轼《荔枝叹》便是最著名、最显豁之例，其诗有云：“十里一置飞尘灰，五里一堠兵火催。颠坑仆谷相枕藉，知是荔支龙眼来。”[2]

图15　吴昌硕《荔枝图扇页》。纸本，设色。自题云：“公之来先生属写妃子笑，为放戴石屏设色，而顾茶老以为极似张孟皋。丙午闰四月病臂草草。俊卿记。”故宫博物院藏。

我们认为，杜甫激活了荔枝的历史记忆，向荔枝涂抹上政治的色彩，其中的重要机缘为此时期的重大事件——安史之乱。“杜逢禄山之难，流离陇蜀，毕陈于诗，推见至隐，迨无隐事”[3]，莫师砺锋亦有云：“安史之乱前后的黑暗、动乱时代，对我们的诗圣，起了更重要的玉成作

① ［唐］杜甫撰，［清］杨伦笺注《杜诗镜铨》，中华书局1998年版，第371页。
② ［宋］苏轼撰，孔凡礼点校《苏轼诗集》，中华书局1982年版，第2126页。
③ ［唐］孟棨《本事诗·高逸第三》，古典文学出版社1957年版，第17页。

用”[1]。

这里我们以安史之乱前后的两个诗人张九龄与杜甫为例，比较发现：两者对橘与荔枝的态度截然相反，从中我们可以窥见安史之乱影响之一斑。张九龄在《感遇十二首》其七中云：“江南有丹橘，经冬犹绿林。岂伊地气暖，自有岁寒心。可以荐嘉客，奈何阻重深。运命唯所遇，循环不可寻。徒言树桃李，此木岂无阴。”这里张九龄希望橘能够获知于王宫贵臣。相对地，杜甫却赞美病橘，赞美它“汝病是天意”，这是缘于此橘“当君减膳时”，并且病橘就免于进贡，人们也免受其苦。杜甫《病橘》云：“群橘少生意，虽多亦奚为……尝闻蓬莱殿，罗列潇湘姿。此物岁不稔，玉食失光辉。寇盗尚凭陵，当君减膳时。汝病是天意，吾谂罪有司。忆昔南海使，奔腾献荔支。百马死山谷，到今耆旧悲。”本来，“贡职之数，以远近土地所宜为度，以给郊庙之事，无有所私”[2]，但后世统治者为满足一己口腹之欲，并没有严守此训，这就致使统治者锦衣玉食而广大百姓却疲于奔命。在《自京赴奉先县咏怀五百字》这首诗中，作者杜甫把他赞美“病橘”的个中缘故揭露得更明晰，诗云：“凌晨过骊山，御榻在嵽嵲……劝客驼蹄羹，霜橙压香橘。朱门酒肉臭，路有冻死骨。”[3]此诗作于天宝十四载十一月，作者在夜幕下经过骊山，想象着华清宫内唐明皇、权臣、贵戚、宠妃等人骄奢荒淫的生活。“香橘”就是这种奢侈淫靡生活的点缀，一边是“朱门酒肉臭”，一边是“路有冻死骨”，这种“荣

① 莫师砺锋《杜甫评传》，南京大学出版社 1992 年版，第 44 页。

② 十三经注疏整理委员会整理《礼记正义》卷一七《月令》，北京大学出版社 2000 年版，第 626 页。

③ [唐]杜甫撰，[清]仇兆鳌注《杜诗详注》，中华书局 1979 年版，第 267—270 页。

枯悴尺异”的景象怎能不让作者寒心，因此作者赞美病橘也就在情理之中了。

同样地，张九龄、杜甫对待荔枝的态度亦有天壤之别。与杜甫埋怨、责备、痛斥迥别，张九龄《荔枝赋》云：“远不可验，终然永屈……每被销于凡口，罕获知于贵躬。柿何称乎梁侯？梨何幸乎张公？亦因人之所遇，孰能辨乎其中哉！”为荔枝鸣冤，为荔枝叫屈，为荔枝心痛，这是张九龄笔下的荔枝。

（二）独特的荔枝颜色审美——轻红

杜甫对荔枝颜色审美有独特的贡献。在杜甫涉及荔枝的六首诗中，仅有两处与荔枝色彩有关，《宴戎州杨使君东楼》云：“重碧拈春酒，轻红擘荔枝。”[①]《解闷十二首》其十云：“京中旧见无颜色，红颗酸甜只自知。”[②]其中的“轻红”在荔枝色彩审美中是个独特的存在。

荔枝以深红色为主，这一点古今认识基本相同。在宋之前的荔枝文学中，形容荔枝壳的色彩词以下面几个最为常用：丹（东汉王逸，唐代白居易、曹松）、朱（唐代张九龄）、鸡冠（唐代白居易、韩偓），这些显然都是深红色。蔡襄《荔枝谱》成书于宋仁宗嘉祐四年（1059），该书记载了一种名为“粉红”的荔枝品种，书云：“粉红者，荔枝多深红，而色浅者为异，谓如傅朱粉之饰，故曰粉红。”[③]今人贾祖璋云：“成熟的荔枝，大多数是深红色或紫色。”[④]

当然，我们所说的荔枝色彩是就荔枝外壳而言的。“重碧拈春酒，

---

① ［唐］杜甫撰，［清］仇兆鳌注《杜诗详注》，第1221页。

② ［唐］杜甫撰，［清］仇兆鳌注《杜诗详注》，第1517页。

③ ［宋］蔡襄《荔枝谱》，彭世奖校注，黄淑美参校《历代荔枝谱校注》，中国农业出版社2008年版，第20页。

④ 贾祖璋《贾祖璋全集》（第四卷），福建科学技术出版社2001年版，第241页。

轻红擘荔枝”，此诗句错位属辞，正常语序应为“拈重碧春酒，擘轻红荔枝”，我们认为“轻红”乃荔枝皮色，非荔枝内膜之色。或许因为“色浅者为异”，且不常见，故宋人解释杜甫此句时便认为“轻红”是荔枝的内膜。宋人赵次公注云：“轻红，亦言荔枝之颜色也，其后，山谷在戎州，有诗云：‘试倾一杯重碧色，快剥千颗轻红肌’，观此则可见杜公重碧轻红之义。后学又以重碧轻红为二妾名，尤可鄙笑。岂不见梁简文帝《梁尘诗》云：‘依帏蒙重翠，带日聚轻红’，轻红为荔枝膜，粉红也。若以名其包色，则又惑误学者。”[①]附带说及，宋次公所云“后学又以重碧轻红为二妾名”，这大概是受到了志怪小说的影响。[②]

杜甫的“轻红”对荔枝影响甚大，甚至成为荔枝的别称。[③]《汉语大辞典》注释“轻红”义项二云：“荔枝色淡红，故用以借指荔枝。宋黄庭坚《为戎州第一》诗：‘试倾一杯重碧色，快剥千颗轻红肌。’宋黄庭坚《浪淘沙·荔枝》词：‘忆昔谪巴蛮，荔子亲攀，冰肌照映柘枝冠。日擘轻红三百颗，一味甘寒。’清王文治《食荔枝》诗：‘旋攀葱绿云犹泫，乍擘轻红手亦香。’”[④]

一经杜甫拈用，“轻红”在宋代便成为荔枝的别称，“轻红”一

---

① ［宋］郭知达编《九家集注杜诗》卷二七，《影印文渊阁四库全书》本。

② 唐温庭筠《乾子·华州参军》记载崔氏女侍女名“轻红”，唐牛僧儒《玄怪录·曹惠》中有“轻红”“轻素”二女嫁庐山神为妾者。分别见［宋］李昉《太平广记》，人民文学出版社1959年版，第2713页、第2951页。

③ 详情可参笔者论文《“泸戎一经少陵擘，至今传诵轻红句”——“轻红”一词的文学历程》，《古代文学理论研究（第四十二辑）——作为理论资源的中国文论》，华东师范大学出版社2016年版。

④ 汉语大词典编辑委员会、汉语大词典编纂处《汉语大词典》第9册，上海辞书出版社1986年版，第1266页。

词在有宋一代的诗歌作品中出现了一百多次，用“轻红”形容荔枝成为其主要功能，我们可以从下表中看出。据《全宋诗》概括“轻红”用法，结果如下：

名称	数量	名称	数量
荔枝	36	丹桂	1
指称花[①]	12	豆蔻花	1
桃花	11	芍药花	1
海棠	6	龙眼	1
梅花	5	罂粟	1
牡丹	4	李花	1
杏花	3	水精毬	1
红木犀	2	蔷薇	1
落日映照	2	夹竹桃	1
佳人	2	云锦	1
黄岩魚鲊	2	霞	1
佛见笑花	1	虹	1
拒霜花	1	火	1
蓼	1	尘	1
荷花	1	虾	1
枫叶	1	鹅	1

（三）艺术构思影响、文化影响

1. 艺术构思模式。杜甫《宴戎州杨使君东楼》云：“重碧拈春酒，

① 所谓“指称花”，是指诗句中“轻红”所指没有具体的花名。

轻红擘荔枝”，该句前言春酒，后言荔枝，此种书写方式为后世创作者所继承延续：或为对句对，或为当句对。宋人黄庭坚《廖致平送绿荔支，为戎州第一；王公权荔支绿酒，亦为戎州第一》云：“试倾一杯重碧色，快剥千颗轻红肌。”宋人汪藻《附舶船送荔子》云：“到头应遣纤纤手，笑擘轻红噢酒杯。”宋人曾几《福帅张渊道送荔子》云：“岂无重碧实瓶罍，难得轻红荐一杯。”宋人黄彦平《送何端卿帅泸》其一云：“亦念人生行乐尔，且拈重碧擘轻红。”宋人袁复一《昨暮侍玉霄亭坐，新月初上，凉风叠至，配以丹荔白醑，景物且美，赋诗呈知府丈》云：“竹叶旧曾浮大白，绛囊新喜擘轻红。”宋人张栻《初食荔枝》：“细擘轻红倾瑞露，周南端复且淹留。”[①]皆是其证。

2. 果文化、酒文化。在尊杜的宋代，“轻红”与“重碧”因杜甫的书写影响了当时的荔枝文化与酒文化，“轻红”成为荔枝的品种之名，而与“轻红”联袂出现的“重碧”则成为酒的名称。《九家集注杜诗》师（师尹）云：“戎州，今叙州。重碧，公库酒名。轻红，叙州倅园荔子名。”[②]又“今日戎州官库酒有重碧之名，荔枝品有轻红之名。”[③]范成大《吴船录》云：“两岸多荔子林。郡酝旧名‘重碧’，取杜子美戎州诗‘重碧拈春酒，轻红擘荔枝’之句。”[④]

顺便提及，“重碧”作为酒名，始于宋代，正如范成大所云此种

① 以上分别见北京大学古文献研究所编《全宋诗》，北京大学出版社1991—1998年版，第17册第11403页、第25册第16561页、第29册第18570页、第30册第19203页、第32册第20567页、第45册第27932页。

② ［宋］郭知达编《九家集注杜诗》卷二七，《影印文渊阁四库全书》本。

③ ［唐］杜甫撰，［宋］赵次公注，林继中辑校《杜诗赵次公先后解辑校》丁帙卷之二，上海古籍出版社1994年版，第665页。

④ ［宋］范成大《吴船录》卷下，《范成大笔记六种》本，中华书局2002年版，第212页。

情形是受杜甫《宴戎州杨使君东楼》“重碧拈春酒，轻红擘荔枝”此联影响而形成的，而非杜甫书写重碧这种酒。杜甫此联“重碧”“轻红”明显是化用梁代萧纲《梁尘诗》“依帷濛重翠，带日聚轻红”①。杜诗此联，属于用典（语典）。然而，有著作称：“重碧酒。产于古戎州（今四川宜宾）的名酒。杜甫在沿长江东下时，途经戎州。喝重碧酒后写下诗句：‘重碧拈春酒，轻红擘荔枝。’可见重碧酒的色、味都可以和贡品荔枝相比美……重碧酒在唐宋时期一直是著名美酒，许多文学家都十分喜爱。”②我们认为，这种说法不符合历史的真实，犯了倒果为因的错误。③如果用法国思想家米歇尔·福柯（Michel Foucault）关于人文学科的知识考古理论来看，这种说法是“知识考古”视角缺失的结果。

3. 服饰文化。杜甫《赠翰林张四学士》云：“内分金带赤，恩与荔枝青。”④此诗句，倒装错位，类似《寄刘峡州伯华使君四十韵》“宴引春壶满，恩分夏簟冰”。正常语序应为“内分赤金带，恩与青荔枝”，意为内廷颁赐红色金带，皇帝恩宠赏赐青色荔枝。以赐衣示恩宠，在杜甫诗中还有其他载记，《端午日赐衣》云：“宫衣亦有名，端午被恩荣。细葛含风软，香罗叠雪轻。自天题处湿，当暑著来清。意内称长短，终身荷圣情。”⑤赐果品以示恩宠，还可以樱桃为例。《野人送朱樱》云：

---

① 逯钦立《先秦汉魏晋南北朝诗》，中华书局 1983 年版，第 1971 页。

② 蒋宝德、李鑫生主编《中国地域文化》（下册），山东美术出版社 1997 年版，第 2349 页。

③ 杜甫因有诗句“鹅儿黄似酒”，致使“鹅黄”在宋代可以泛指酒类，甚而成为一种酒的专称。可参看笔者《〈杜甫全集校注〉辨正一则》，《江海学刊》2015 年第 4 期。

④ ［唐］杜甫撰，［清］仇兆鳌注《杜诗详注》，中华书局 1979 年版，第 99 页。

⑤ ［唐］杜甫撰，［清］仇兆鳌注《杜诗详注》，中华书局 1979 年版，第 479 页

“西蜀樱桃也自红，野人相赠满筠笼。数回细写愁仍破，万颗匀圆讶许同。忆昨赐沾门下省，退朝擎出大明宫。金盘玉箸无消息，此日尝新任转蓬。”①

图 16　左侧为波士顿美术馆藏鎏金铜荔枝带銙，右侧为江苏吴县元吕师孟墓出土金荔枝纹銙。转自文物出版社编辑部编《文物与考古论集》，文物出版社 1986 年版，第 314 页。

胡可先先生认为，“据旧注，乃是皇帝所赐荔枝金带，非咏荔枝”②。此“旧注”应该指赵次公（彦材）注，赵氏云：“《杨文公谈苑》载：‘腰带凡金、玉、犀、银之品，自枢宰、节度使，赐二十两金带。旧用荔枝、送花、御仙三品。’虽是本朝名式，然称‘旧用’，则亦循唐故事矣。”③《杨文公谈苑》又名《杨亿谈苑》，虽然杨亿“博闻强记，于历代典

① ［唐］杜甫撰，［清］仇兆鳌注《杜诗详注》，第 902 页。

② 胡可先《杜甫咏荔诗探幽——兼论古代咏物诗的政治内涵》，见氏著《杜甫诗学引论》，安徽大学出版社 2003 年版，第 298 页。

③ ［宋］郭知达编《九家集注杜诗》卷一八，《影印文渊阁四库全书》本。

章制度，尤所该洽，时多取正”[1]，然而两《唐书》《册府元龟》《唐会要》等众多史籍政典并无此种服饰典章制度的记载，故知唐代此制应该未有，赵氏此言本为臆测，实不足信，历代注家已有辩驳[2]。

我们认为，杜甫此诗句虽然短短十字，但对宋元等朝的服饰文化产生了一定影响。

宋代至迟在太宗朝太平兴国七年（982）即产生了荔枝金带，这我们从下面李昉奏文中可知，追溯源流，这种典章文化或是受到杜甫此句的影响。“宋代特别崇尚金。金无素面的，皆有花纹，以荔枝纹最受重视，如江西遂川北宋郭知章墓与江苏吴县元吕师孟墓均出土了一套完整的荔枝金带具。其他纹饰的金带具如人物纹金带具在出土物和传世品中亦有其例。”[3]我们只引宋代部分，金元此制亦延续，文繁不录。《宋史》卷一五三《舆服志五》载云：

> 带。古惟用革，自曹魏而下，始有金、银、铜之饰。宋制尤详，有玉、有金、有银、有犀，其下铜、铁、角、石、墨玉之类，各有等差……其制有金球路、荔支、师蛮、海捷、宝藏，金涂天王、八仙、犀牛、宝瓶、荔支、师蛮、海捷、双鹿、行虎、洼面。束带则有金荔支、师蛮、戏童、海捷、犀牛、胡荽、凤子、宝相花。

① ［宋］晁公武撰，孙猛校证《郡斋读书志校证》，上海古籍出版社1990年版，第967页。

② 朱鹤龄云：“旧注引《杨文公谈苑》‘荔枝金带’乃是宋制，且与上举复出。”（［唐］杜甫撰，［清］仇兆鳌注《杜诗详注》》卷二，第100页。）王嗣奭、浦起龙、杨伦等观点亦同。

③ 中国大百科全书总编辑委员会、《文物、博物馆》编辑委员会《中国大百科全书·文物博物馆》，中国大百科全书出版社1992年。

太宗太平兴国七年，翰林学士承旨李昉等奏曰：“奉诏详定车服制度，请从三品以上服玉带，四品以上服金带，以下升朝官、虽未升朝已赐紫绯、内职诸军将校，并服红鞓金涂银排方。虽升朝着绿者，公服上不得系银带，余官服黑银方团胯及犀角带。贡士及胥吏、工商、庶人服铁角带，恩赐者不用此制。荔支带本是内出以赐将相，在于庶僚，岂合僭服？望非恩赐者，官至三品乃得服之。”[①]

（四）荔枝别称“侧生”的定型

杜甫《解闷十二首》十二云：“侧生野岸及江蒲，不熟丹宫满玉壶。云壑布衣骀背死，劳生重马翠眉须。”“实际上，从唐代开始，‘侧生’一词就已经经典化，至少，它变成了荔枝的代名词，固定了下来，让人刮目相看。”[②]《汉语大辞典》“侧生”条义项一云：“晋左思《蜀都赋》：‘旁挺龙目，侧生荔枝。’唐张九龄《荔枝赋》云：‘彼前志之或妄，何侧生之见疵。’皆谓荔枝生于旁枝，后因以‘侧生’为荔枝的代称。”[③]

“侧生”之于荔枝首现于西晋左思《蜀都赋》，再现于唐张九龄《荔枝赋》，三现于杜甫《解闷十二首》，可以说，杜甫是“侧生”成为荔枝代称的定型者。唐后以“侧生”代指荔枝者所在多有，谨举数例如下：宋人唐庚《和程大夫荔枝》云“侧生流咏今千载，入贡称珍彼一时”，宋李洪《再用韵》云“卢橘带酸归老圃，侧生未熟去闽乡”，

① ［元］脱脱《宋史》，中华书局 1977 年版，第 3565 页。

② 于溯、程章灿《荔枝为什么侧生？》，《古典文学知识》2010 年第 6 期。

③ 汉语大词典编辑委员会、汉语大词典编纂处《汉语大词典》第 1 册，上海辞书出版社 1986 年版，第 1541 页。

宋刘克庄《和赵南塘离支五绝》其一云“侧生海畔远难将，风日尤能变色浆”，宋艾性夫《山谷跋杨妃齿痛图谓多食侧生致动摇其左车是殆不然，因为翻案天宝遗事云时罗公远进药明皇自和饮妃故并及之》云：“紫驼翠釜不生兵，何与涪南新侧生”[①]，明黄巩《馈林少保火山荔枝》云“侧生幽谷半摧残，烟雨平林五月寒”，明温景明《荔枝四首》其一云“栗玉星球万树红，侧生曾献大明宫”[②]，清人王士禛《汉嘉竹支》云“侧生一树会江门，水递年年进大藩”[③]。

（五）杜甫蜀地荔枝诗的传播与影响

除了上面论述的杜甫荔枝诗对文化、艺术构思等方面的影响，以荔枝为中介，后世诗人寓居蜀地时往往想及杜甫。北宋黄庭坚《廖致平送绿荔支为戎州第一，王公权荔支绿酒亦为戎州第一》云：“王公权家荔支绿，廖致平家绿荔支。试倾一杯重碧色，快剥千颗轻红肌。拨醅蒲萄未足数，堆盘马乳不同时。谁能同此胜绝味，唯有老杜东楼诗。”南宋王十朋因处夔州而想及在此地流落的杜甫，其《诗史堂荔枝歌》写道：“君不见诗人以来一子美，暮年流落来夔子。”[④]

二、杜牧

“华清宫作为唐代一座著名的宫殿，而这一座宫殿又与爆发于公元755年的‘安史之乱’紧密相连，成为唐代由盛转衰的关扭，因而

---

① 北京大学古文献研究所编《全宋诗》，北京大学出版社1991—1998年版，第23册第15045页、第43册第27176页、第58册第36256页、第70册第44389页。

② 此二诗见彭世奖校注，黄淑美参校《历代荔枝谱校注》，中国农业出版社2008年版，第147页、第153页。

③ 王士禛《渔洋山人精华录》卷七，《四部丛刊初编》本。

④ 北京大学古文献研究所编《全宋诗》，第17册第11403页、第36册第22865页。

华清宫也成为中晚唐诗人集中关注的对象。”[①]杜牧有五首以华清宫为题材的诗作：五言排律《华清宫三十韵》《过华清宫绝句三首》《华清宫》绝句一首，在这其中，《过华清宫》其一尤为著名，与老杜《解闷》其十二主旨立意亦很相似，体裁也同为七言绝句，是不是小杜有意挑战杜甫，试图与之比肩呢？我们不得而知，如果是，那小杜确实是青出于蓝，虽有巨人当道，亦当仁不让。

杨贵妃与政治的联系，在杜甫那里已经被搭建，但就影响与传播而论，杜牧《过华清宫绝句三首》其一无疑远远超过杜甫，其诗云：

长安回望绣成堆，山顶千门次第开。

一骑红尘妃子笑，无人知是荔枝来。[②]

为何杜牧的这首诗影响能够如此深远、传播如此脍炙人口呢？我们通过具体详细的艺术分析指出，此诗有三点是很值得我们注意的：第一，一与多；第二，互文本、潜文本；第三，理性与感性的交织。

（一）一与多

本诗首句值得我们注意，尤其是“绣成堆”。这里的“绣”，我们的第一种理解为宫殿之雕梁画栋。《洛阳伽蓝记·序》有云：“金刹与灵台比高，广殿共阿房等壮。岂直木衣绨绣，土被朱紫而已哉！”[③]张衡《西京赋》云：“北阙甲第，当道直启。程巧致功，期不陁陊。木衣绨锦，土被朱紫。”[④]阿房宫亦建于骊山，杜牧有《阿房宫赋》，

① 胡可先《唐诗发展的地域因缘和空间形态》，中国社会科学出版社 2010 年版，第 96 页。

② 吴在庆《杜牧集系年校注》，中华书局 2008 年版，第 221 页。

③ ［北魏］杨衒之撰，周祖谟校释《洛阳伽蓝记校释》，中华书局 2010 年版，第 24 页。

④ ［南朝梁］萧统编，［唐］李善注《文选》，中华书局 1977 年版，第 42 页。

此赋作于大和元年（827），杜牧在《上知己文章启》称：“宝历大起宫室，广声色，故作《阿房宫赋》。”[①]又，玄宗时“大抵宫殿包裹骊山一山，而缭墙周遍其外”[②]。

这里，我们想重点强调第二种理解，即“绣成堆”乃是状花木貌。对此诗的理解，一般认为：“唐明皇时，骊山遍植花木如锦绣，故称绣岭。用‘绣成堆’写‘一骑’遥望中的骊山总貌，很传神。只有如此，下句承接‘千门’，才更顺当自然。”[③]“‘绣成堆’，指骊山右侧的东绣岭和左侧的西绣岭。据《雍大记》所载，唐玄宗时在岭上广泛栽种着树木花卉，远远望去，确如丝锦织成的一样。”“全句是说，从长安方位回头东望骊山的景色，恰似花团锦簇一般。”[④]姑且不论“绣成堆”指的是“东绣岭”“西绣岭”还是“骊山”[⑤]，山岭之上遍植花木则是可以肯定的。但诸家赏析仅止于此，并没有进一步的艺术分析。程千帆先生认为：“在古典诗歌中，一与多的对立统一通常是以人与人，物与物，以及人与物，物与人的组合方式出现，而且一通常是主要矛盾面，由于多的陪衬，一就更其突出，从而取得较好的艺术效果。”[⑥]

---

① ［唐］杜牧《樊川文集》卷一六，上海古籍出版社 1978 年版，第 241 页。

② ［宋］程大昌《雍录》卷四，《影印文渊阁四库全书》本。

③ 霍松林《唐诗精选》，江苏古籍出版社 2002 年版，第 216 页。

④ 宋恪震《唐诗名篇精读》，中州古籍出版社 2006 年版，第 365 页。

⑤ 按：结合杜牧他诗，我们认为“绣成堆”应指骊山，而非东西绣岭。杜牧《华清宫三十韵》云：“绣岭明珠殿，层峦下缭墙。仰窥丹槛影，犹想赭袍光。”

⑥ 莫师砺锋编《程千帆选集》下册第四种《古诗考索·古典诗歌描写与结构中的一与多》，辽宁古籍出版社 1996 年版，第 825 页。

时当暑天[①]，也是各种水果成熟之季，但骊山的繁华锦绣、佳果林立在这里并没有获得杨贵妃的青眼，杨氏独独喜欢远方的佳果——荔枝。荔枝与众果就构成了一与多的对比结构关系。

（二）互文本、潜文本

法国符号学家罗兰·巴尔特认为："每一文本都是互文文本；在该文本之中，其他文本——先前文化的文本与周围文化的文本——以或多或少可被辨认的形式而在种种不同的层面上出场，每一文本都是由一些旧的引文编织而成的新的织品。诸种文化代码、公式、韵律结构的、社会习语的片断，等等——它们全都被文本吞没，在文本中被移位，因为在文本之前与文本周围总是存在着语言。"[②]"一骑红尘妃子笑"的内涵并不仅仅表现为字面含义，"妃子笑"这一温情脉脉的面纱背后其实是血和泪，所谓"颗颗谁知血汗成"（南宋陈宓《道间驰荔》语），且看：

旧南海献龙眼、荔支，十里一置，五里一堠，奔腾阻险，死者继路。（范晔《后汉书·和帝纪》）

忆昔南海使，奔腾献荔支。百马死山谷，到今耆旧悲。（杜甫《病橘》）

侧生野岸及江蒲，不熟丹宫满玉壶。云壑布衣骀背死，劳生重马翠眉须。（杜甫《解闷》十二）

① 关于此诗涉及的史实时间问题。宋人王观国《学林》卷八就认为，唐玄宗、杨贵妃幸华清宫在十月以后，而荔枝熟于六七月份，故说杜牧此诗与史实不符；宋人程大昌《考古编》则认为玄宗、贵妃七月亦幸华清宫，聚讼纷纭，这里我们采取"艺术的真实"态度。

② 巴尔特《文本》，转引自周启超《略说"文本间性"》，见周启超主编《跨文化的文学理论研究》（第6辑），知识产权出版社2014年版，第7页。

图 17　剪纸《快马荔枝》。见孔正一《剪纸图说武则天、杨贵妃》，三秦出版社 2007 年版，第 134 页。

杨贵妃生于蜀，好食荔枝。南海所生，尤胜蜀者，故每岁飞驰以进。然方暑而熟，经宿则败，后人皆不知之。（李肇《唐国史补》）[①]

妃嗜荔支，必欲生致之，乃置骑传送，走数千里，味未变已至京师。（欧阳修、宋祁《新唐书·杨贵妃传》）[②]

联系贡荔枝事件的相关历史事实，我们可以想见“妃子笑”背后苦乐贫贱的对比。一者华清宫坐享其成、嫣然一笑的杨贵妃，一者红尘飞溅、汗流浃背的驿使；一者灿然一笑、倾城倾国的杨贵妃，一者累死山谷、毙命于道的众马与使者。

此处贡荔与杜甫诗中“贡帛”有异曲同工之妙，可以参看。杜甫《自京赴奉先县咏怀五百字》云：“彤庭所分帛，本自寒女出。鞭挞其夫家，聚敛贡城阙。圣人筐篚恩，实欲邦国活。臣如忽至理，君岂弃此物。

① ［唐］李肇《唐国史补》，上海古籍出版社 1979 年版，第 19 页。
② ［宋］欧阳修、宋祁《新唐书》，中华书局 1975 年版，第 3495 页。

多士盈朝廷，仁者宜战栗。”[1]

（三）理性与感性的交织

所谓理性，即红颜祸水的历史认识；感性，即客观上的“人面桃花”形象与效果。无论此诗作者主观意图如何，其客观艺术效果却是形象生动而极富感染力的。即就“妃子”的“笑”而论，我们认为此笑意味深长，笑本身即是感性与理性的复合体。

理性上而言，这种笑是“褒姒一笑倾周”的笑。正如学者所云：“唐人之过华清宫者，辄生感喟，不过写盛衰之意。此诗以‘华清’为题，而又褒姬烽火一笑倾周之概，可谓君房妙语矣。”[2]褒姒倾周之事，记载如下：

> 褒姒不好笑，幽王欲其笑万方，故不笑。幽王为烽燧大鼓，有寇至则举烽火。诸侯悉至，至而无寇，褒姒乃大笑。幽王说之，为数举烽火。其后不信，诸侯益亦不至。
>
> 幽王举烽火征兵，兵莫至。遂杀幽王骊山下，虏褒姒，尽取周赂而去。（司马迁《史记·周本纪》）[3]

杨贵妃这种“一笑倾周”之“笑”是当时儒学复古的产物。“综观中唐以后士人的言论，‘女人尤物’论实在是当时的主流论调。”[4]白居易《长恨歌》与陈鸿《长恨歌传》“意者不但感其事，亦欲惩尤物，窒乱阶，垂于将来者也”[5]。这是当时人的理性认识，与白居易诗《李

---

① [唐]杜甫撰，[清]仇兆鳌注《杜诗详注》，中华书局1979年版，第269页。
② 俞陛云《诗境浅说续编》，开明书店1950年版，第119页。
③ [汉]司马迁《史记》，中华书局1959年版，第148页、第149页。
④ 张同利《中唐文人传统和〈莺莺传〉的女人尤物论》，《名作欣赏》2011年第8期中旬。
⑤ [宋]李昉《文苑英华》，中华书局1966年版，第4201页。

夫人》寓意同，诗云：“又不见泰陵一掬泪，马嵬坡下念杨妃。纵令妍姿艳质化为土，此恨长在无销期。生亦惑，死亦惑，尤物惑人忘不得。人非木石皆有情，不如不遇倾城色。”[①]

正如《长恨歌》的复调主题一样，理性终究难以说服人，感性却常常能够打动人、感染人。感性上论，妃子此“笑”是一种绝代佳人遗世独立的纯粹的审美的笑，客观上造成了一种“人面桃花”的效应，不同褒姒的笑，这是汉代李夫人的笑。陈寅恪先生有云：“明皇与杨妃之关系，虽为唐世文人公开共同习作诗文之题目，而增入汉武帝李夫人故事，乃白陈之所特创。诗句传文之佳胜，实职是之故。”[②]汉武帝与李夫人之事如下：

> 孝武李夫人，本以倡进。初，夫人兄延年性知音，善歌舞，武帝爱之。每为新声变曲，闻者莫不感动。延年侍上起舞，歌曰：“北方有佳人，绝世而独立。一顾倾人城，再顾倾人国。宁不知倾城与倾国，佳人难再得！”（班固《汉书·外戚传》）[③]

杨贵妃此笑，是《长恨歌》中“回眸一笑百媚生”那种顾盼生姿、摇荡心魂的笑。不仅如此，“由于汉字的视觉性与自足性……当这些具有形象与意义的汉字跳入眼帘的时候，人们往往无暇细致地分析它们之间的逻辑关系、语法顺序，而是凭借直观感受，在心中拼合出意义与意境来”[④]。此笑与荔枝关联，在“妃子笑”与荔枝红这幅画面中，

① ［唐］白居易撰，朱金城笺校《白居易诗集笺校》，上海古籍出版社 1988 年版，第 237 页。

② 陈寅恪《元白诗笺证稿》，古典文学出版社 1958 年版，第 44 页。

③ ［汉］班固《汉书》，中华书局 1962 年版，第 3951 页。

④ 葛兆光《汉字的魔方》，转引自尚永亮《唐诗艺术讲演录》，广西师范大学出版社 2008 年版，第 92 页。

我们能够感受到“人面桃花”的艺术效果。此种艺术效果，在李白《清平调三首》其三中已露端倪，其诗云：“名花倾国两相欢，长得君王带笑看。解释春风无限恨，沉香亭北倚栏杆”[①]，在崔护《题都城南庄》定型并流行，其诗云：“去年今日此门中，人面桃花相映红。人面不知何处去？桃花依旧笑春风。”[②]无疑，在杜牧这里，荔枝置换了桃花，在“红尘”之“红”的暗示铺垫下，此种艺术效果得已形成。

三、赘言

西汉王褒《四子讲德论并序》有云：“夫蚊虻终日经营，不能越阶序，附骥尾则涉千里，攀鸿翮则翔四海……何由而自达哉？”[③]荔枝生处偏僻之所，无由自达，与妃子猝然遇合，从而驰骋在中国文学的疆场上，正如明人林古度《荔枝通谱叙》云：“即杨贵妃一妇人女子，偶甘是物，而名为之彰。自唐以后之谱荔者、赋咏荔者，又莫不借贵妃以为故实。”[④]

第三节　荔枝审美多样化的开拓者——白居易

莫师砺锋认为：“荔枝在唐代就已受到重视，唐代诗人也多次咏及之……真正从咏物的角度吟咏荔枝的好诗只有白居易的《题郡中荔枝诗十八韵兼寄万州杨八使君》，诗中‘星缀连心朵，珠排耀眼房。

① ［清］曹寅、彭定求等编《全唐诗》卷一六四，中华书局1960年版。
② ［清］曹寅、彭定求等编《全唐诗》卷三六八，中华书局1960年版。
③ ［南朝梁］萧统编，［唐］李善注《文选》，中华书局1977年版，第711页。
④ ［明］邓庆寀《闽中荔支通谱》卷四，《四库全书存目丛书》，齐鲁书社1995年版，子部第81册第459页。

紫罗裁衬壳，白玉裹填瓤’诸句描写荔枝外貌较为生动。”[1]其实，从荔枝题材文学的发展历程来看，白居易恰是荔枝审美多样化的奠基人与开拓者。

荔枝在白居易之前已经有了一定的历史积淀，白居易对历史上的荔枝有哪些关注呢？这，我们可以从白氏编撰的唐代四大类书之一的《白氏六帖事类聚》中得到答案。《白氏六帖事类集》[2]卷三〇为“草木杂果”类，此类分三十五门，其中“荔枝第十八”收录了荔枝的六个事项：一为“龙眼”，即汉帝赐单于龙眼、荔枝事，东汉时事。二为“交州贡”，东汉时事。三为“甘逸（液）”，东汉王逸《荔枝赋》“俯尝佳味，口含甘液，心受芳气”，东汉时事。四为“南方”，“魏文帝诏曰：南方有龙眼荔枝，宁比西国之葡萄石蜜”，魏时事。五为“恐腐”。“仲长〔统〕《昌言》：‘今人主不思甘露……患枇杷荔枝之腐，亦鄙矣。’”汉时事。六为“含滋”。即梁刘霁诗：“良由自远致，含滋不留齿。”南朝梁事。虽然这些历史史实得到了白居易的关注，但这些并没有融入白氏的笔端，相反地，白氏把更多的内容融进了荔枝。

北宋黄庭坚《忠州复古记》有云：“其地荒远瘴疠，近臣得罪，多出为刺史、司马。”[3]白居易于元和十四年（819）赴忠州刺史任，其荔枝题材作品均创作于刺史任上。[4]而荔枝亦处遐远之地，二者自然可以绾合，故荔枝在白居易那里也有僻远之处这种象征，如其诗《郡

---

① 莫师砺锋《饮食题材的诗意提升：从陶渊明到苏轼》，《文学遗产》2010年第2期。

② ［唐］白居易《白氏六帖事类集》卷三〇，文物出版社1987年。

③ ［宋］黄庭坚《豫章黄先生文集》卷一七《忠州复古记》，《四部丛刊初编》本。

④ 朱金城《白居易年谱》，上海古籍出版社1982年版，第101—102页。

中》云："乡路音信断，山城日月迟。欲知州近远，阶前摘荔枝。"[1]白居易之于荔枝并不仅仅拘囿于此，他在多方面丰富开拓了荔枝的内涵。宋人王圣涂在忠州任职时，修复"四贤阁"，曾于"一花一竹，皆考于诗，复其旧贯，种荔枝数百株，移木莲且十本"（《忠州复古记》）。窥此亦可见白居易荔枝诗词的影响，下文试具论之。

一、开士大夫赠送荔枝之先河，此风气在宋代蔚为大观

白居易任忠州刺史，不但自己享受了荔枝的美味，还愿意与自己的故友分享。其诗题《题郡中荔枝诗十八韵，兼寄万州杨八使君》与《重寄荔枝与杨使君，时闻杨使君欲种植，故有落句戏之》便是明证。或许只是历史的巧合，但赠送荔枝这一风气，确始自白居易，白氏投下的这颗石子，在唐代的碧波里没有激起一丝浪花，然而在宋代，这颗微石却引起了轰然巨浪，在荔枝文学序列中，厥功甚伟！

二、蜀地荔枝及其易腐生物特性的准确描绘

荔枝滋味殊特，香连翠叶，色如江萍吐日，如此珍重之物不耐久贮，又因处于天高渺茫地而不为人所识，故白居易《题郡中荔枝诗十八韵，兼寄万州杨八使君》云："物少尤珍重，天高苦渺茫。已教生暑月，又使阻遐方。粹液灵难驻，妍姿嫩易伤。近南光景热，向北道路长。不得充王赋，无由寄帝乡。唯君堪掷赠，面白似潘郎。"[2]又《重寄荔枝与杨使君，时闻杨使君欲种植，故有落句戏之》云："摘来正带凌晨霜，寄去须凭下水船。映我绯衫浑不见，对公银印最相鲜。香连

① ［唐］白居易撰，朱金城笺校《白居易诗集笺校》卷一一，上海古籍出版社1988年版，第583页。

② ［唐］白居易撰，朱金城笺校《白居易诗集笺校》，第1170页。

翠叶真堪画，红透青笼实可怜。”[①]缘于“香连翠叶真堪画”，白居易便“命工吏图而书之”，此即《荔枝图序》。

《荔枝图序》云，“荔枝生巴峡间”，“若离本枝，一日而色变，二日而香变，三日而味变，四五日外，色香味尽去矣”[②]。荔枝作为蜀地特产及其易腐特性一经白居易准确描绘出来，即被人们广泛征引，如后晋刘昫领衔修撰的《旧唐书》卷一六六《白居易传》中，在说明南宾郡“花木多奇”时即引用白氏此文[③]。南宋李纲《以蜜渍荔枝寄远》云：“欲将千颗封题去，无那三朝色味移。”南宋王十朋《静晖楼前有荔子一株木老矣犹未生予去其枯枝今岁遂生一二百颗至六月方熟》云：“路远应难三日寄，楼高更上一层攀。”南宋释宝昙《和史魏公荔枝韵》云：“色香味变只三日，风马牛奔须数千。”[④]南宋胡仔《苕溪渔隐丛话》后集卷七为说明荔枝“传置之远，腐败之余，乌能适口”[⑤]，亦引用白居易此文。南宋郑樵《通志》卷七六《昆虫草木略第二》“荔枝条”亦云，“此物易变，一日色变，二日味变，三日色味俱变”[⑥]，可见其影响。

三、荔枝审美的提升

（一）“条悬火”，荔枝色如火

在白居易之前，荔枝题材与意象作品本身就少，描绘荔枝色彩的

---

① ［唐］白居易撰，朱金城笺校《白居易诗集笺校》，第1172页

② ［唐］白居易撰，朱金城笺校《白居易诗集笺校》，第2818页。

③ ［后晋］刘昫《旧唐书》，中华书局1975年版，第4352页。

④ 北京大学古文献研究所编《全宋诗》，北京大学出版社1991—1998年版，第27册第17586页、第36册第22832页、第43册第27091页。

⑤ ［宋］胡仔纂集，廖德明校点《苕溪渔隐丛话后集》，人民文学出版社1962年版，第46页。

⑥ ［宋］郑樵《通志》卷七六，《影印文渊阁四库全书》本。

词汇可谓单调。东汉王逸《荔枝赋》谓“皮似丹罽”，张九龄《荔枝赋》云“朱苞”，杜甫《解闷十二首》之十“京中旧见无颜色，红颗酸甜只自知”。白居易极大地拓展了荔枝的色彩审美，其用“火”、用丝织物“缯”“罗”等形容荔枝，为后世所秉承。

早在王逸《荔枝赋》中有“角亢兴而灵华敷，大火中而朱实繁”，这里的“大火”，是指二十八星宿的心宿，又称“火”，与《诗经·国风·豳风·七月》“七月流火”中的“火”同。[①]白居易《题郡中荔枝诗十八韵，兼寄万州杨八使君》：“夕讶条悬火，朝惊树点妆。”这是最早用火的比喻来形容荔枝色彩。

荔枝居于南方炎热之地，张九龄《荔枝赋》云：“虽受气于震方，实禀精于火离。”“震方”即东方，张氏所写荔枝为岭南荔枝，靠近大海，故有此言；“火离”，应指八卦中的离卦，其为南方之卦，卦象之一为火。“离也者，明也。万物皆相见，南方之卦也。”“离为火，为日，为电，为中女，为甲胄，为戈兵。”[②]不仅如此，荔枝结果于炎炎夏日，《尔雅·释天》有云：“春为青阳，夏为朱明。”[③]

荔枝本身色红，熟于夏日，加之又地处南方火热之域，所谓“炎炎六月朱明天，映日仙枝红欲燃”。白居易开创以火来形容荔枝，于人情物理均为妥帖，故得后人延用，宋人陶弼《荔枝》云：“色映离为火，甘殊木作酸。枝繁恐相染，树重欲成团。”苏轼《食荔枝二首》其一云：“丞相祠堂下，将军大树傍。炎云骈火实，瑞露酌天浆。”

---

① 张闻玉《古代天文历法讲座》，广西师范大学出版社 2008 年版，第 105 页。

② 十三经注疏整理委员会整理《周易正义》，北京大学出版社 2000 年版，前：第 385 页；后：第 392 页。

③ 十三经注疏整理委员会整理《尔雅注疏》，北京大学出版社 2000 年版，第 184 页。

南宋王十朋《诗史堂荔枝晚熟而佳预约同官共赏偶成参差摘实分饷因诵庐陵先生诗云人生此事尚难必况欲功名书鼎彝复用前韵以歌之》云："昼疑炎方张火伞，夕讶庭树栖赤乌。"[①]明人陈叔绍《风冈荔锦》云："清时不动尘千里，夏日高悬火满枝。"[②]

（二）"壳如红缯"

用服饰之色状荔枝之色肇端于东汉。东汉时，荔枝就被描绘为"皮似丹罽"（王逸《荔枝赋》），此"罽"即"织毛为布者"[③]。王逸此赋草创之功虽有，但影响甚微，在唐宋近两百首荔枝专题诗作中没有一例用"罽"来形容荔枝的。

或许受王逸此赋的影响，更有可能是白居易的嘎嘎独造，白氏开创性地用丝织品照应、形容荔枝，影响深远，成为后世描写荔枝颜色之范式。

白居易一生对"彰施服色，分别贵贱"[④]的"品服"可谓情有独钟、念兹在兹。清人赵翼有云："香山诗不惟记俸，兼记品服。初为校书郎，至江州司马，皆衣青绿……为刺史，始得著绯……由忠州刺史除尚书郎，则又脱绯而衣青……及除主客郎中知制诰、加朝散大夫，则又著绯……除秘书监，始赐金紫……太子少傅品服亦同……此又可抵《舆服志》

---

① 北京大学古文献研究所编《全宋诗》，北京大学出版社 1991—1998 年版，第 8 册第 4983 页、第 14 册第 9530 页、第 36 册第 22866 页。

② 彭世奖校注，黄淑美参校《历代荔枝谱校注》，中国农业出版社 2008 年版，第 146 页。

③《后汉书》卷五一《李恂传》："诸国侍子……香罽之属，一无所受。"李贤注："罽，织毛为布者。"见［南朝宋］范晔《后汉书》，中华书局 1965 年版，第 1683—1684 页。

④［宋］王钦若等《册府元龟》卷六三，《影印文渊阁四库全书》本。

也。”[①]省略处皆有诗歌例证，此不赘引。

白居易对刺史绯衣色彩有着超乎常人的深刻印象与执著书写：“《全唐诗》中‘绯衫’出现了七次，其中有六次出现在白居易的诗中。白居易虽然官至太子宾客（三品）、刑部尚书（三品）、太子少傅（二品），但是有很长一段时间是在刺史和司马（四或五品）等职的任上，因此在他的诗中多次出现‘绯衫’。”[②]《重寄荔枝与杨使君，时闻杨使君欲种植，故有落句之戏》云：“映我绯衫浑不见，对公银印最相鲜。”又《初著刺史绯，答友人见赠》云：“徒使花袍红似火，其如蓬鬓白成丝。且贪薄俸君应惜，不称衰容我自知。银印可怜将底用，只堪归舍吓妻儿。”据唐代舆服制度可知，白氏在这里用得非常贴切。《新唐书》卷二四《车服志》云：“袴褶之制：五品以上，细绫及罗为之，六品以下，小绫为之，三品以上紫，五品以上绯，七品以上绿，九品以上碧。”[③]

现在，白居易从“近取诸身”之服饰延及到了“近取诸物”之荔枝的色彩描写。《题郡中荔枝诗十八韵，兼寄万州杨八使君》云：“紫罗裁衬壳，白玉裹填瓤。”《荔枝图序》云：“壳如红缯。”荔枝色彩与丝织品的关联成了后世荔枝色彩审美书写的一种范式。北宋蔡襄《七月二十四日食荔枝》：“绛衣仙子过中元，别叶空枝去不还。”北宋曾巩《荔枝四首》其二：“玉润冰清不受尘，仙衣裁剪绛纱新。”南宋周紫芝《和张元明食生荔子》云：“绛纱囊小欣乍识，晚上苏台醉瑶席。”南宋李纲《畴老见示荔枝绝句次韵》云：“炎月南闽丹荔

① ［清］赵翼撰，霍松林、胡主佑校点《瓯北诗话》卷四《白香山诗》，人民文学出版社1963年版，第44页。

② 徐颂列《唐诗服饰词语研究》，浙江教育出版社2008年版，第10页。

③ ［宋］欧阳修、宋祁《新唐书》，中华书局1975年版，第522页。

子，绛绡微皱裹明珠。”南宋苏籀《和洪玉甫秘监荔枝三首》其一云：“香包浣花锦，冰质藐姑仙。”南宋王十朋《病中食火山荔枝》云：“殷勤为破绛纱囊，心火惊添火山火。”南宋杨万里《荔枝歌》云：“飞来岭外荔枝梢，将衣朱裳红锦包。”[①]皆是其例。

四、亲与其事，核种荔枝

白居易本性喜好种花艺草，其《东坡种花》云：“持钱买花树，城东坡上栽。”《东涧种柳》云：“野性爱栽植，植柳水中坻。”白氏不但自己品尝荔枝，还亲自种植荔枝；不仅自己亲种荔枝，还“嘲笑”别人种荔枝。其种荔枝的方法即播种荔枝种，这种有性繁殖法[②]（实生苗法）第一次在文学中得到表现。但荔枝实生苗“具有明显的童期，进入结果的年限较迟”，“从发芽至结果共需 7 ～ 8 年”[③]。故其《种荔枝》云：“红颗珍珠诚可爱，白须太守亦何痴。十年结子知谁在，自向庭中种荔枝。”[④]《重寄荔枝与杨使君，时闻杨使君欲种植，故有落句戏之》：“闻道万州方欲种，愁君得吃是何年？”

古代核种荔枝，其结果时间绵长，古人往往借之言事，如南宋李纲《容南初食荔枝二首》云：“但祈四海兵戈息，会见开花著子时。”[⑤]

---

① 北京大学古文献研究所编《全宋诗》，北京大学出版社 1991—1998 年版，第 7 册第 4824 页、第 8 册第 5601 页、第 26 册第 17296 页、第 27 册第 17585 页、第 31 册第 19619 页、第 36 册第 22910 页、第 42 册第 26317 页。

② 《荔枝学》云：“荔枝苗木繁育方法有两大类：有性繁殖法（实生苗法）和无性繁殖法（营养苗法包括嫁接苗、扦插苗……）。”李建国主编《荔枝学》，中国农业出版社 2008 年版，第 360 页。

③ 李建国主编《荔枝学》，第 364 页。

④ ［唐］白居易撰，朱金城笺校《白居易诗集笺校》，上海古籍出版社 1988 年版，第 1177 页。

⑤ 北京大学古文献研究所编《全宋诗》，第 27 册第 17748 页。

北宋苏轼《再次韵曾仲锡荔支》云："柳花着水万浮萍，荔实周天两岁星。""周天两岁星"即二十四年，苏轼自注云："柳至易成，飞絮落水中，经宿即为萍实。荔枝至难长，二十四五年乃实。"[①]苏轼所言虽有些夸张，但却成为了描绘荔枝核种结果的经典诗句，为后人所沿用，如"嘉木亦知人意重，著花不待一周星"（南宋李纲《十二咏·荔枝亭》），"谁种楼前荔，周天几岁星，子随心地赤，叶到岁寒心"（南宋王十朋《州宅杂咏·荔》），"官满犹为十年计，实成须待二星终"（南宋王十朋《拾荔枝核欲种之戏成一首》）。[②]相比而言，白居易的语言就显得朴素而又简单，但草创之功还是不能磨灭的。

五、荔枝花与果不兼美，比类牡丹

荔枝以果实闻名，在东汉王逸那里就有"卓绝类而无俦，超众果而独贵"的评价，唐代张九龄更有言云："岂一座之所荣，冠四时之为最。"目睹荔枝，人们首先联想到的便是与其同类的水果。最早如王逸《荔枝赋》即以瓜、橘、葡萄、栗、杏、柿、李、柰作为荔枝的衬托。魏文帝曹丕亦有"南方有龙眼荔支，宁比西园蒲萄石蜜"。张九龄《荔枝赋》云"柿何称乎梁侯，梨何幸乎张公"，以柿、梨之遭遇为荔枝鸣叫不平，杜甫《病橘》亦因橘想到荔枝，其《解闷十二首》亦把荔枝与樱桃、翠瓜、碧李、赤梨、葡萄联系属辞。但荔枝也是有花的，为何却默默无闻呢？

荔枝的花是雌雄同株异花，荔枝花型小，横径只有4～5mm，淡黄

---

① 北京大学古文献研究所编《全宋诗》，北京大学出版社1991—1998年版，第14册第9489页。

② 北京大学古文献研究所编《全宋诗》，北京大学出版社1991—1998年版，第27册第17808页、第36册第22844页、第36册第22865页。

绿色，一般无花瓣，花萼4～5枚。[①]总之，荔枝花花型特小，颜色素朴，仅有花萼，且开放在群芳烂漫的春天，故很少入诗。虽然苏轼《次韵刘焘抚勾蜜渍荔支》中有“花如卢橘傲风霜”这样的赞赏，但毕竟仅是苏轼的偶一言之。况且，相比岁寒然后知后凋的松竹，傲然斗雪凝芬芳的梅花，荔枝地处远离政治文化中心的海隅蛮荒之地，其没有成为比德的对象与象征物也在情理之中。

图18　荔枝花开。图见倪耀源、梁福元《丹荔园：荔枝知识专家话你知》，广东科技出版社2005年版，第26页。

荔枝果名而花无闻，唐初张九龄即以深根固柢、文质关系为荔枝作了辩解。张九龄在其《荔枝赋》中云：“不丰其华，但甘其实，如

① 李建国主编《荔枝学》，中国农业出版社2008年版，第182页。

有意乎敦本，故微文而妙质。”这种解释很显然是张九龄为抬高荔枝身份与象征意义所作的拔高之论，十分牵强，没有获得后世的普遍认同，故其象征意义也没有形成。

与此同时，牡丹以其国色天香在唐代受到追捧，舒元舆（791—835）在其《牡丹赋·序》中云：“天后叹上苑之有阙，因命移植焉。由此京国牡丹，日月寖盛。今则自禁闼洎官署，外延士庶之家，弥漫如四渎之流，不知其止息之地。每暮春之月，遨游之士如狂焉，亦上国繁华之一事也。”[①]荔枝也因其“奇果”身份受到重视，一以花名，一以果名，真可谓“若将牡丹与比并，好把陈紫同姚黄。”（引者注：“陈紫”与“姚黄”分别为荔枝与牡丹之绝妙品种）中唐白居易便把牡丹与荔枝联系起来，以此说明“鱼与熊掌不可兼得”的道理，其《叹鲁二首》云：“有如草木分，天各与其一。荔枝非名花，牡丹无甘实。”[②]虽然如此，白氏还是在他的诗文中对荔枝花作了简单的描绘，其《题郡中荔枝诗十八韵，兼寄万州杨八使君》云：“素华春漠漠，丹实夏煌煌。”又《荔枝图序》云：“华如橘，春荣”。

白居易“鱼与熊掌不可兼得”的论调融通得多，故为后人所承继。宋代欧阳修也是在荔枝与牡丹的比类中引而申之，以此说明“不兼物之美”乃“天地任物之自然”，其《书〈荔枝谱〉后》》云：“天地任物之自然，物生有常理，斯之谓至神。”“牡丹花之绝，而无甘实；荔枝果之绝，而非名花。昔乐天有感于二物矣，是孰尸其赋予耶？然斯二者惟一不兼万物之美，故各得极其精，此于造化不可知，而推之

① ［清］董诰等编《全唐文》卷七二七，中华书局 1983 年版，第 7485 页。

② ［唐］白居易撰，朱金城笺校《白居易诗集笺校》，上海古籍出版社 1988 年版，第 131 页。

至理，宜如此也。”[①]苏门六君子之一的晁无咎（1153—1110），以荔枝与牡丹不能兼美来说明书法诗文亦如此，并借此来批判当时学人“学则皆有侈心”而导致“五伎而穷”的状况，其文云：“欧阳文忠公尝云：‘牡丹花之绝，而无甘实；荔支果之绝，而非名花。昔乐天尝有感于二物矣，是孰尸其赋与耶？虽然，二物者惟不兼物之美，故能各极其精。’信哉是言！欧、虞、褚、薛，唐初以书显者，舍其德操而论，亦不闻它能伎如其字画之精也。呜呼！此其所以精乎。学者能以是心学，专且不易，古人之事业，何求而不得，况诗文与书哉！而后之君子，学则皆有侈心，必事事在人先，故五伎而穷。”[②]

当然，有人也不同意这种说法，认为事物之间不仅可以相反，而且可以相成。清代萧士玮即是唱反调之人，其在《牧斋初学集·序》中云：“欧公云：‘花之绝为牡丹，然而不实；果之绝为荔枝，然而非名花。虽然，二物者，惟不兼物之美，故能各极其精。’晁无咎以为诗文难兼，亦自如此，余固未以为然，余读牧翁文，体气高妙，以为至矣，而诗波澜老成，亦极其妙。”[③]萧氏反弹琵琶，以钱谦益诗文兼善来说明可兼物之美。

六、赘言

白氏以“进取乖方，谴累斯及，远投海裔，分弃朱崖”（《忠州刺史谢上表》）[④]，元和十四年（818）迁任忠州刺史，是年四十八岁，荔枝诗词多为此时期所作。

---

① 李逸安点校《欧阳修全集》，中华书局2001年版，第1060页。

② ［宋］晁补之《鸡肋集》卷三三，《四部丛刊初编》本。

③ ［清］钱谦益《牧斋初学集·序》，《四部丛刊初编》本。

④ ［唐］白居易撰，朱金城笺校《白居易诗集笺校》，上海古籍出版社1988年版，第3423页。

图 19　陈紫品种。原图为陈厚彬提供，见李建国主编《荔枝学》，中国农业出版社 2008 年版，正文前插图 5。

白居易慨叹牡丹花，“一丛深色花，十户中人赋”（《买花》），感慨“尤物惑人忘不得”（《李夫人》），认识到“贵妃胡旋惑君心”《胡旋舞》，希望能“数唱此歌悟明主”（《胡旋舞》）。贵妃嗜荔，千里传送，贡献荔枝劳民伤财，这些素材无疑是很适合白居易借之讽谕的，但白居易诗中不仅没有荔枝与贵妃关联的身影，却言：“已教生暑月，又使阻遐方。粹液灵难驻，妍姿嫩易伤。近南光景热，向北道途长。

不得充王赋，无由寄帝乡。”（《题郡中荔枝诗十八韵，兼寄万州杨八使君》）这是为何呢？

结　语

“果之美者，厥有荔枝。”荔枝既可以指荔枝树，又可以指荔枝这种水果，本文侧重水果。作为亚热带水果，荔枝因受自然因素、生态环境的影响，分布极为集中且有限，就今天而言，具体分布集中在两广、海南、福建、四川、云南等地。从文学史的角度看，岭南、蜀地、闽南三地乃荔枝文学的中心区域，岭南荔枝在汉代已经进入文学的视野，蜀地荔枝约在西晋进入文学，而闽地荔枝文学起于唐而盛于宋，因此荔枝题材文学具有典型的地域性。

众所周知，中国政治文化中心长期处于北方地区。荔枝地处南方，荔枝文学的兴盛一者必须依赖当地政治文化经济的发展；二者必须打通区域局限，沟通荔枝产地与中原文化圈。在荔枝文学的发展历程中，前者可以以福建荔枝在宋代的兴盛为代表，福建地区政治、经济、文化在宋代崛起推动了福建荔枝文学的兴盛；而后者则可以以荔枝进贡作为典型代表，尤其是唐代荔枝进贡与杨贵妃的关涉，大大提高了荔枝在全国范围内的知名度，荔枝与贵妃也成为荔枝文学中题咏不绝的话题。

伴随着荔枝的地域性特点与人们认知的不断迁化，荔枝形象经历了由异果到珍果再到仙果的二次递变。中唐以前，荔枝常被视作异方之物；中唐以后荔枝珍果形象逐步确立；宋代荔枝更由珍果而升华为仙果。作为水果的荔枝，“仙果”可以说是最高的礼赞。

征引书目

说明：

一、本文征引之四部各类图书，今人各类资料汇编、学术专著等均在此列，引用现、当代报刊文章仍见当页脚注。

二、按书名汉语拼音字母顺序排列。

1. 《八代诗史》，葛晓音撰，陕西人民出版社，1989 年。

2. 《白居易年谱》，朱金城撰，上海古籍出版社，1982 年。

3. 《白居易诗集笺校》，[唐] 白居易撰，朱金城笺校，上海古籍出版社，1988 年。

4. 《白氏六帖事类集》，[唐] 白居易编，文物出版社，1987 年。

5. 《抱朴子》，[晋] 葛洪撰，《四部丛刊初编》本。

6. 《北户录》，[唐] 段公路撰，《影印文渊阁四库全书》本。

7. 《北宋士族：家庭・婚姻・生活》，陶晋生撰，台湾乐学书局，2001 年。

8. 《本草纲目》，[明] 李时珍撰，人民卫生出版社，1975 年。

9. 《本事诗》，[唐] 孟棨撰，古典文学出版社，1957 年。

10. 《陈白沙集》，[明] 陈献章撰，《影印文渊阁四库全书》本。

11. 《重修政和经史证类备用本草》，[宋] 唐慎微编，《四部丛刊三编》本。

12.《初学记》，[唐]徐坚等编，中华书局，1962年。

13.《淳熙三山志》，[宋]梁克家纂修，李勇先点校，《宋元珍稀地方志丛刊》（甲编），四川大学出版社，2007年。

14.《杜甫评传》，莫砺锋撰，南京大学出版社，1992年。

15.《杜甫诗学引论》，胡可先撰，安徽大学出版社，2003年。

16.《杜牧集系年校注》，吴在庆撰，中华书局，2008年。

17.《杜诗镜铨》，[唐]杜甫撰，[清]杨伦笺注，中华书局，1998年。

18.《杜诗详注》，[唐]杜甫撰，[清]仇兆鳌注，中华书局，1979年。

19.《杜诗赵次公先后解辑校》，[唐]杜甫撰，[宋]赵次公注，林继中辑校，上海古籍出版社，1994年。

20.《法苑珠林》，[唐]释道宣撰，《四部丛刊初编》本。

21.《吴船录》，《范成大笔记六种》本，[宋]范成大撰，中华书局，2002年。

22.《樊川文集》，[唐]杜牧撰，上海古籍出版社，1978年。

23.《福建文学发展史》，陈庆元撰，福建教育出版社，1996年。

24.《赋体文学的文化阐释》，许结撰，中华书局，2005年。

25.《广群芳谱》，[清]汪灏撰，上海书店，1985年。

26.《韩非子集解》，[清]王先慎撰，钟哲点校，中华书局，1998年。

27.《汉书》，[汉]班固撰，中华书局，1962年。

28.《汉魏六朝岭南植物志录辑释》，缪启愉、邱泽奇撰，农业出版社，1990年。

29.《汉语大辞典》，汉语大词典编辑委员会、汉语大词典编纂处编，上海辞书出版社，1986 年。

30.《后汉书》，[南朝宋] 范晔撰，中华书局，1965 年。

31.《花间集注评》，[后蜀] 赵崇祚编选，高峰注评，凤凰出版社，2008 年。

32.《华阳国志校注》，[晋] 常璩撰，刘琳校注，巴蜀书社，1984 年。

33.《淮南子集释》，何宁撰，中华书局，1998 年。

34.《贾祖璋全集》，贾祖璋撰，福建科学技术出版社，2001 年。

35.《鸡肋集》，[宋] 晁补之撰，《四部丛刊初编》本。

36.《金明馆丛稿初编》，陈寅恪撰，生活 · 读书 · 新知三联书店，2001 年。

37.《晋书》，[唐] 房玄龄等撰，中华书局，1974 年。

38.《九家集注杜诗》，[宋] 郭知达编，《影印文渊阁四库全书》本。

39.《旧唐书》，[后晋] 刘昫等撰，中华书局，1975 年。

40.《郡斋读书志校证》，[宋] 晁公武撰，孙猛校证，上海古籍出版社，1990 年。

41.《历代荔枝谱校注》，彭世奖校注，黄淑美参校，中国农业出版社，2008 年。

42.《历代名人室名别号辞典》，池秀云编撰，山西古籍出版社，1998 年。

43.《礼记正义》，十三经注疏整理委员会，北京大学出版社，2000 年。

44.《荔枝学》，李建国主编，中国农业出版社，2008 年。

45.《列仙传》，[汉] 刘向撰，影印《正统道藏》本，（台湾）艺文印书馆，1977 年。

46.《刘禹锡全集编年校注》，陶敏、陶红雨校注，岳麓书社，2003年。

47.《吕氏春秋》，张双棣等译注，中华书局，2007年。

48.《洛阳伽蓝记校释》，[北魏]杨衒之撰，周祖谟校释，中华书局，2010年。

49.《梅尧臣集编年校注》，朱东润撰，上海古籍出版社，1980年。

50.《闽中荔支通谱》，[明]邓庆寀撰，《四库全书存目丛书》本。

51.《牧斋初学集》，[清]钱谦益撰，《四部丛刊初编》本。

52.《南部新书》，[宋]钱易撰，黄寿成点校，中华书局，2002年。

53.《南方草木状》，[晋]嵇含撰，《影印文渊阁四库全书》本。

54.《南宋农业史》，方健撰，人民出版社，2010年。

55.《欧阳修全集》，李逸安点校，中华书局，2001年。

56.《全汉赋校注》，费振刚等校注，广东教育出版社，2005年。

57.《全上古三代秦汉三国六朝文》，[清]严可均辑，中华书局，1958年。

58.《全宋词》，唐圭璋编，中华书局，1960年。

59.《全宋诗》，北京大学古文献研究所编，北京大学出版社，1991—1998年。

60.《全宋文》，曾枣庄、刘琳主编，上海辞书出版社，2006年。

61.《全唐诗》，[清]曹寅、彭定求等编，中华书局，1960年。

62.《全唐诗补编》，陈尚君辑校，中华书局，1992年。

63.《全唐诗重出误收考》，佟培基撰，陕西人民出版社，1996年。

64.《全唐诗典故辞典》，范之麟主编，湖北辞书出版社，2001年。

65.《全唐文》，[清]董诰等编，中华书局，1983年。

66.《日本学者中国诗学论集》，蒋寅编译，凤凰出版社，2008年。

67. 《日知录集释》，［清］顾炎武撰，周苏平、陈国庆点校，甘肃民族出版社，1997 年。

68. 《三辅黄图校注》，何清谷校注，中华书局，2005 年。

69. 《山海经》，《四部丛刊初编》本。

70. 《尚书正义》，十三经注疏整理委员会整理，北京大学出版社，2000 年。

71. 《诗比兴笺》，［清］陈沆撰，上海古籍出版社，1981 年。

72. 《十国春秋》，［清］吴任臣撰，中华书局，1983 年。

73. 《史记》，［汉］司马迁撰，中华书局，1959 年。

74. 《世界经济学大辞典》，李琮主编，经济科学出版社，2000 年。

75. 《诗境浅说续编》，俞陛云撰，开明书店，1950 年。

76. 《四库大辞典》，李学勤、吕文郁主编，吉林大学出版社，1996 年。

77. 《思想史研究课堂讲录：视野、角度与方法》，葛兆光撰，生活·读书·新知三联书店，2005 年。

78. 《四库全书总目》，［清］永瑢等撰，中华书局，1965 年。

79. 《宋代辞赋全编》，曾枣庄、吴洪泽主编，四川大学出版社，2008 年。

80. 《宋代经济史》，漆侠撰，中华书局，2009 年。

81. 《宋代咏梅文学研究》，程杰撰，安徽文艺出版社，2002 年。

82. 《宋史》，［元］脱脱等撰，中华书局，1977 年。

83. 《搜神记》，［东晋］干宝撰，《影印文渊阁四库全书》本。

84. 《太平广记》，［宋］李昉等编，人民文学出版社，1959 年。

85. 《太平御览》，［宋］李昉等编，中华书局，1960 年。

86. 《谈美》，朱光潜撰，凤凰出版社，2007 年。

87.《唐丞相曲江张先生文集》，[唐]张九龄撰，《四部丛刊初编》本。

88.《唐代的外来文明》，[美]薛爱华撰，吴玉贵译，中国社会科学出版社，1995年。

89.《唐代文学丛考》，陈尚君撰，中国社会科学出版社，1997年。

90.《唐代区域经济研究》，翁俊雄撰，首都师范大学出版社，2001年。

91.《唐代政治史论稿》，陈寅恪撰，上海古籍出版社，1982年。

92.《唐国史补》，[唐]李肇撰，上海古籍出版社，1979年。

93.《唐集叙录》，万曼撰，中华书局，1980年。

94.《唐诗发展的地域因缘和空间形态》，胡可先撰，中国社会科学出版社，2010年。

95.《唐诗精选》，霍松林撰，江苏古籍出版社，2002年。

96.《唐诗名篇精读》，宋恪震撰，中州古籍出版社，2006年。

97.《唐诗艺术讲演录》，尚永亮撰，广西师范大学出版社，2008年。

98.《糖霜谱》，[宋]王灼撰，《影印文渊阁四库全书》本。

99. The Vermilion Bird: T'ang Images of the South(《朱雀：唐代南方的形象》), Edward H. Schafer（薛爱华）.University of California Press,1967.

100.《汪辟疆文集》，汪辟疆撰，上海古籍出版社，1988年。

101.《文物与考古论集》，文物出版社编辑部编，文物出版社，1986年。

102.《文心雕龙译注》，王运熙、周锋译注，中华书局，2010年。

103.《文选》，[南朝梁]萧统编，[唐]李善注，中华书局，1977年。

104.《文学：地域的观照》，陈庆元撰，上海远东出版社、上海三联书店，2003年。

105.《西京杂记校注》，向新阳、刘克任校注，上海古籍出版社，1991 年。

106.《先秦汉魏晋南北朝诗》，逯钦立辑校，中华书局，1988 年。

107.《新唐书》，[宋]欧阳修、宋祁撰，中华书局，1975 年。

108.《新五代史》，[宋]欧阳修撰，[宋]宋无党注，中华书局，1974 年。

109.《艺文类聚》，[唐]欧阳询撰，汪绍楹校，上海古籍出版社，1965 年。

110.《雍录》，[宋]程大昌撰，《影印文渊阁四库全书》本。

111.《渔洋山人精华录》，[清]王士禛撰，《四部丛刊初编》本。

112.《豫章黄先生文集》，[宋]黄庭坚撰，《四部丛刊初编》本。

113.《元白诗笺证稿》，陈寅恪撰，古典文学出版社，1958 年。

114.《云笈七籤》，[宋]张君房撰，《四部丛刊初编》本。

115.《韵语阳秋》，[宋]葛立方撰，《学海类编》本。

116.《张九龄集校注》，熊飞校注，中华书局，2008 年。

117.《张九龄年谱》，顾建国撰，中国社会科学出版社，2005 年。

118.《（光绪）漳州府志》，[清]沈定均续修，[清]吴联薰增纂，《中国地方志集成》本。

119.《郑谷诗集笺注》，[唐]郑谷撰，严寿澂、黄明、赵昌平笺注，上海古籍出版社，2009 年。

120.《证类本草》，[宋]唐慎微撰，《影印文渊阁四库全书》本。

121.《植物名实图考长编》，[清]吴其濬撰，商务印书馆，1959 年。

122.《中国大百科全书》文物博物馆卷，中国大百科全书总编辑委员会、文物博物馆编辑委员会编，中国大百科全书出版社，1992 年。

123.《中国地域文化》，蒋宝德、李鑫生主编，山东美术出版社，1997 年。

124.《中国古代名物大典》，华夫主编，济南出版社，1993 年。

125.《中国古文献大辞典》地理卷，王兆明、付朗云主编，吉林文史出版社，1991 年。

126.《中国历史大辞典》，郑天挺、吴泽、杨志玖主编，上海辞书出版社，2000 年。

127.《中国思想史》，葛兆光撰，复旦大学出版社，2001 年。

128.《中国文体学辞典》，朱子南主编，湖南教育出版社，1988 年。

129.《中国文学家大辞典》，周祖譔主编，中华书局，1992 年。

130.《终南山的变容：中唐文学论集》，[日] 川合康三撰，刘维治、张剑、蒋寅译，上海古籍出版社，2007 年。

131.《庄子今注今译》，陈鼓应撰，商务印书馆，2007 年。

132.《资治通鉴》，[宋] 司马光撰，中华书局，1956 年。